高等职业教育机电类专业新形态教材

机床电气与 PLC 控制技术

主　编　焦峥辉
副主编　梁盈富　张文亭
参　编　黄　鑫　马　杰　王美妍　朱航科
　　　　党红云　蔡　嵘　于百领

机械工业出版社

本书由机床电气和 PLC 控制技术两部分组成，包含 9 个项目。项目一和项目二是普通机床电气控制电路的分析、安装与调试，主要介绍了常用低压电器、典型控制电路、电气原理图的分析与绘制以及电路安装与调试。项目三~项目九选择立体仓库、带式输送系统和气动搬运单元等典型机电装备为载体，介绍了 S7-1200 PLC 的编程基础、TIA Portal 的基本操作、编程指令、程序设计和通信等。

本书中的知识学习以满足任务实施为原则，注重学生的自主探究性学习，让学生在教师的指导下经历完整的工作过程，并在工作过程中掌握专业知识，训练专业技能。本书将理论知识碎片化地融入任务实施过程中，通过任务实施的方式培养学生完善的工程思维，任务实施完成后会获得工作成果，比如可以实现特定功能的电气控制电路或者 PLC 程序，可以提高学生的成就感，从而激发其学习兴趣。

本书可作为高等职业院校机械制造及自动化、机电设备技术、智能制造装备技术、机电一体化技术和电气自动化技术等专业的教材，也可以作为相关工程技术人员的参考书。

为便于教学，本书配套有电子教案、助教课件、教学视频等教学资源，选择本书作为教材的教师可来电（010-88379375）索取，或登录 www.cmpedu.com 网站，注册、免费下载。

图书在版编目（CIP）数据

机床电气与 PLC 控制技术 / 焦峥辉主编. -- 北京：机械工业出版社，2024. 10. --（高等职业教育机电类专业新形态教材）. -- ISBN 978-7-111-76678-0

Ⅰ. TG502.35；TM571.6

中国国家版本馆 CIP 数据核字第 2024WT3130 号

机械工业出版社（北京市百万庄大街 22 号　邮政编码 100037）
策划编辑：王英杰　　　　　　责任编辑：王英杰
责任校对：郑　雪　李　杉　　封面设计：张　静
责任印制：李　昂
北京捷迅佳彩印刷有限公司印刷
2024 年 11 月第 1 版第 1 次印刷
184mm×260mm・14.25 印张・353 千字
标准书号：ISBN 978-7-111-76678-0
定价：46.00 元

电话服务　　　　　　　　　网络服务
客服电话：010-88361066　　机　工　官　网：www.cmpbook.com
　　　　　010-88379833　　机　工　官　博：weibo.com/cmp1952
　　　　　010-68326294　　金　书　网：www.golden-book.com
封底无防伪标均为盗版　机工教育服务网：www.cmpedu.com

前　言

在智能制造背景下，制造业朝着数字化、网络化、智能化方向发展。可编程控制器是智能制造的核心与基础，是加强产业基础能力建设和推动制造业优化升级的关键。为了满足制造强国战略对高素质技术技能人才的需求，贯彻《国家职业教育改革实施方案》中对"三教"改革的要求，本书编者聚焦于装备制造、系统集成、安装调试和技术改造等岗位，以"机械制造与自动化"专业群建设为契机编写了本书。

本书具有以下特点：

（1）融入素质培养元素，落实立德树人根本任务

本书深入贯彻党的二十大报告中关于"全面贯彻党的教育方针，落实立德树人根本任务，培养德智体美劳全面发展的社会主义建设者和接班人"的相关精神，以学生的全面发展为培养目标，将"知识、技能、素质"培养融于一体，严格落实立德树人根本任务，引导广大学生爱党报国、敬业奉献、服务人民，为中国式现代化做出贡献。

（2）校企联合开发，对接企业典型工作岗位

本书开发前期，编者与陕西法士特汽车传动集团有限责任公司、江苏汇博机器人技术股份有限公司和西安精雕精密机械工程有限公司等进行对接，对机电设备安装、调试和技术改造等相同或类似岗位进行系统分析，提炼出岗位职责、岗位能力和职业素养，并将企业中实际的生产设备作为载体引入本书。企业专家全面参与载体选择、系统设计及程序编写，为本书的编写提供了有力支撑。

（3）深化岗课赛证融通

为满足岗位职业能力的要求，以可编程控制器系统应用编程及可编程控制系统集成及应用职业技能等级标准的工作任务和职业技能要求作为选取本书内容的依据，融合了智能制造、机电一体化等全国职业院校技能大赛技术要求。

（4）教学做一体的教学组织形式

本书具有较强的工程实践性，采用"任务驱动、项目引导、学做一体"的教学方法，以实际应用为主线，通过不同的工程项目和实例引导学生由理论到实践，以自主获取知识并完成任务的方式激发学生学习的积极性。

（5）配套丰富的数字化资源

本书编写过程中同步在"学银在线"平台上建设了"机床电气与PLC控制技术"在线开放课程（网址：https://www.xueyinonline.com/detail/241259038），本书中的知识点与在

线开放课程的微课视频内容一致，学生可通过知识链接或书中嵌入的二维码观看知识点对应的微课视频。

本书共9个项目，由陕西工业职业技术学院焦峥辉、梁盈富、张文亭、黄鑫、马杰、王美妍、朱航科，陕西能源职业技术学院党红云，陕西法士特汽车传动集团有限责任公司蔡嵘和江苏汇博机器人技术股份有限公司于百领编写。其中项目一由张文亭编写；项目二由朱航科和蔡嵘编写；项目三由焦峥辉和于百领编写；项目四由马杰编写；项目五由王美妍编写；项目六由黄鑫编写；项目七由党红云编写；项目八由梁盈富编写；项目九由焦峥辉编写。焦峥辉任主编，梁盈富和张文亭任副主编。

由于编者水平有限，书中难免存在不足之处，恳请广大读者批评指正。如有问题可发送邮件至 20171400@sxpi.edu.cn。

编　者

目 录

前言
项目一　CA6140型卧式车床电气原理图的分析与绘制 ┄┄┄┄┄┄┄┄ 1
　一、项目引入 ┄┄┄┄┄┄┄┄┄┄ 1
　二、学习目标 ┄┄┄┄┄┄┄┄┄┄ 3
　三、项目任务 ┄┄┄┄┄┄┄┄┄┄ 3
　四、知识获取 ┄┄┄┄┄┄┄┄┄┄ 4
　　知识点1：低压电器 ┄┄┄┄┄┄ 4
　　知识点2：按钮 ┄┄┄┄┄┄┄┄ 5
　　知识点3：熔断器 ┄┄┄┄┄┄┄ 6
　　知识点4：低压断路器 ┄┄┄┄┄ 9
　　知识点5：接触器 ┄┄┄┄┄┄┄ 10
　　知识点6：电气原理图 ┄┄┄┄┄ 14
　　知识点7：电气原理图的阅读和分析方法 ┄┄┄┄┄┄┄┄┄┄ 16
　　知识点8：三相异步电动机点动运行控制电路 ┄┄┄┄┄┄┄┄ 17
　　知识点9：三相异步电动机连续运行控制电路 ┄┄┄┄┄┄┄┄ 17
　五、项目实施 ┄┄┄┄┄┄┄┄┄┄ 18
　　任务1：识别低压电器 ┄┄┄┄┄ 18
　　任务2：低压电器的检测 ┄┄┄┄ 18
　　任务3：CA6140型卧式车床电气控制电路分析 ┄┄┄┄┄┄┄ 19
　六、项目复盘 ┄┄┄┄┄┄┄┄┄┄ 20
　七、知识拓展 ┄┄┄┄┄┄┄┄┄┄ 21
　　知识点1：三相异步电动机 ┄┄┄ 21
　　知识点2：组合开关 ┄┄┄┄┄┄ 21
　　知识点3：多地控制电路 ┄┄┄┄ 21
　八、思考与练习 ┄┄┄┄┄┄┄┄┄ 21

项目二　Z3040型摇臂钻床控制电路的分析、安装与调试 ┄┄┄┄┄ 22
　一、项目引入 ┄┄┄┄┄┄┄┄┄┄ 22
　二、学习目标 ┄┄┄┄┄┄┄┄┄┄ 23
　三、项目任务 ┄┄┄┄┄┄┄┄┄┄ 23
　四、知识获取 ┄┄┄┄┄┄┄┄┄┄ 25
　　知识点1：行程开关 ┄┄┄┄┄┄ 25
　　知识点2：热继电器 ┄┄┄┄┄┄ 26
　　知识点3：时间继电器 ┄┄┄┄┄ 28
　　知识点4：三相异步电动机的正反转控制电路 ┄┄┄┄┄┄┄┄ 29
　　知识点5：Z3040型摇臂钻床控制电路分析 ┄┄┄┄┄┄┄┄┄ 33
　五、项目实施 ┄┄┄┄┄┄┄┄┄┄ 35
　　任务1：识别低压电器 ┄┄┄┄┄ 35
　　任务2：检测低压电器 ┄┄┄┄┄ 35
　　任务3：Z3040型摇臂钻床电气控制电路分析 ┄┄┄┄┄┄┄┄ 35
　　任务4：Z3040型摇臂钻床主轴及液压泵电动机电气控制电路的安装与调试 ┄ 37
　六、项目复盘 ┄┄┄┄┄┄┄┄┄┄ 40
　七、知识拓展 ┄┄┄┄┄┄┄┄┄┄ 40
　　知识点1：中间继电器 ┄┄┄┄┄ 40
　　知识点2：顺序控制电路 ┄┄┄┄ 41
　　知识点3：三相异步电动机减压起动控制电路 ┄┄┄┄┄┄┄┄ 41
　八、思考与练习 ┄┄┄┄┄┄┄┄┄ 41

项目三　智能制造单元立体仓库控制程序设计 ┄┄┄┄┄┄┄┄┄┄ 42
　一、项目引入 ┄┄┄┄┄┄┄┄┄┄ 42
　二、学习目标 ┄┄┄┄┄┄┄┄┄┄ 42

三、项目任务 ………………………………… 43
四、知识获取 ………………………………… 43
　知识点 1：认识 PLC ……………………… 43
　知识点 2：S7-1200 PLC 的基本结构 …… 45
　知识点 3：S7-1200 PLC 的工作原理 …… 48
　知识点 4：S7-1200 PLC 的硬件系统 …… 49
　知识点 5：S7-1200 PLC 的编程语言 …… 52
　知识点 6：TIA Portal 使用入门及硬件
　　　　　　组态 ……………………………… 53
　知识点 7：编写用户程序与使用变量表 … 58
　知识点 8：位逻辑指令 …………………… 60
五、项目实施 ………………………………… 63
　任务 1：确定控制系统中所需要的元件 … 63
　任务 2：分配 I/O 地址 …………………… 64
　任务 3：新建工程项目并进行硬件组态 … 64
　任务 4：创建变量表 ……………………… 64
　任务 5：设计 PLC 控制程序 ……………… 64
　任务 6：技术文档整理 …………………… 65
六、项目复盘 ………………………………… 65
七、知识拓展 ………………………………… 67
　知识点 1：PLC 的诞生与发展 …………… 67
　知识点 2：TIA Portal 的组成与安装 …… 67
　知识点 3：接近开关 ……………………… 67
　知识点 4：光电开关 ……………………… 67
八、思考与练习 ……………………………… 67

项目四　带式输送系统控制程序设计 …… 69
一、项目引入 ………………………………… 69
二、学习目标 ………………………………… 70
三、项目任务 ………………………………… 70
四、知识获取 ………………………………… 70
　知识点 1：数据的存储与寻址 …………… 70
　知识点 2：数据格式与数据类型 ………… 73
　知识点 3：定时器指令 …………………… 76
　知识点 4：用户程序的下载与仿真 ……… 80
　知识点 5：用 TIA Portal 调试程序 ……… 81
　知识点 6：用监控表监控变量 …………… 82
五、项目实施 ………………………………… 84
　任务 1：确定电气元件 …………………… 84
　任务 2：分配 I/O 地址 …………………… 84
　任务 3：新建工程项目并进行硬件组态 … 84
　任务 4：创建变量表 ……………………… 84
　任务 5：编写 PLC 程序 …………………… 85
　任务 6：程序仿真调试 …………………… 87

　任务 7：技术文档整理 …………………… 89
六、项目复盘 ………………………………… 89
七、知识拓展 ………………………………… 90
　知识点 1：移动指令 ……………………… 90
　知识点 2：移位和循环指令 ……………… 90
　知识点 3：其他数据类型 ………………… 90
八、思考与练习 ……………………………… 90

项目五　质量检测控制系统设计 ………… 91
一、项目引入 ………………………………… 91
二、学习目标 ………………………………… 91
三、项目任务 ………………………………… 91
四、知识获取 ………………………………… 92
　知识点 1：模拟量 ………………………… 92
　知识点 2：转换指令 ……………………… 94
　知识点 3：比较器操作指令 ……………… 96
　知识点 4：计数器指令 …………………… 97
　知识点 5：S7-1200 PLC 的硬件接线 …… 99
五、项目实施 ………………………………… 102
　任务 1：确定电气元件 …………………… 102
　任务 2：分配 I/O 地址 …………………… 102
　任务 3：完成 I/O 接线图 ………………… 102
　任务 4：创建变量表 ……………………… 103
　任务 5：编写 PLC 程序 …………………… 103
　任务 6：仿真调试 ………………………… 105
　任务 7：技术文档整理 …………………… 105
六、项目复盘 ………………………………… 105
七、知识拓展 ………………………………… 106
　知识点 1：字逻辑运算指令 ……………… 106
　知识点 2：数学功能指令 ………………… 106
　知识点 3：PLC 的系统设计 ……………… 106
八、思考与练习 ……………………………… 106

项目六　气动搬运单元控制系统设计 … 108
一、项目引入 ………………………………… 108
二、学习目标 ………………………………… 109
三、项目任务 ………………………………… 109
四、知识获取 ………………………………… 109
　知识点 1：梯形图的经验设计法 ………… 109
　知识点 2：顺序功能图 …………………… 112
　知识点 3：顺序控制设计法 ……………… 116
五、项目实施 ………………………………… 125
　任务 1：确定电气元件 …………………… 125
　任务 2：分配 I/O 地址 …………………… 125
　任务 3：完成气动搬运单元的 I/O

　　　　接线图 ……………………… 125
　　任务4：绘制顺序功能图 ……… 125
　　任务5：创建变量表 …………… 126
　　任务6：编写梯形图 …………… 127
　　任务7：仿真调试 ……………… 131
　　任务8：技术文档整理 ………… 131
　六、项目复盘 …………………… 131
　七、知识拓展 …………………… 132
　　知识点1：程序控制操作指令 … 132
　　知识点2：日期和时间指令 …… 132
　八、思考与练习 ………………… 132

项目七　电动机组的起停控制系统设计 …………………………… 133
　一、项目引入 …………………… 133
　二、学习目标 …………………… 133
　三、项目任务 …………………… 133
　四、知识获取 …………………… 134
　　知识点1：编程方法 …………… 134
　　知识点2：S7-1200 PLC的用户程序结构 ……………………… 135
　　知识点3：DB的使用 ………… 136
　　知识点4：FC的生成与调用 … 138
　　知识点5：FB的生成与调用 … 142
　　知识点6：多重背景DB ……… 145
　五、项目实施 …………………… 145
　　任务1：定时器和计数器多重背景的应用 ……………………… 145
　　任务2：FB的多重背景 ……… 147
　　任务3：电动机组起停控制系统的硬件设计 ……………………… 149
　　任务4：电动机组起停控制系统的软件设计 ……………………… 150
　　任务5：技术文档整理 ………… 153
　六、项目复盘 …………………… 153
　七、知识拓展 …………………… 154
　　知识点：组织块在程序中的应用 … 154
　八、思考与练习 ………………… 154

项目八　智能制造生产线通信程序设计 …………………………… 155
　一、项目引入 …………………… 155
　二、学习目标 …………………… 156
　三、项目任务 …………………… 156
　四、知识获取 …………………… 156
　　知识点1：S7-1200 PLC的串行通信 … 156
　　知识点2：S7-1200 PLC的Modbus-RTU通信 ……………… 158
　　知识点3：S7-1200 PLC的以太网通信 … 161
　　知识点4：S7通信 …………… 162
　　知识点5：开放式用户通信 …… 164
　　知识点6：Modbus TCP通信 … 167
　五、项目实施 …………………… 170
　　任务1：Modbus-RTU通信 …… 170
　　任务2：两台S7-1200 PLC进行S7通信 …………………………… 172
　　任务3：两台S7-1200 PLC之间的开放式用户通信 …………… 173
　　任务4：PLC之间的Modbus TCP通信 … 176
　　任务5：S7-1200 PLC与G120变频器的PROFINET通信 ……… 178
　　任务6：S7-1200 PLC与ABB机器人之间的PROFINET通信 …… 183
　　任务7：技术文档整理 ………… 187
　六、项目复盘 …………………… 188
　七、知识拓展 …………………… 188
　　知识点1：SIMATIC HMI面板的组态与应用 ………………… 188
　　知识点2：画面对象的组态 …… 188
　　知识点3：PLC与HMI的集成仿真 … 189
　八、思考与练习 ………………… 189

项目九　工业机器人第七轴运动控制程序设计 …………………… 190
　一、项目引入 …………………… 190
　二、学习目标 …………………… 191
　三、项目任务 …………………… 191
　四、知识获取 …………………… 191
　　知识点1：S7-1200 PLC运动控制功能及原理 ………………… 191
　　知识点2：S7-1200 PLC PTO控制的轴资源 …………………… 192
　　知识点3：硬件输出组态 ……… 194
　　知识点4：工艺对象"轴" …… 196
　　知识点5：运动控制指令 ……… 203
　五、项目实施 …………………… 208
　　任务1：确定电气元件 ………… 208
　　任务2：PLC硬件系统设计 …… 208

任务 3：创建项目并完成工艺对象"轴"
　　　　的组态 …………………… 209
任务 4：编写梯形图程序 …………… 211
任务 5：技术文档整理 ……………… 217
六、项目复盘 …………………………… 218

七、知识拓展 …………………………… 218
　知识点 1：PWM 控制 ……………… 218
　知识点 2：高速计数器 ……………… 218
八、思考与练习 ………………………… 219

参考文献 ………………………………… 220

项目一

CA6140型卧式车床电气原理图的分析与绘制

一、项目引入

1. 项目描述

车床是一种使用最为广泛的金属切削机床,主要用来车削外圆、内圆、端面、螺纹,也可用钻头、铰刀等进行加工。图1-1所示为CA6140型卧式车床,其主要由主轴箱、进给箱、溜板箱、刀架、丝杠、光杠、床身等部分组成。

图1-1 CA6140型卧式车床

2. CA6140型卧式车床的电气控制要求

CA6140型卧式车床采用3台三相异步电动机拖动,即主轴电动机M1、冷却泵电动机M2和快速移动电动机M3。各台电动机的电气控制要求如下:

1)主轴电动机M1采用直接起动,调速及正反转均通过机械方法实现,主轴电动机的动力通过交换齿轮箱传给溜板箱来拖动刀架,实现刀架的横向左、右移动;为实现快速停车,主轴电动机一般采用反接制动,以适应加工工件时大转动惯量的影响。此外,主轴电动机还需要具有短路保护和过载保护功能。

2)冷却泵电动机M2用以在车削加工时提供切削液,对工件及刀具进行冷却。

3)快速移动电动机M3用于使刀架快速移动,只要求单向点动控制,因短时运转,故不设过载保护。

3. CA6140 型卧式车床电气原理图（见图 1-2）

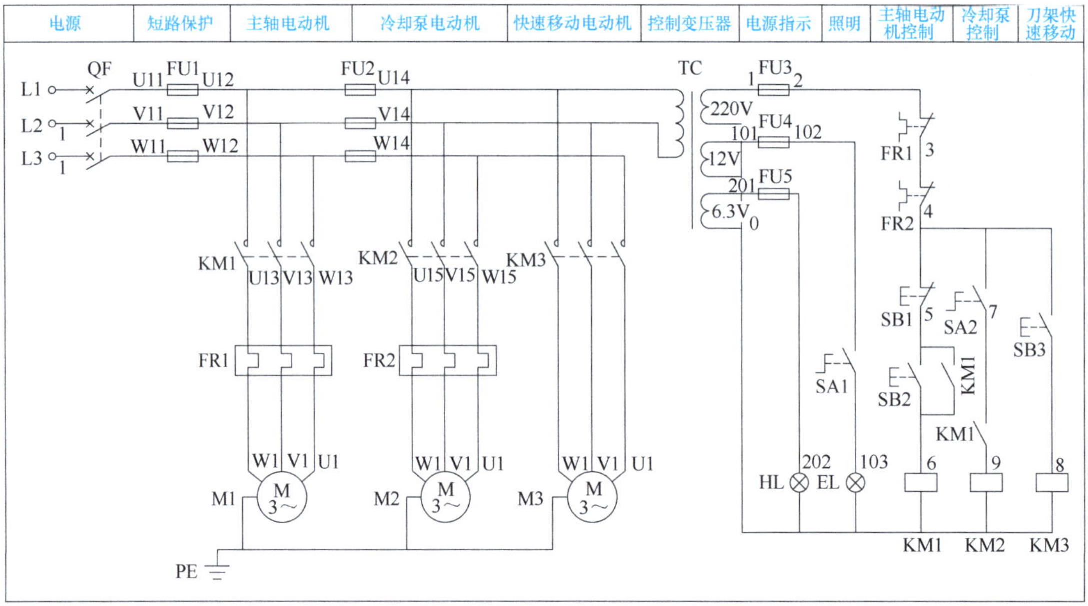

图 1-2　CA6140 型卧式车床电气原理图

学思践悟

中国机床的发展与成就

机床是制造业的基本生产设备，在一般的机器制造中，机床所担负的加工工作量占机器制造总工作量的 40%～60%，因此也被称为"工业母机"。世界制造业发展过程中的加工需求推动了机床的诞生与发展，原始形式的机床在 15 世纪就已出现。1774 年英国人威尔金森发明的一种炮筒镗床被认为是世界上第一台真正意义上的机床，它解决了瓦特蒸汽机的气缸加工问题，促进了蒸汽机的发展，进而推动了工业革命的发展。到 18 世纪，各种类型的机床相继出现并快速发展，为建立现代工业奠定了制造工具基础。

我国机床工业的发展主要历经了以下几个阶段：

(1) 1948—1957 年：起步奠基阶段

在 1949 年以前，我国并没有真正的机床工业。1952 年，我国在当时的苏联援助下打造了一批国营机床企业，奠定了中国机床制造业乃至工业的基础。

(2) 1958—1978 年：大规模建设阶段

1958 年，我国开始发展高精度精密机床。1960 年，国家成立高精度精密机床规划领导小组，具体领导发展高精度精密机床，也使我国的精密机床制造上了一个台阶。

(3) 1979—2000 年：市场化转型阶段

这一时期是机床行业的转型发展期。1988 年，中国机床工具工业协会成立，同时国营机床企业不断整合，使我国机床行业在技术水平、运作方面得到了较大的提升。此时，我国的数控技术发展还处于起步阶段。

（4）2001—2020 年：高速发展+转型升级新阶段

1）2001—2011 年的高速增长。自 2001 年开始，我国机床行业迎来飞跃，这一时期外资品牌机床进入、民营机床企业萌芽，沈阳机床厂、大连机床厂、重庆机床厂等机床企业大举并购欧洲的机床厂商，使我国在 2009 年首次成为全球第一大机床生产国。

2）2012—2020 年的结构调整转型升级。2012 年以来，我国民营机床企业不断发展，已逐步成为国产机床行业的重要组成部分。

数控机床可以说是关系到国家战略地位和国家综合实力的最重要的基础性产业，在以往几十年中，数控机床技术一直被西方国家限制。党的十八大以来，我国机床行业形成了完整的产业体系，突破了一批关键核心技术，市场占有率大幅提升，整体处于世界第二梯队，为国防安全和制造强国建设提供了有力支撑。

我国以"高档数控机床与基础制造装备"国家科技重大专项为抓手，突破了全数字化高速高精度运动控制、多轴联动等一批关键核心技术，使高档数控机床平均无故障时间间隔实现了从 600h 到 2000h 的跨越，精度指标提升了 20%。

我国同时也建立起了较为完善的产业配套体系。国产高档数控系统实现了从无到有，在国产机床中市场占有率由专项实施前的不足 1% 提高到 31.9%；数字化刀具的市场占有率由不足 10% 发展到 45%；汽车冲压生产线的国内和全球新增市场占有率分别达到了 80% 和 40%；发电设备制造领域实现了由进口为主到走向出口的转变；研制成功船用重型曲轴所需的车铣加工中心，具备了自主制造船舶大型零部件的能力。

我国机床工业基础先天薄弱，起步和发展都较晚，但如今我国的中低档机床已经完全实现国产化，高档机床的某些关键技术已经在国际上领先。目前，我国正在从"制造大国"向"制造强国"转变，国内的机床企业正在不断突破核心部件技术。随着国家政策的大力支持，国内中高档机床自主研发水平的不断提高，我国的机床核心部件自给能力将会进一步提升。

二、学习目标

1）熟悉常用低压电器的结构和工作原理，能正确选用按钮、低压断路器和接触器等低压电器。
2）会使用万用表检测低压电器。
3）能正确绘制相关电气元件的图形和文字符号。
4）能根据电气原理图的分析方法正确分析 CA6140 型卧式车床电气原理图。
5）能根据电气原理图的绘制规则正确绘制简单的电气原理图。
6）增强学生对国家的自豪感和对建设制造强国的使命感。
7）培养学生的责任意识和担当意识。

三、项目任务

1）熟悉 CA6140 型卧式车床电气控制电路中所涉及电气元件的结构、工作原理及选型原则。
2）分析 CA6140 型卧式车床电气控制电路的工作原理。
3）绘制 CA6140 型卧式车床中典型控制电路的电气原理图。

四、知识获取

知识点 1：低压电器

凡是能自动或手动接通和断开电路，以及对电路或非电路现象能进行切换、控制、保护、检测、变换和调节的元件，统称为电器。按工作电压的高低，电器可分为高压电器和低压电器两大类。低压电器指工作电压为交流 1000V 或直流 1500V 及以下的电器。低压电器是电力拖动自动控制系统的基本组成元件。

低压电器按用途分为配电电器和控制电器。配电电器主要用于低压配电系统中，实现电能的输送、分配及保护电路和用电设备的作用，包括刀开关、组合开关、熔断器和断路器等。控制电器主要用于控制系统中，实现发布指令、控制系统状态及执行动作等作用，包括接触器、继电器、主令电器和电磁离合器等。

低压电器按动作方式分为自动电器和手动电器。自动电器是依靠自身参数的变化或外来信号的作用自动完成接通或分断等动作的电器，如接触器、继电器等。手动电器是用手动操作来进行切换的电器，如刀开关、转换开关、按钮等。

低压电器按有无触点分为有触点电器和无触点电器。有触点电器利用触点的接通和分断来切换电路，如接触器、刀开关、按钮等。无触点电器没有可分离的触点，主要利用电子元器件的开关效应，即导通和截止来实现电路的通、断控制，如接近开关、霍尔开关、电子式时间继电器、固态继电器等。

低压电器按工作原理分为电磁式电器和非电量控制电器。根据电磁感应原理动作的电器是电磁式电器，如接触器、继电器、电磁铁等。依靠外力或非电量信号（如速度、压力、温度等）的变化而动作的电器是非电量控制电器，如转换开关、行程开关、速度继电器、压力继电器、温度继电器等。

国家制定的行业标准《低压电器产品型号编制方法》（JB/T 2930—2007）将低压电器分为 13 个大类，每个大类用一位汉语拼音字母作为该类低压电器型号的首字母，第二位汉语拼音字母表示该类低压电器的各种形式。

1）隔离器、隔离开关及熔断器组合电器等为 H，例如 HL 为隔离开关，HZ 为组合开关。

2）熔断器为 R，例如 RL 为螺旋式熔断器，RM 为密封式熔断器。

3）断路器为 D，例如 DW 为万能式断路器，DZ 为塑壳式断路器。

4）控制器为 K，例如 KG 为鼓形控制器，KT 为凸轮控制器。

5）接触器为 C，例如 CJ 为交流接触器，CZ 为直流接触器。

6）起动器为 Q，例如 QJ 为减压起动器，QX 为星-三角减压起动器。

7）控制继电器为 J，例如 JR 为热继电器，JS 为时间继电器。

8）主令电器为 L，例如 LA 为按钮，LX 为行程开关。

9）电阻器为 Z，例如 ZL 为励磁电阻器，ZP 为频敏电阻器。

10）变阻器为 B，例如 BP 为频敏变阻器，BT 为起动调速变阻器。

11）自动转换开关为 T，例如 TJ 为接触器式自动转换开关，TZ 为塑壳断路器式自动转换开关。

12）电磁铁为 M，例如 MY 为液压电磁铁，MZ 为直流电磁铁。

13）其他为 A，例如 AD 为信号灯，AL 为电铃。

知识点 2：按钮

按钮属于主令电器，主令电器是主要用于发布指令或信号，闭合或断开控制电路，改变控制系统工作状态或实现远程控制的电器。按钮一般用于控制接触器、继电器或其他电气电路，从而使电路接通或者分断，以此来实现对电力传输系统或者生产过程的自动控制。

1-1　按钮

常用的主令电器有按钮、行程开关、接近开关、万能转换开关、主令控制器及其他主令电器（如脚踏开关、倒顺开关和紧急开关等）。

按钮通常是在低压电路中用于手动短时接通或断开小电流控制电路的主令电器。

1. 按钮的结构组成

按钮由按钮帽、复位弹簧、桥式触点和外壳等组成，如图 1-3 所示。按钮通常做成复合式结构，即具有常闭触点和常开触点，在不受外力影响的情况下，处于断开状态的触点为常开触点，处于闭合状态的触点为常闭触点。

当按下按钮时，先断开常闭触点，后接通常开触点；当按钮释放后，在复位弹簧的作用下，按钮触点自动复位的先后顺序相反。通常，在无特殊说明的情况下，有触点电器的触点动作顺序均为"先断后合"。

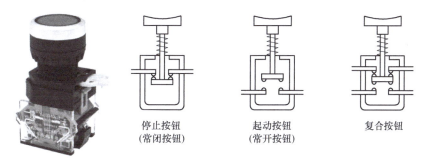

图 1-3　按钮及其结构示意图

2. 按钮的分类

按钮的种类很多，按其用途和结构可分为起动按钮、停止按钮和复合按钮；按其按钮帽的类型可分为嵌压式按钮、蘑菇头式按钮、钥匙型按钮和指示灯式按钮等；按其工作形式可分为自锁式按钮和复位式按钮，其中自锁式按钮需要人为进行复位。图 1-4 所示为不同类型的按钮。

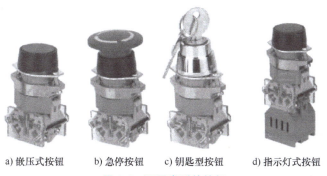

a）嵌压式按钮　　b）急停按钮　　c）钥匙型按钮　　d）指示灯式按钮

图 1-4　不同类型的按钮

1)起动按钮通常采用常开触点,按下按钮帽,常开触点闭合;松开按钮帽,常开触点复位。起动按钮的按钮帽通常采用绿色。

2)停止按钮通常采用常闭触点,按下按钮帽,常闭触点断开;松开按钮帽,常闭触点复位。停止按钮的按钮帽通常采用红色。

3)复合按钮带有常闭触点和常开触点,当按下按钮时,先断开常闭触点,后接通常开触点;当按钮释放后,在复位弹簧的作用下触点自动复位。

4)指示灯式按钮是在按钮内装入指示灯。用红色表示报警或停止;用绿色表示起动或正常运行;用黄色表示正在改变状态;用白色指示电源。

5)紧急式按钮装有红色蘑菇头按钮帽,便于紧急操作,通常也称为急停按钮。在紧急状态时按下此类按钮,可断开控制电路。排除故障后,右旋蘑菇头,即可使紧急式按钮复位。

6)旋钮式按钮是通过旋转旋钮位置来进行操作的。

3. 按钮的图形及文字符号

图 1-5 所示为按钮的图形符号。

按钮的文字符号为 SB。

4. 按钮的选用

选择按钮的主要依据是使用场所、颜色及尺寸。

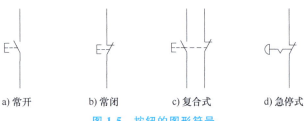

a) 常开　　b) 常闭　　c) 复合式　　d) 急停式

图 1-5　按钮的图形符号

1)根据使用场所和具体用途选择按钮的种类。例如,需要显示工作状态的场所宜选用指示灯式按钮;需要防止人员误操作的重要场合宜选用钥匙型按钮。

2)根据工作状态指示和工作情况要求,选择按钮的颜色,见表 1-1,起动按钮优先选用绿色,停止按钮优先选用红色,急停按钮同样应选用红色。

表 1-1　按钮的颜色及其含义

颜色	含义	应用示例
红	停止或断电	急停、正常停机、切断一个电源、停止一台或多台电动机
绿	正常、通电、起动	正常起动、接通一个开关装置、起动一台或多台电动机
黄	异常、参与	干预制止异常情况、防止意外情况
蓝	上述颜色未包含的其他指定含义	凡红、黄和绿色未包含的含义,皆可用蓝色
白、灰、黑	未赋予含义	

3)根据按钮的尺寸选择。按钮的尺寸系列有 $\phi 12\text{mm}$、$\phi 16\text{mm}$、$\phi 22\text{mm}$、$\phi 25\text{mm}$ 和 $\phi 30\text{mm}$ 等。其中 $\phi 22\text{mm}$ 尺寸较为常用。

知识点 3:熔断器

熔断器是一种应用广泛的最简单有效的短路保护电器。在使用时将熔断器串联在所保护的电路中,当电路发生短路或严重过载时,熔断器的熔体能自动快速熔断,从而切断电路。

1-2　熔断器

1. 熔断器的结构和工作原理

熔断器主要由熔体和安装熔体的熔管(或熔座)两部分组成。熔体一般由熔点低、易于熔断、导电性能良好的金属或合金材料制成。在小电流电路中，常用铅合金或锌制成的熔体；在大电流电路中，常用铜或银制成的片状或笼状熔体。

在正常负载情况下，熔体温度低于熔断时所必需的温度，熔体不会熔断；当电路发生短路或严重过载时，电流变大，熔体温度达到熔断温度而自动熔断，切断被保护的电路。

2. 熔断器的分类

熔断器常用产品有螺旋式、插入式和密封管式。

（1）螺旋式熔断器

图 1-6 所示为螺旋式熔断器，其熔管内装有熔体，并填充石英砂，用于熄灭电弧，其分断能力强。熔体的上端盖有一个熔断指示器，一旦熔体熔断，指示器马上弹出，可透过瓷帽上的玻璃孔观察。螺旋式熔断器的额定电流为 5～200A，主要用于短路电流大的分支电路或有易燃气体的场所，常见产品有 RL6、RL7 和 RLS2 等系列，其中 RL6 和 RL7 主要用于机床电气控制设备中。

（2）插入式熔断器

图 1-7 所示为插入式熔断器，常见的插入式熔断器产品有 RC1A 系列，主要用于低压分支电路的短路保护，因其分断能力较差，故多用于照明电路和小型动力电路中。

（3）密封管式熔断器

密封管式熔断器分为有填料密封管式和无填料密封管式两类，如图 1-8 所示。

图 1-6 螺旋式熔断器　　　　图 1-7 插入式熔断器　　　　图 1-8 密封管式熔断器

1）有填料密封管式熔断器。有填料密封管式熔断器中装有石英砂，用来冷却和熄灭电弧，其熔体呈网状，短路时可使电弧分散，并可使电弧在短路电流达到最大值之前迅速熄灭，以限制短路电流。此类熔断器常用于大容量电力网或配电设备中，常见产品有 RT12、RT14、RT15 和 RS3 等系列。

2）无填料密封管式熔断器。无填料密封管式熔断器主要用于供配电系统，作为线路的短路保护及过载保护。其采用变截面片状熔体和密封纤维管，由于熔体较窄处的电阻大，在短路电流通过时产生的热量更大、先熔断，因而可产生多个熔断点使电弧分散，以利于灭弧。短路时电弧也会使密封纤维管燃烧从而产生高压气体，使电弧迅速熄灭。无填料密封管式熔断器具有结构简单、保护性能好、使用方便等特点。

图 1-9 熔断器的图形与文字符号

3. 熔断器的符号

熔断器的图形与文字符号如图 1-9 所示。

小提示

熔断器对过载的反应不是很灵敏，当电气设备发生轻度过载时，熔断器将持续很长时间才熔断，有时甚至不熔断。因此，除照明和电热电路外，熔断器一般不宜用于过载保护，而主要用于短路保护。

4. 熔断器的选用

选用熔断器时，主要应考虑熔断器的类型、额定电压、额定电流及熔体的额定电流。

1）熔断器的类型应根据使用场合、电路要求和安装条件来选择。例如，供电网配电用时，应选择一般工业用熔断器；供硅器件保护用时，应选择保护半导体器件的熔断器；供家庭使用时，应选用瓷插式或半封闭插入式熔断器。

2）熔断器额定电压的选择。熔断器的额定电压应大于或等于熔断器工作电路的额定电压。

3）熔断器额定电流的选择。熔断器的额定电流应大于或等于熔断器工作电路的额定电流。

4）熔体额定电流的选择。

① 对于照明、电炉等没有冲击电流的电阻性负载，熔体的额定电流应等于或稍大于电路的工作电压。

② 对于电动机类负载，应考虑起动时冲击电流的影响。

保护单台电动机时，熔体的额定电流的计算公式为

$$I_{RN} = (1.5 \sim 2.5) I_N$$

式中，I_N 为电动机的额定电流。

单台电动机轻载起动或起动时间较短时，系数可取 1.5；重载起动或起动时间较长时，系数可取 2.5。

多台电动机由一个熔断器保护时，熔体的额定电流的计算公式为

$$I_{RN} = (1.5 \sim 2.5) I_{Nmax} + \sum I_N$$

式中，I_{Nmax} 为容量最大的电动机的额定电流；$\sum I_N$ 为其余电动机的额定电流之和。

在配电系统中，通常有多级熔断器保护。当发生短路故障时，远离电源端的前级熔断器应先熔断，因此后一级熔体的额定电流通常比前一级熔体的额定电流至少大一个等级，以防熔断器越级熔断而扩大停电范围。

学思践悟

熔断器在电气回路中是一个很普通的电气元件，却起着保护整个系统安全的极其重要的作用。就像社会中的每一个人一样，通过坚守平凡的岗位，铸就不平凡的人生。

平凡与伟大的辩证关系在于：把每一项平凡工作做好就是不平凡，把每一项小事做好就是大事业。人们的职业或许不同，岗位或许有别，但只要勇于坚守、甘于奉献，每一项平凡的工作都能创造出不平凡的社会价值；每一位平凡的人，都能书写不平凡的人生华章。

在自信自强、守正创新的新时代，每一个平凡的角色以"功成不必在我，功成必定有我"的付出铸就了不平凡的人生，他们不慕名利，恪尽职守，彰显了不负于誓言、不止于平凡的坚守和担当，为这个时代树立起了标杆，用自己的实际行动践行初心使命。他们都是一个个平凡的人，无怨无悔，甘于奉献，在自己平凡的岗位上成就了大写的人生。正是这千千万万个平凡的人，在自己平凡的岗位上刻画出了精彩的人生华章，奠定了今天中国的模样。平凡因付出而精彩，每一个平凡的奋斗者都是卓越的追梦人。

知识点4：低压断路器

低压断路器是一种既有手动开关作用，又能自动进行失电压、欠电压、过载和短路保护的开关电器，如图1-10所示。低压断路器在用电设备正常工作的情况下，可作为电源开关，不频繁地接通、断开电路或起动、停止电动机；在线路或电动机发生过载、短路、失电压、欠电压（电压不足）等故障时，能自动切断电源，保护电路。低压断路器允许切断短路电流，但允许操作的次数较少，在切断故障电流后一般不需要更换零部件。

1-3 低压断路器

1. 低压断路器的结构

低压断路器有框架式的DW系列（又称万能式）和塑壳式的DZ系列（又称装置式）两大类，它们的结构和原理基本相同，均由触点系统、灭弧装置、操作机构、保护装置及外壳等组成，其结构示意如图1-11所示。

图1-10 低压断路器

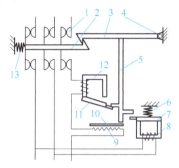

图1-11 低压断路器结构示意图

1—主触点 2—传动杆 3—锁扣 4—铰链
5—顶杆 6、13—弹簧 7、11—衔铁
8、12—铁心 9—发热元件 10—双金属片

（1）触点系统

触点（静触点和动触点）在低压断路器中用来实现电路接通或分断。低压断路器一般采用桥式触点，在控制电动机时常用三极低压断路器，其具有的6个接线端子用来做进出线的连接，使用时，1/L1、3/L2、5/L3三个接线端子为进线端，接三相电源；2/T1、4/T2、6/T3三个接线端子为出线端，接用电设备。触点通常是用铜或黄铜材料制成的，为了防腐蚀和提高电导率，降低温度，触点会镀银或镀锡。

（2）灭弧装置

低压断路器的灭弧装置用来熄灭触点间在分断电路时产生的电弧。灭弧装置包括两个部分：一部分为强力弹簧机构，用于使低压断路器的触点快速分开或闭合；另一部分为在触点上方设置的灭弧室。

（3）保护装置

低压断路器的保护装置由各种脱扣器来实现。低压断路器的脱扣器有欠电压脱扣器、短路脱扣器和过载脱扣器等。

1）欠电压脱扣器。欠电压脱扣器在电压大于额定电压的85%时触点闭合，在电压下降到额定电压的35%~75%时触点断开。带延时动作的欠电压脱扣器，可防止因负载陡升引起电压波动而造成的低压断路器不适当分断。

2）短路脱扣器。短路脱扣器用于防止负载侧严重过载和短路。短路脱扣器是一个电磁铁机构。在正常情况下，短路脱扣器的衔铁是释放的，电路发生严重过载或短路时，电流达到其动作设定值，与主电路串联的线圈将产生较强的电磁吸力吸引衔铁，在衔铁的作用下短路脱扣器会瞬时动作，推动顶杆顶开锁扣，使主触点断开。一般低压断路器还具有短路锁定功能，用来防止低压断路器因短路故障分断后，在故障未排除前再合闸。在短路条件下，低压断路器分断，锁定机构动作，使低压断路器保持在分断位置，锁定机构未复位前，低压断路器合闸机构不能动作，无法接通电路。

3）过载脱扣器。过载脱扣器利用双金属片结构，当温度变化时双金属片产生弯曲变形，推动脱扣器动作。在电路发生轻微过载时，过载电流不能立即使脱扣器动作，但能使发热元件产生一定的热量，促使双金属片受热并向上弯曲，在持续过载时双金属片推动顶杆使锁扣脱开，将主触点分开。过载脱扣器由于过载而动作后，应等待 2~3min 使其复位才能重新操作接通。由于过载脱扣器是利用电流的热效应来动作的，且双金属片的受热弯曲需要一定时间，因此过载脱扣器在检测到过载信号后，其保护动作会有一定的延时，延时时间的长短和过载电流的大小成反比，即过载较轻时，过载脱扣器动作时间长；过载严重时，过载脱扣器动作时间短。

2. 低压断路器的图形及文字符号

低压断路器的图形与文字符号如图1-12所示。

3. 低压断路器的选用

低压断路器是电气控制系统中重要的控制、保护器件，低压断路器的选用直接关系到用电设备运行的可靠性。若低压断路器保护设定值过大，则起不到保护作用；若低压断路器保护设定值过小，则会引起频繁跳闸的现象。

图1-12 低压断路器的图形及文字符号

低压断路器的选用，应考虑额定电压、额定电流和脱扣器整定电流等参数。

1）低压断路器的额定电压 U_N 应大于或等于被保护电路的额定电压。

2）低压断路器欠电压脱扣器的额定电压应等于被保护电路的额定电压。

3）低压断路器的额定电流及短路脱扣器的额定电流应大于或等于被保护电路的额定电流。

4）低压断路器的极限分断能力应大于电路的最大短路电流的有效值。

5）配电线路中的上、下级低压断路器的保护特性应协调配合，下级保护特性应位于上级保护特性的下方，并且不相交。

6）低压断路器的长延时脱扣电流应小于导线允许的持续电流。

7）在直流控制电路中，直流低压断路器的额定电压应大于直流控制电路电压。若有反接制动和逆变条件，则直流低压断路器的额定电压应大于2倍的直流控制电路电压。

知识点5：接触器

接触器是一种适用于远距离频繁接通和分断交流或直流主电路和控制电路的自动控制电器，其主要控制对象是电动机，也可用于其他电力负载，如电热器、电焊机等。接触器具有欠电压保护、零电压保护的功能，且具有动作迅速、控制容量大、使用安全方便、能频繁操作和远距离操作等优点，是电力拖动自动控制电路中使用最广泛的电器。其实物图如图1-13所示。

1-4 接触器

1. 接触器的分类

接触器种类繁多，按其主触点通过电流的种类不同，可分为交流接触器和直流接触器。

（1）交流接触器

交流接触器线圈通以交流电时，主触点可接通、分断交流主电路。

当交变磁通穿过铁心时，将产生电涡流和磁滞损耗，使铁心发热。为减少此类损耗，铁心用硅钢片冲压而成。为便于散热，交流接触器线圈做成短而粗的圆筒状绕在骨架上。为防止交变磁通使动铁心产生强烈振动和噪声，交流接触器铁心端面上会安装一个铜制的短路环。交流接触器的灭弧装置通常采用灭弧罩和灭弧栅。

图 1-13　接触器

（2）直流接触器

直流接触器线圈通以直流电时，主触点可接通、分断直流主电路。

直流接触器铁心中不产生电涡流和磁滞损耗，所以不发热，铁心可用整块钢制成。为保证散热良好，通常将直流接触器线圈绕制成长而薄的圆筒状。直流接触器灭弧较难，一般采用灭弧能力较强的磁吹灭弧装置。

2. 接触器的结构

图 1-14 所示为接触器的结构示意，接触器主要由触点系统、电磁机构、灭弧装置和其他部分组成。

（1）触点系统

触点系统用来接通和分断电路，包括主触点和辅助触点。接触器中的所有触点均采用桥式双断点结构，具有一定的灭弧能力。

主触点用于接通和分断主电路或大电流电路，一般有三极，通常为常开触点，即接触器线圈不带电时，由接触器控制的主电路是断开的。接触器使用时，主触点的 1/L1、3/L2、5/L3 三个接线端子称为进线端，接三相电源；2/T1、4/T2、6/T3 三个接线端子称为出线端，接三相用电设备。

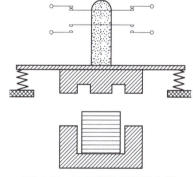

图 1-14　接触器的结构示意图

辅助触点用来接通和分断小电流的控制电路，起到控制其他电气元件接通或断开及电气联锁的作用。辅助触点包括常开触点和常闭触点，一般用 NO 表示常开辅助触点，NC 表示常闭辅助触点。在不同品牌、型号的接触器中，辅助触点数量及形式设置是不同的，有的接触器为了使用灵活，会将辅助触点做成活动模块，其本体结构上只有一对辅助触点，如果辅助触点不够用，则可以通过选择辅助触点模块来满足需要。

（2）电磁机构

接触器的电磁机构用来操作触点闭合与断开，包括静铁心、线圈、动铁心（衔铁）。静铁心、动铁心统称为电磁铁心，交流接触器的电磁铁心由"E"形的硅钢片叠成，静铁心上套有线圈。接触器的所有动触点通过连杆固定在动铁心上，当线圈得电后，产生电磁吸力，

11

动铁心克服反力弹簧的拉力与静铁心吸合,带动动触点移动,使常闭触点断开,常开触点闭合。当线圈断电时,在反力弹簧的作用下,所有触点都恢复原来的状态。

交流接触器在工作时,线圈中加的是交流电,为避免因线圈中交流电流过零时磁通过零,造成动铁心抖动,需在铁心端部及面上开槽,嵌入一个铜短路环,其作用是消除铁心在吸合时产生的振动和噪声,确保铁心的可靠吸合。

(3) 灭弧装置

额定电流在 20A 以上的交流接触器,通常设有陶瓷灭弧罩作为灭弧装置。其作用是迅速切断触点在断开时产生的电弧,以避免发生触点烧毛或熔焊。

(4) 其他部分

其他部分包括反力弹簧、触点压力簧片、缓冲弹簧、短路环、底座和接线端子等。反力弹簧的作用是当线圈断电时使动铁心和触点复位。触点压力簧片的作用是增大触点闭合时的压力,从而增大触点接触面积,避免因接触电阻增大而产生触点烧毛现象。缓冲弹簧可以吸收动铁心被吸合时产生的冲击力,起保护底座的作用。

3. 接触器的工作原理

接触器利用线圈是否通电来控制电路的通断。当接触器线圈通电时,线圈电流产生磁场,吸引动铁心动作,由于接触器的动触点装在与动铁心相连的绝缘连杆上,因此动铁心带动所有动触点运动,使常闭触点断开,常开触点闭合,分断或接通相关电路。当接触器线圈断电时,接触器为失电状态,电磁吸力消失,动铁心在反力弹簧的作用下释放,使触点复原,常开触点断开,常闭触点闭合。接触器整个动作过程可概括为:线圈带电,常闭断开,常开闭合;线圈失电,触点复位。

4. 接触器的符号

接触器的图形与文字符号如图 1-15 所示。

5. 接触器的接线

如图 1-13 所示,接触器的接线端子用数字或字母+数字组合的方式进行标识。进线端的字母是 L,出线端的字母是 T,数字

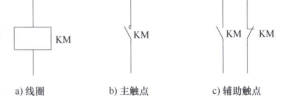

a) 线圈　　　　b) 主触点　　　　c) 辅助触点

图 1-15 接触器的图形与文字符号

分别从左向右依次增长,比如 L1、L2、L3 和 T1、T2、T3,接线时 L 接进线,T 接出线。对于纯数字标识,则是奇数接进线,偶数接出线,得到的结果是一样的。

生产厂家不同,接触器接线端子的标识可能也不相同。无论是纯数字标识还是字母+数字组合的标识,在接线时首先看数字的奇偶。所有奇数都接进线,偶数都接出线。比如,接线端子 1、接线端子 A1、接线端子 13 等,都接进线;接线端子 2、接线端子 A2、接线端子 14 等,都接出线。

A1 和 A2 是线圈的接线端子,将线圈串联在控制电路中。主电路电源接在接触器的输入端,输出端接负载。

6. 接触器的技术参数

(1) 额定绝缘电压(U_i)

额定绝缘电压用于在规定的条件下度量电器及其部件的不同电位部分的绝缘强度。电器的额定绝缘电压大于或等于电源系统的额定电压。

（2）额定电压（U_e）

接触器的额定电压是指主触点的额定电压，常用的额定电压值为 220V、380V 和 660V。

（3）额定电流（I_e）

接触器的额定电流是指主触点的额定电流。

（4）线圈的额定电压

线圈的额定电压是指接触器正常工作时线圈上所加的电压值。一般该电压数值以及线圈的匝数、线径等数据均标于线圈上，而不是标于接触器外壳的铭牌上。直流接触器常用的线圈的额定电压值为 24V、110V、220V 等，交流接触器常用的线圈的额定电压值为 36V、110V、220V、380V。

（5）通断能力

通断能力指接触器主触点在规定条件下可靠接通和分断的最大预期电流数值。在此电流下触点闭合时不会造成触点熔焊，触点断开时不会长时间燃弧。一般通断能力是额定电流的 5~10 倍。这一数值与分断电路的电压等级有关，电压越高，通断能力越小。电路中超出此电流值的分断任务由熔断器、断路器等保护电器承担。

（6）约定发热电流（I_{th}）

约定发热电流是指在规定的试验条件下试验时，接触器在 8h 工作制下，各部件的温度升高不超过规定极限值时所能承载的最大电流。

（7）允许操作频率

接触器在吸合瞬间，线圈需消耗比额定电流大 5~7 倍的电流，如果操作频率过高，则会使线圈严重发热，直接影响接触器的正常使用。为此，人们规定了接触器的允许操作频率，一般为每小时允许操作次数的最大值，交流接触器一般为 600 次/h，直流接触器一般为 1200 次/h。

（8）使用类别

接触器用于不同负载时，对主触点的接通和分断能力的要求也不一样，因此在使用接触器时，将其按负载种类分为 AC-1、AC-2、AC-3 和 AC-4 等类别，称为使用类别。

7. 接触器的选用原则

（1）额定电压（U_e）的选择

额定电压应大于或等于负载电路的电压。

（2）额定电流（I_e）的选择

选择接触器时，要求接触器额定电流应大于或等于负载额定电流。当负载为电动机时，额定电流的计算公式为

$$I_e = \frac{P_N \times 10^3}{K U_N}$$

式中，I_e 为额定电流（A）；P_N 为电动机的额定功率（kW）；K 为常数，一般取 1~1.4；U_N 为电动机的额定电压（V）。

实际选择时，接触器的额定电流应大于公式计算值。

（3）接触器使用类别的选择

使用接触器时，应根据负载特性选择接触器的使用类别。对电动机控制而言，其使用类

别分别为 AC-2、AC-3 和 AC-4。其中，AC-2 交流接触器用于绕线转子异步电动机的起动和停止，允许接通和分断 4 倍的额定电流；AC-3 交流接触器的典型用途是笼型异步电动机的运转和运行中分断，允许接通 6 倍的额定电流和分断额定电流，如水泵、风机、印刷机等；AC-4 交流接触器用于笼型异步电动机的起动、反接制动、反转和点动，允许接通和分断 6 倍的额定电流。

知识点 6：电气原理图

电气控制系统是由许多电气元件按一定的要求和方法连接而成的。为了表达电气控制系统的设计意图，便于分析系统工作原理和进行安装、调试和检修，人们将电气控制系统中各种电气元件及其连接电路用一定的图形表达出来，这就是电气图。电气图是电气设计、生产、维修人员的工程语言，能正确、熟练地识读电气图是从业人员必备的基本技能。

1-5 电气原理图的绘制规则

由于电气图描述的对象复杂，应用领域广泛，表达形式多种多样，因此表示一项电气工程或一种电气装置的电气图有多种，它们以不同的表达形式反映工程问题的不同方面，但又有一定的对应关系，有时需要对照起来阅读。按用途和表达方式的不同，电气图可以分为电气原理图、电气元件布置图和安装接线图。

1. 电气原理图的绘制规则

电气原理图是用来表示电路各电气元件的连接关系和工作原理的图，是电气工程人员进行电气控制电路项目设计和生产维护的工具。为了便于阅读与分析控制电路，电气原理图根据简单、清晰的原则，采用电气元件展开的形式绘制而成。电气原理图只表示所有电气元件的导电部件和接线端子之间的相互关系，并不按照电气元件的实际布置位置来绘制，也不反映电气元件的大小。图 1-16 所示为三相异步电动机起保停控制的电气原理图。

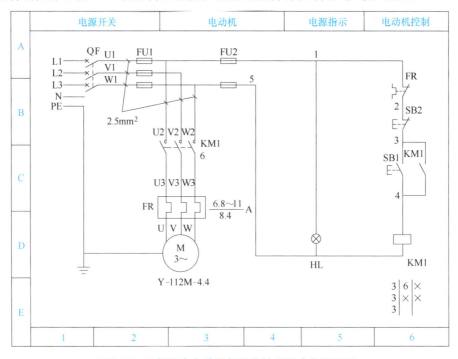

图 1-16 三相异步电动机起保停控制的电气原理图

(1) 电气原理图的绘制标准

电气原理图中所有的电气元件都应采用国家统一规定的图形符号和文字符号。

(2) 电气原理图的组成

主电路是从电源到电动机的电路，其中有断路器、熔断器、接触器主触点、热继电器发热元件与电动机等。主电路绘制在电气原理图的左侧或上方。控制电路由接触器、继电器的线圈和辅助触点以及热继电器、按钮的触点等组成。辅助电路包括照明电路、信号电路和保护电路等。控制电路、辅助电路中通过的电流较小，绘制在电气原理图的右侧或下方。

(3) 电源线的画法

电气原理图中的直流电源用水平线画出，一般直流电源的正极画在电气原理图的上方，负极画在电气原理图的下方。三相交流电源用水平线集中画在电气原理图的上方，相序自上而下按照 L1、L2、L3 排列，中性线（N 线）和保护接地线（PE 线）排在相线之下。主电路垂直于电源线画出，控制电路与辅助电路同样垂直于电源线画出。耗电的电气元件直接与下方的水平电源线相接，控制触点接在上方的水平电源线与耗电的电气元件之间。

(4) 电气原理图中电气元件的画法

电气原理图中的各电气元件均不画实际的外形图，只画出其带电部件，同一电气元件上的不同带电部件是按电路中的连接关系画出的，必须采用相同的文字符号标明。对于几个同类电气元件，可在表示名称的文字符号之后加上数字序号以示区别，如 KM1、KM2。

(5) 电气原理图中触点的画法

电气原理图中各电气元件的触点均按没有外力作用时或未通电时的自然状态画出。对于接触器、电磁式继电器的触点，按线圈未通电时的状态画出；对于按钮、行程开关的触点，按不受外力作用时的状态画出；对于断路器和开关电器的触点，按断开状态画出。当触点的图形符号垂直放置时，以"左开右闭"的原则绘制，即垂线左侧的触点为常开触点。

(6) 电气原理图的布局

电气原理图按功能布置，即同一功能的电气元件集中画在一起，尽可能按动作顺序从上到下或从左到右的原则绘制。

(7) 电路连接点、交叉点的绘制

在电气原理图中，对于需要测试和拆接的外部引线的端子，采用空心圆点表示；有直接电气联系的导线交叉点，采用实心圆点表示；无直接电气联系的导线交叉点不画圆点。在电气原理图中要尽量避免线条的交叉。

(8) 电气原理图的绘制要求

电气原理图的绘制要层次分明，各电气元件及触点的安排要合理，既要做到所用电气元件、触点最少，耗能最少，又要保证电路运行可靠，节省连接导线，安装、维修方便。

2. 电气原理图图面区域的划分

进行图面区域的划分时，竖边从上到下用大写英文字母划分，横边从左到右用阿拉伯数字划分，分区代号用该区域的字母和数字表示。图区上方的"电源开关"等字样（见图 1-16），表明它对应的下方电气元件或电路的功能，以便于读图时理解整个电路的工作原理。

3. 触点位置索引

在电气原理图中，接触器和继电器的线圈与触点的从属关系，应用附图表示。即在电气原理图中相应线圈的下方，给出接触器和继电器的文字符号，并在其下面注明相应触点的位置索引，对未使用的触点，用"×"表示。接触器和继电器的位置索引格式如图 1-17 所示，接触器有 3 栏，左栏为主触点所在图区号，中栏为常开辅助触点所在图区号，右栏为常闭辅助触点所在图区号；继电器有 2 栏，左栏为常开触点所在图区号，右栏为常闭触点所在图区号。图 1-16 中 KM1 线圈下方是接触器 KM1 相应触点的位置索引，其含义为接触器 KM1 的 3 个主触点在 3 区，1 个常开辅助触点在 6 区，未使用常闭辅助触点。

图 1-17 接触器和继电器的位置索引格式

知识点 7：电气原理图的阅读和分析方法

电气原理图的分析步骤如图 1-18 所示。

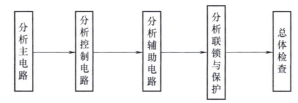

图 1-18 电气原理图的分析步骤

1. 了解生产工艺与执行电器的关系

在分析电气原理图之前，应该熟悉生产工艺的情况，充分了解生产机械要完成的动作，以及这些动作之间的联系，然后进一步明确生产机械的动作与执行电器的关系，必要时可以画出简单的工艺流程图，为分析电气原理图提供方便。

2. 分析主电路

分析电气原理图时，一般先从主电路着手，根据每台电动机或电磁阀等执行电器的控制要求去分析它们的控制内容。控制内容包括起动、制动、方向控制和调速等基本环节。

3. 分析控制电路

通常对控制电路按照从上往下或从左往右的顺序依次阅读，可以按主电路的构成情况，把控制电路分解成与主电路相对应的几个基本环节依次分析，然后将各个基本环节结合起来综合分析。首先应了解各信号元件、控制元件或执行元件的初始状态；然后设想按动了按钮之后，电路中有哪些元件受控动作，这些动作元件的触点又是如何控制其他元件动作的，进而查看受驱动的执行元件有什么运动；再继续追查执行元件带动机械运动时，会使哪些信号元件的状态发生变化。

4. 分析辅助电路

辅助电路包括电源显示、照明和故障报警电路等。

5. 分析联锁与保护

机床对于安全性和可靠性有很高的要求，为满足这些要求，除了合理选择拖动和控制方案外，在控制电路中还设置了一系列电气保护和必要的电气联锁。

6. 总体检查

经过"化整为零"，逐步分析了每一个局部电路的工作原理及各部分之间的控制关系后，还必须用"集零为整"的方法，检查整个电路，看看是否有遗漏。特别是要从整体角度去进一步检查和理解各控制环节之间的联系，理解电路中每个电气元件所起的作用。

知识点 8：三相异步电动机点动运行控制电路

图 1-19 所示为三相异步电动机点动运行控制电路。

1. 正常工作情况下的控制过程分析

当电动机 M 需要起动时，先闭合断路器 QF，引入电源，此时电动机 M 尚未接通电源。按下起动按钮 SB，接触器 KM 的线圈得电，使衔铁吸合，同时带动接触器 KM 的 3 对主触点闭合，电动机 M 便接通电源起动运转。当电动机 M 需要停转时，松开起动按钮 SB，使接触器 KM 的线圈失电，衔铁在反力弹簧作用下复位，带动接触器 KM 的 3 对主触点恢复断开，电动机 M 失电停转。

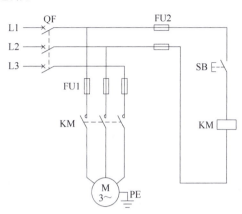

图 1-19 三相异步电动机点动运行控制电路

在分析各种控制电路的原理时，为了简单明了，常用电气元件的文字符号和箭头配以少量文字说明来表达，如点动运行控制电路的工作原理叙述如下。

1）闭合断路器 QF。

2）起动过程控制：按下起动按钮 SB→接触器 KM 线圈得电→KM 主触点闭合→电动机 M 起动运行。

3）停止过程控制：松开起动按钮 SB→接触器 KM 线圈失电→KM 主触点断开→电动机 M 失电停转。

4）断开断路器 QF。

2. 故障情况下的保护过程分析

当主电路中有短路故障发生时，FU1 熔断，断开主电路，实现保护；当控制电路中有短路故障发生时，FU2 熔断，KM 线圈失电，KM 断开主电路，实现保护。

知识点 9：三相异步电动机连续运行控制电路

生产机械的起动与停止是最简单也是最常见的控制过程，图 1-20 所示为三相异步电动机连续运行控制电路。

1. 正常工作情况下的控制过程分析

当电动机 M 需要起动时，先闭合断路器 QF，引入电源，此时电动机 M 尚未接通电源。按下起动按钮 SB1，接触器 KM 的线圈得电，使衔铁吸合，同时带动接触器 KM 的 3 对主触点及 1 对常开辅助触点闭合，电动机 M 接通电源起动运转，同时常开辅助触点闭合后，将起动按钮 SB1 短接，此时松开 SB1 后，接触器 KM 的线圈仍能保持得电状态不变，用接触器 KM 自己的触

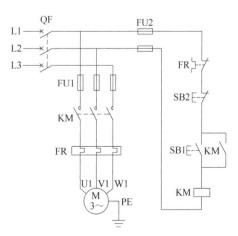

图 1-20 三相异步电动机连续运行控制电路

17

点锁定自己的线圈的带电状态不变,这一功能称为自锁。由于自锁,电动机 M 起动后,松开起动按钮 SB1,接触器 KM 的线圈仍能保持带电状态,电动机 M 能够持续通电运行。

当电动机 M 需要停转时,按下停止按钮 SB2,使接触器 KM 的线圈失电,衔铁在反力弹簧作用下复位,带动接触器 KM 的 3 对主触点及 1 对常开辅助触点恢复断开,电动机 M 失电停转,同时解除自锁,电动机 M 停转后,松开停止按钮 SB2,接触器 KM 处于失电状态,电动机 M 不能通电。

2. 故障情况下的保护过程分析

1) 短路保护。当主电路中有短路故障发生时,FU1 熔断,断开主电路,实现保护。当控制电路中有短路故障发生时,FU2 熔断,KM 线圈失电,KM 断开主电路,实现保护。

2) 失电压、欠电压保护。接触器自锁控制电路不仅能使电动机连续运行,而且在运行过程中,可用 KM 作为控制开关,因此,电路具有失电压、欠电压保护功能。

3) 过载保护。热继电器的发热元件串联在主电路中,检测主电路工作电流是否过载,其常闭触点串联在控制电路中,如果电动机正常工作,热继电器不动作,此触点不影响控制电路的工作,一旦电动机出现过载状态,热继电器动作,其常闭触点断开,使接触器线圈失电,电动机停转,起到过载保护的作用。

五、项目实施

任务 1:识别低压电器

识别 CA6140 型卧式车床中的低压电器,完成表 1-2 的填写。

表 1-2 低压电器

序号	名称	结构与特点	功能
1			
2			
3			
4			
5			
6			
7			

任务 2:低压电器的检测

1. 低压断路器的检测

用万用表电阻档测量上下对应触点的电阻值,做出状态正常(√)与否(×)的判断,填入表 1-3 中。

表 1-3 上下对应触点的电阻值

断开状态			闭合状态		
触点	测量电阻值	状态判断	触点	测量电阻值	状态判断
1-1′			1-1′		
2-2′			2-2′		
3-3′			3-3′		
4-4′			4-4′		

2. 交流接触器的检测

用万用表电阻档测量线圈的电阻值，做出状态正常（√）与否（×）的判断，填入表 1-4 中。

表 1-4 线圈的电阻值

线圈的电阻值		状态判断	

用万用表电阻档测量常开、常闭触点的电阻值，做出状态正常（√）与否（×）的判断，填入表 1-5 中。

表 1-5 常开、常闭触点的电阻值

原始状态			触点动作		
触点	测量电阻值	状态判断	触点	测量电阻值	状态判断
主触点			主触点		
常开辅助触点			常开辅助触点		
常闭辅助触点			常闭辅助触点		

任务 3：CA6140 型卧式车床电气控制电路分析

1. 快速移动电动机控制电路分析

快速移动电动机采用点动运行控制，用按钮和接触器来控制电动机运转。按下按钮，电动机通电运转；松开按钮，电动机断电停转。

（1）正常工作情况下的控制过程分析

1）闭合电源断路器 QF。

2）起动：_____

3）停止：_____

（2）异常工作情况下的保护过程分析

1-7 CA6140 型车床电气控制电路分析

2. 主轴电动机控制电路分析

主轴电动机采用单向连续运转控制，用接触器自锁来控制电动机的连续运转。按下起动按钮，电动机通电连续运转；按下停止按钮，电动机断电停转。

（1）正常工作情况下的控制过程分析

1）闭合电源断路器 QF。

2）起动：_____

_____。

3）停止：_____

_____。

（2）异常工作情况下的保护过程分析

_____

_____。

3. 冷却泵电动机控制电路分析

冷却泵电动机采用单向连续运转控制，用转换开关来控制电动机的连续运转。冷却泵电动机与主轴电动机之间有先后顺序，即主轴电动机起动之后冷却泵电动机才能起动。转换开关闭合时，电动机通电连续运转；转换开关断开时，电动机断电停转。

(1) 正常工作情况下的控制过程分析

1）闭合电源断路器 QF。

2）起动：_____
_____。

3）停止：_____
_____。

(2) 异常工作情况下的保护过程分析
_____
_____。

六、项目复盘

本项目以 CA6140 型卧式车床为载体，以任务驱动的方式学习了电路中的相关低压电器，包括按钮、低压断路器、熔断器和接触器，掌握了相关低压电器的结构、功能、工作原理及选用原则，为电气原理图的分析奠定了基础。最后学习了电气原理图的绘制规则以及阅读方法，可以绘制简单的电气原理图并能阅读机床的电气原理图。

1. 低压电器

1）低压电器如何分类？
_____
_____。

2）如何检测低压断路器、熔断器和接触器等低压电器是否正常？
_____
_____。

2. 电气控制电路与电气原理图的分析方法

本项目中主要学习了电动机的点动与连续运行控制电路。通过对这两种电路的学习掌握了电气原理图的分析方法，请进行总结。
_____
_____
_____。

3. 电气原理图的绘制规则

电气原理图的绘制规则是绘制及阅读电气原理图的基础，包括电源、触点和线圈等的画法，请进行简单总结。
_____
_____
_____。

4. 对所学、所获进行归纳总结

_____
_____
_____。

七、知识拓展

知识点 1：三相异步电动机

知识点 2：组合开关

知识点 3：多地控制电路

八、思考与练习

1）按钮有常开和常闭两种触点，在使用时如何判断常开触点和常闭触点？

2）熔断器有多种类型，其结构组成基本相同，主要由_____和_____两部分组成。_____一般由熔点低、易于熔断、导电性能良好的金属或合金材料制成。

3）触点在断路器中的作用是_____。低压断路器一般采用桥式触点，控制电动机时常用三极低压断路器，其具有的 6 个接线端子可用来连接进出线，使用时，1/L1、3/L2、5/L3 三个接线端子接_____；2/T1、4/T2、6/T3 三个接线端子接_____。触点通常是用_____材料制成的，为了防腐蚀和提高电导率，降低温度，触点会镀银或镀锡。

4）接触器按其主触点控制的电流性质可分为_____和_____。

5）接触器的电磁系统由_____、_____和_____等组成，其作用是_____
_____。

6）电气原理图由_____、_____和_____组成。

7）电气原理图中各电气元件的触点状态均按_____或_____状态画出。对于接触器、电磁式继电器，按_____状态画出；对于按钮、行程开关，按_____状态画出；对于低压断路器和开关电器，按_____状态画出。

8）电动机连续运行控制与电动机点动运行控制的区别是什么？

项目二

Z3040型摇臂钻床控制电路的分析、安装与调试

一、项目引入

1. 项目描述

钻床可以进行钻孔、扩孔、铰孔、攻螺纹及修剖面等多种形式的加工。钻床按结构可分为立式钻床、卧式钻床、摇臂钻床、深孔钻床等。在各种钻床中，摇臂钻床操作方便、灵活，适用范围广，特别适用于单件或成批生产中的多孔大型工件的孔加工，是机械加工中常用的机床设备。

图 2-1 所示为 Z3040 型摇臂钻床，其主要运动包含主运动、进给运动和辅助运动。其中主运动是主轴带动钻头的旋转运动；进给运动是钻头的上下运动；辅助运动是主轴箱沿摇臂的水平运动、摇臂沿外立柱的垂直运动和摇臂连同外立柱一起相对于内立柱的回转运动。

2. Z3040 型摇臂钻床的电气控制要求

Z3040 型摇臂钻床运动部件较多，采用 4 台电动机拖动，这些电动机容量小，均采用全压直接起动，其电气控制要求如下。

1）主轴由电动机 M1 拖动，用机械摩擦离合器实现正转、反转及调速的控制，主轴电动机为单向旋转。

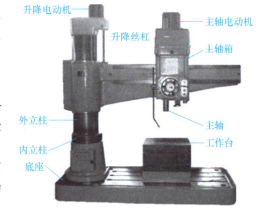

图 2-1 Z3040 型摇臂钻床

2）摇臂升降过程由电动机 M2 拖动，摇臂的工作过程为：放松→升/降→夹紧，液压泵电动机 M3 先供给液压油，使摇臂松开，然后才使电动机 M2 起动。摇臂的升降由单独的一台电动机拖动并要求能够实现正、反转。

3）摇臂的夹紧与放松以及立柱的夹紧与放松由一台异步电动机 M3 配合液压装置来完成，要求这台电动机能够正、反转。摇臂的回转和主轴箱的径向移动在中小型摇臂钻床上通常都采用手动。

4）钻削加工时应对刀具或工件进行冷却，需要一台冷却泵电动机 M4 拖动冷却泵输送切削液。

5）各部分电路之间应有必要的保护和联锁。
6）具有机床安全照明电路与信号指示电路。

3. Z3040 型摇臂钻床电气原理图

图 2-2 所示为 Z3040 型摇臂钻床电气原理图。
Z3040 型摇臂钻床部分电气元件见表 2-1。

表 2-1　Z3040 型摇臂钻床部分电气元件

电气元件	名称	区位 常开	区位 常闭	备注
SQ1	摇臂上升极限开关		B14	摇臂上升到极限时
SQ2	摇臂松开到位开关	B15	B17	摇臂松开到位时
SQ3	摇臂夹紧到位开关		A19	摇臂夹紧到位时
SQ4	主轴箱、立柱夹紧到位开关	B10	B10	主轴箱、立柱夹紧时
SQ5	摇臂下降极限开关		B15	摇臂下降到极限时
SB1	主轴停止按钮		A13	
SB2	主轴起动按钮	B13		
SB3	摇臂上升按钮	A14	B16	
SB4	摇臂下降按钮	A15	B15	
SB5	主轴箱、立柱松开按钮	A17	A19	
SB6	主轴箱、立柱夹紧按钮	A18	B19	
YA	松开、夹紧电磁阀	线圈 C19		线圈通电时,松开 线圈断电时,抱闸夹紧

二、学习目标

1）能正确识别 Z3040 型摇臂钻床电气原理图中的电气元件。
2）熟悉行程开关、时间继电器以及热继电器的结构和工作原理，并会正确选用。
3）会正确检测行程开关和热继电器。
4）会分析三相异步电动机正、反转控制电路的工作过程。
5）会分析 Z3040 型摇臂钻床的电气控制电路。
6）掌握电动机控制电路的安装、调试方法。
7）会正确安装并调试典型控制电路。
8）培养学生勤于动脑、善于思考的习惯。
9）培养学生发现问题、分析问题和解决问题的能力。

三、项目任务

1）熟悉 Z3040 型摇臂钻床电气控制电路中涉及的电气元件的结构、工作原理。
2）使用万用表检测行程开关和热继电器。
3）分析 Z3040 型摇臂钻床电气控制电路的工作过程。
4）完成 Z3040 型摇臂钻床电气控制电路的安装与调试。

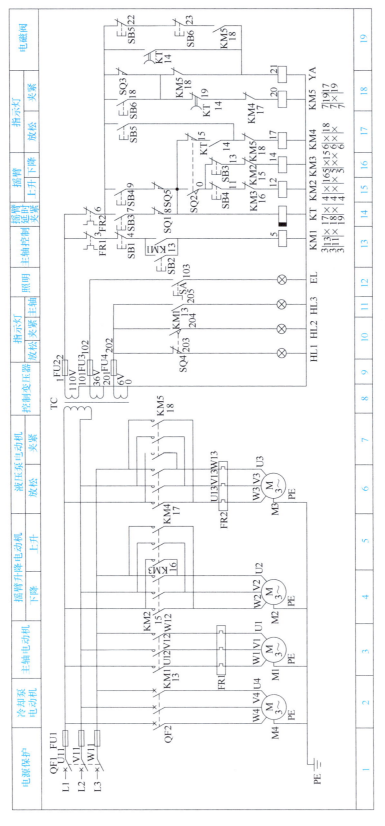

图 2-2 Z3040型摇臂钻床电气原理图

四、知识获取

知识点 1：行程开关

行程开关又称限位开关或位置开关，它可以完成行程控制或限位保护。行程开关的作用与按钮相同，只是其触点的动作不是靠手指按压实现的，而是利用生产机械某些运动部件上的挡块的碰撞或碰压使触点动作，以此来实现接通或分断某些电路，使之达到一定的控制要求。

2-1 行程开关

1. 行程开关的分类

行程开关按其结构可分为直动式、滚轮式和微动式，如图 2-3 所示。

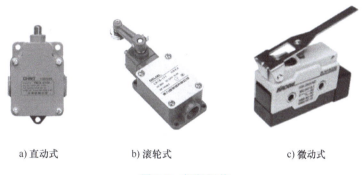

a) 直动式　　　b) 滚轮式　　　c) 微动式

图 2-3　行程开关

（1）直动式行程开关

机械设备运动部件上的挡块碰压直动式行程开关的操作头时，其触点动作，当运动部件离开后，在弹簧作用下，其触点自动复位。直动式行程开关的触点分合速度取决于生产机械的运行速度，不宜用于运行速度低于 0.4m/min 的场所。

（2）滚轮式行程开关

当运动机械的挡块压到滚轮式行程开关的滚轮上时，其传动杆连同转轴一起转动，使凸轮推动撞块，当撞块碰压到一定位置时，推动触点快速动作。当滚轮上的挡块移开后，复位弹簧就使行程开关复位。

（3）微动式行程开关

微动式行程开关安装了弯形片状弹簧，使推杆在很小的范围内移动时，可使触点因弯形片状弹簧的翻转而改变状态。它具有体积小、质量小、动作灵敏、能瞬时动作、行程微小等特点。

2. 行程开关的结构

行程开关主要由操作头、触点系统和外壳 3 部分组成，如图 2-4 所示。操作头是感测部分，用以接收机械设备发出的动作信号，并将此信号传递到触点系统。触点系统是行程开关的执行部分，它将操作头传来的机械信号通过本身的转换动作转换为电信号，输出到有关控制电路中，使之做出相应的反应。

3. 工作原理

当机械部件运动到某一位置时，与该部件连接在一起的挡块碰压行程开关，此时行程开

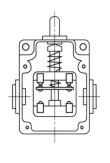  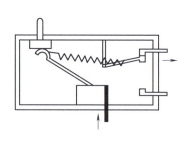

a) 直动式行程开关　　　b) 滚轮式行程开关　　　c) 微动式行程开关

图 2-4　行程开关的结构

关动作,将机械信号转换为电信号,对控制电路发出接通、分断或转换某些电路参数的指令,以实现自动控制。

4. 符号

行程开关的图形与文字符号如图 2-5 所示。

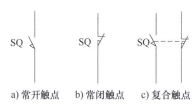

a) 常开触点　　b) 常闭触点　　c) 复合触点

图 2-5　行程开关的图形与文字符号

知识点 2：热继电器

热继电器是用于防止电气设备长时间过载的低压保护电器,适用于电动机的过载保护。电动机在实际运行中经常会遇到过载情况,但只要过载不严重、时间短,绕组温升不超过允许的温升,这种过载就是允许的。但如果过载情况严重、时间长,则会加速电动机绝缘的老化,缩短电动机的使用年限,甚至烧毁电动机。因此,长期运行的电动机都应对其过载进行保护,使用最多、最普及的电动机过载保护电器是双金属片式热继电器,其具有带断相保护功能和不带断相保护功能两种类型。热继电器如图 2-6 所示。

2-2　热继电器

图 2-6　热继电器

1. 热继电器的结构

热继电器的结构如图 2-7 所示，其主要由发热元件、触点系统、动作机构、复位机构、整定电流调节装置等部分组成。

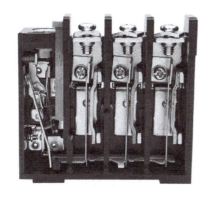 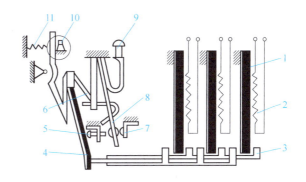

图 2-7 热继电器的结构

1—双金属片 2—发热元件 3—导板 4—补偿双金属片 5—调节螺钉 6—复位弹簧
7—静触点 8—动触点 9—复位按钮 10—调节凸轮 11—弹簧

1) 发热元件是热继电器的测量元件，主要由双金属片和绕在其外面的电阻丝组成。双金属片是由两种膨胀系数不同的金属片复合而成的，膨胀系数大的称为主动层，膨胀系数小的称为被动层。双金属片受热后产生膨胀，由于膨胀系数不同，双金属片向被动层一侧弯曲。

2) 导板是一个绝缘的联动板，它将双金属片受热弯曲的变形传递到触点簧片的触发机构上。当双金属片的变形达到一定程度时，就通过导板使触发机构动作，从而使触点状态瞬时变动并保持下来。

3) 整定电流调节装置由调节凸轮与热继电器外部的旋钮固定连接组成，旋钮上有定值电流刻度，通过转动该旋钮就能改变触发机构的动作条件，从而改变热继电器的整定电流。

4) 复位装置。发热元件受热弯曲，推动触发机构使热继电器动作后，主电路电流被切断。热继电器的复位有两种方式，即手动复位和自动复位。

2. 工作原理

下面结合图 2-7 说明热继电器的工作原理。发热元件与电动机定子绕组串联，绕组电流即为流过发热元件的电流。当电动机正常工作时，发热元件产生的热量虽能使双金属片弯曲，但不足以使热继电器触点动作。当电动机过载时，流过发热元件的电流增大，其产生的热量增加，使双金属片产生的弯曲位移增大，从而推动导板，带动补偿双金属片和与之相连的动作机构，使热继电器触点动作（常闭触点断开，常开触点闭合），并借助其串联在接触器线圈电路中的常闭触点来切断线圈电流，使电动机主电路失电。在切断电源后，双金属片逐渐冷却，过一段时间后恢复原状。如果热继电器处于手动复位方式，则需按下手动复位按钮，使触点复位；如果热继电器处于自动复位方式，在弹簧的作用下触点可自动复位。

补偿双金属片用于补偿周围环境温度变化的影响。当周围环境温度变化时，双金属片和与其采用相同材料制成的补偿双金属片会产生同一方向的弯曲，可使导板与补偿双金属片之间的推动距离保持不变。此外，热继电器可通过调节螺钉选择自动复位或手动复位方式。

热继电器的图形符号与文字符号如图 2-8 所示。

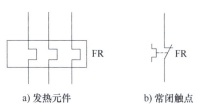

图 2-8 热继电器的图形符号与文字符号

3. 热继电器的选用

热继电器主要用于电动机的过载保护，在使用中应考虑电动机的工作环境、起动情况、负载性质等因素，具体应按以下几个方面来选用：

1）热继电器的结构形式。星形联结的电动机可选用两相或三相结构的热继电器，三角形联结的电动机应选用带断相保护装置的三相结构的热继电器。

2）发热元件的整定电流。一般将整定电流调整为电动机的额定电流。对过载能力差的电动机，可将发热元件整定电流值调整到电动机额定电流的 60%~80%；对起动时间较长、拖动冲击性负载或不允许停车的电动机，发热元件的整定电流应调整到电动机额定电流的 1.1~1.15 倍。

3）当电动机起动时间过长或操作过于频繁时，热继电器可能会误动作或烧坏，故这种情况下一般不用热继电器作为过载保护。

4）对于重复、短时工作的电动机（如起重机电动机），由于电动机不断重复升温，热继电器双金属片的温升可能跟不上电动机绕组的温升，电动机将得不到可靠的过载保护。因此，这种情况下不宜选用双金属片热继电器，而应选用过电流继电器或能反映绕组实际温度的温度继电器进行保护。

例如，对于 1 台 10kW、380V、额定电流为 19.9A 的电动机，可选用 JR20-25 型热继电器，发热元件整定电流为 17~25A。在使用前，整定电流先按一般情况设为 21A，然后观察运行情况。若发现热继电器经常提前动作，而电动机温升又不高，则应将整定电流改为 25A 后继续观察运行情况；若整定电流为 21A，电动机运行一段时间后温升偏高，而热继电器滞后动作，则应将整定电流改为 17A 后继续观察运行情况，同时应考虑降低电动机负载或者更换电动机。

知识点 3：时间继电器

图 2-9 所示为时间继电器，这是一种利用电磁原理或机械动作原理实现触点延时闭合或断开的自动控制电器。其特点是从线圈得到信号至触点动作之间有一段延时。

2-3 时间继电器

1. 时间继电器的分类

（1）按工作原理分类

按工作原理的不同，时间继电器可分为空气阻尼式时间继电器、电动机式时间继电器、电磁式时间继电器、电子式时间继电器等。

（2）按延时方式分类

根据延时方式的不同，时间继电器又可分为通电延时型和断电延时型两种。

1）通电延时型时间继电器在获得输入信号后

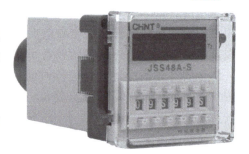

图 2-9 时间继电器

立即开始延时，需待延时完毕，其执行部分才输出信号以操纵控制电路；当输入信号消失后，继电器立即恢复到动作前的状态。

2) 断电延时型时间继电器恰恰相反，当获得输入信号后，执行部分立即有输出信号；而在输入信号消失后，继电器却需要经过一定的延时，才能恢复到动作前的状态。

2. 时间继电器的符号

时间继电器的图形与文字符号如图 2-10 所示。

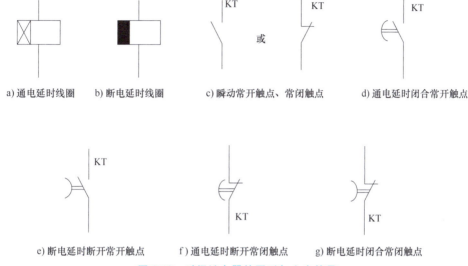

图 2-10 时间继电器的图形与文字符号

3. 时间继电器的技术参数

时间继电器的技术参数包括额定控制容量、额定电压、触点工作电流、吸合电压、机械寿命和电气寿命等。以 SJ23 系列空气式时间继电器为例，其技术参数如下：

1) 额定控制容量：AC 300V·A，DC 60W（延时头组件 30W）。
2) 继电器的额定电压等级：AC 380V、220V，DC 220V、110V。
3) 线圈的额定电压：AC 110V、220V 及 380V。
4) 触点的最大工作电流：AC 380V 时为 0.79A，DC 220V 时为 0.27A（瞬动）及 0.14A（延时）。
5) 延时重复误差：≤9%。
6) 热态吸合电压：不大于继电器额定电压的 85%。
7) 机械寿命不低于 100 万次，电气寿命 100 万次（延时头组件直流电气寿命 50 万次）。

知识点 4：三相异步电动机的正反转控制电路

在生产实践中，许多设备需要两个相反方向的运行控制，如机床工作台的进退、升降以及主轴的正反向运转等。此类控制均可通过电动机的正转与反转来实现。

Z3040 型摇臂钻床的摇臂升降过程由电动机 M2 拖动，摇臂的工作过程为：放松→升/降→夹紧，液压泵电动机 M3 先供给液压油，使摇臂松

2-4 三相异步电动机的正反转控制电路

开，然后才使电动机 M2 起动。摇臂的升降由单独的一台电动机拖动并要求能够实现正反转。那么，如何对三相异步电动机进行正反转控制呢？

由三相异步电动机原理可知，三相电源进线中任意两相对调，即可实现三相异步电动机的反向运转。因此利用两个交流接触器交替工作来改变接入三相异步电动机的电源相序，即可实现三相异步电动机的正反转控制，如图 2-11 所示。

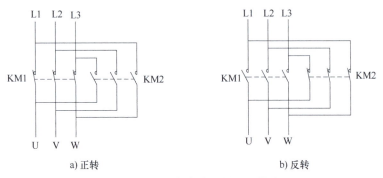

a) 正转　　　b) 反转

图 2-11　三相异步电动机的正反转控制

图 2-12 所示为三相异步电动机正反转控制电路的主电路，两个接触器 KM1、KM2 的主触点可改变三相异步电动机的电源相序，使三相异步电动机实现正反转。其中，接触器 KM1 为正向接触器，控制三相异步电动机 M 正转；接触器 KM2 为反向接触器，控制三相异步电动机 M 反转。

图 2-13 所示为三相异步电动机正反转控制电路，接触器 KM1、KM2 的主触点在主电路中构成正、反转相序接线，从而改变三相异步电动机的转向。按下正向起动按钮 SB2，接触器 KM1 线圈得电并自锁，三相异步电动机正转。按下停止按钮 SB1，三相异步电动机正转停止。按下反向起动按钮 SB3，接触器 KM2 线圈得电并自锁，使三相异步电动机定子绕组与正转时相比相序相反，则三相异步电动机反转。按下停止按钮 SB1，三相异步电动机反转停止。

1. 接触器互锁的正反转控制电路

图 2-13 中，如果 KM1、KM2 同时得电动作，就会造成主电路短路，即如果按下 SB2 后又按下 SB3，就会造成上述事故，因此这种电路在实际生产中不能采用。

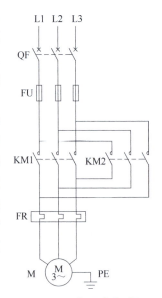

图 2-12　三相异步电动机正反转控制电路的主电路

接触器 KM1 和 KM2 的触点不能同时闭合，因此需要在各自的控制电路中串联对方的常闭触点，构成互锁。如图 2-14 所示，三相异步电动机正转时，按下正向起动按钮 SB2，接触器 KM1 线圈得电并自锁，接触器 KM1 常闭触点断开，这时即使按下反向起动按钮 SB3，接触器 KM2 线圈也无法得电。当需要反转时，先按下停止按钮 SB1，接触器 KM1 线圈断电释放，接触器 KM1 常开触点复位断开，三相异步电动机停转，然后按下 SB3，接触器 KM2 线圈才能得电，三相异步电动机反转。

由于三相异步电动机由正转切换成反转时，需先停下来，然后反向起动，故称该电路为

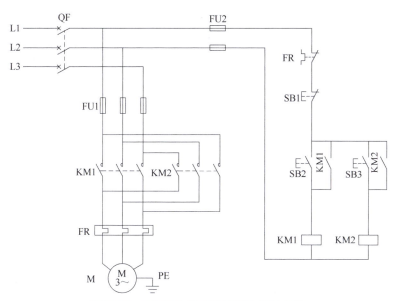

图 2-13 三相异步电动机正反转控制电路

"正-停-反"控制电路。利用接触器常闭触点互相制约的关系称为电气互锁或联锁,而这两个常闭触点称为互锁触点。在机床控制电路中,这种互锁关系应用极为广泛。凡是有相反动作,如工作台上下、左右移动,都需要有类似的控制。

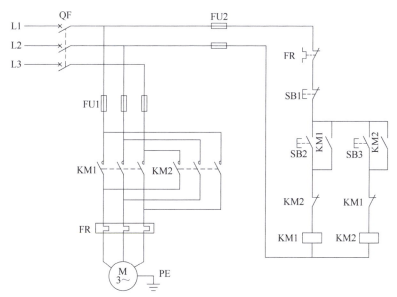

图 2-14 接触器互锁的正反转控制电路

2. 机械互锁的正反转控制电路

在接触器互锁的正反转控制电路中,三相异步电动机由正转到反转,需先按停止按钮,在操作上不方便,为了解决这个问题,可利用复合按钮进行控制。将"正-停-反"控制电路中的起动按钮均换为复合按钮,则该电路为机械互锁的正反转控制电路,如图 2-15 所示。

假定三相异步电动机在正转,此时,接触器 KM1 线圈得电,主触点 KM1 闭合。如果要切换三相异步电动机的转动方向，只需按下复合按钮 SB3 即可。按下 SB3 后，其常闭触点先断开 KM1 线圈回路，接触器 KM1 线圈断电释放，主触点断开正序电源，然后闭合复合按钮 SB3 的常开触点，接通接触器 KM2 的线圈回路，接触器 KM2 线圈得电吸合且自锁，KM2 的主触点闭合，三相异步电动机反向起动并运转，从而直接实现正、反向切换。如果需要使三相异步电动机由反向运转直接切换成正向运转，操作过程类似。采用复合按钮，也可以起到互锁作用。

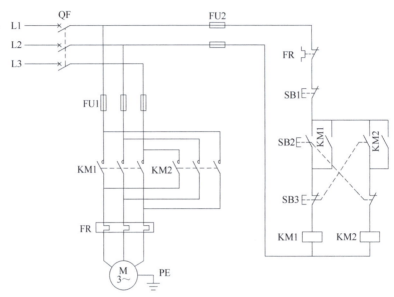

图 2-15　机械互锁的正反转控制电路

3. 双重互锁的正反转控制电路

只用复合按钮进行互锁，而不用接触器常闭触点之间的互锁，是不可靠的。在实际中可能出现负载短路或大电流的长期作用，使接触器的主触点被强烈的电弧"烧焊"在一起，或者接触器的机构失灵，使衔铁总是卡在吸合状态的情况。这些情况都可能使主触点不能断开，这时如果另一接触器动作，就会造成电源短路事故。

如果在机械互锁的基础上使用接触器常闭触点进行互锁，不论什么原因，只要一个接触器处于吸合状态，它的互锁常闭触点就必然将另一个接触器的线圈回路切断，可以避免事故的发生，如图 2-16 所示，称为双重互锁控制电路。

学思践悟

对于三相异步电动机需要改变转动方向的情况，最简单的实现方式就是改变接入电动机的电源相序，使用两个接触器可以解决改变相序的问题，但如果两个接触器同时接通，就会导致短路。为了解决短路的问题，在电路中引入接触器互锁，接触器互锁可以实现"正-停-反"控制，但操作不方便，于是在电路中增加了机械互锁，可以实现"正-反-停"控制，最终得到完善的正反转控制电路。

在学习该电路过程中，以问题为导向，以引导的方式提出解决问题的方案，并在此基础上逐步改进，最终完善，从而培养学生勤于动脑、善于思考的习惯。

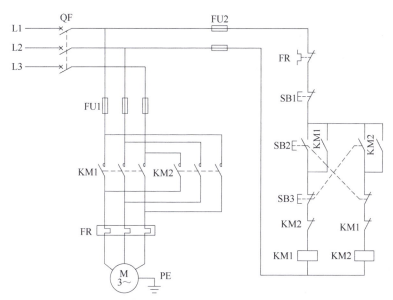

图 2-16　双重互锁的正反转控制电路

知识点 5：Z3040 型摇臂钻床控制电路分析

Z3040 型摇臂钻床电气原理图如图 2-2 所示。

主轴箱上的 4 个按钮 SB1、SB2、SB3 与 SB4，分别是主轴停止、起动和摇臂上升、下降按钮。主轴箱移动手轮上的 2 个按钮 SB5、SB6，分别为主轴箱、立柱松开按钮和夹紧按钮。

1. 主轴电动机 M1 控制电路分析

主轴电动机 M1 为单向旋转，由接触器 KM1 控制，主轴的正反转则由机床的液压系统操纵机构配合机械摩擦离合器实现，并由热继电器 FR1 为电动机 M1 提供长期过载保护。

由按钮 SB1、SB2 与接触器 KM1 构成主轴电动机的单向起动停止控制电路，M1 起动后，指示灯 HL3 亮，表示主轴电动机在旋转。

2-5　Z3040 型摇臂钻床控制电路分析

2. 摇臂升降与夹紧控制电路分析

摇臂升降电动机 M2 的正反转由正、反转接触器 KM2、KM3 控制。控制电路保证在操纵摇臂升降时，首先使液压泵电动机 M3 起动旋转，供给液压油，经液压系统将摇臂松开，然后才使 M2 起动，拖动摇臂上升或下降。当摇臂移动到位后，控制电路又保证 M2 先停下，再自动通过液压系统将摇臂夹紧，最后液压泵电动机 M3 才停转。M2 为短时工作，不用设长期过载保护。

下面以摇臂上升为例来分析摇臂升降及夹紧、松开的控制原理。

摇臂上升过程分 3 步：摇臂松开→摇臂上升→摇臂夹紧。

（1）摇臂松开过程

按下 SB3，使得 SB3 常闭触点断开、常开触点闭合，接着时间继电器 KT、接触器 KM4 线圈得电，液压泵电动机 M3 正转，于是摇臂松开。在摇臂松开过程中，弹簧片压到限位开关 SQ2，使其动作，起到限位作用。

（2）摇臂上升过程

SQ2 的常闭、常开触点分别控制接触器 KM4 线圈失电释放和接触器 KM2 线圈得电吸合，于是液压泵电动机 M3 停转，摇臂松开停止后，由电动机 M2 正转带动摇臂上升。

（3）摇臂夹紧过程

当摇臂上升到所需位置时，松开 SB3，使得时间继电器 KT 线圈、接触器 KM2 线圈均失电释放，摇臂便停止上升。KT 断电延时时间到后，接触器 KM5 线圈得电吸合，液压泵电动机 M3 反转，摇臂到达预定位置开始夹紧。在此过程中，弹簧片压到限位开关 SQ3，使其动作，此时摇臂夹紧完成。

3. 主轴箱与立柱的夹紧控制电路分析

液压泵电动机 M3 由接触器 KM4、KM5 实现正、反转控制，并由热继电器 FR2 提供长期过载保护。

主轴箱与立柱的夹紧与松开是同时进行的。按下按钮 SB5，接触器 KM4 线圈得电，液压泵电动机 M3 正转，拖动液压泵供给液压油，这时电磁阀 YA 线圈处于断电状态，液压油经二位六通电磁阀进入主轴箱与立柱松开油腔，推动活塞和菱形块，使主轴箱与立柱松开。当主轴箱与立柱松开时，行程开关 SQ4 不受压，SQ4 常闭触点闭合，指示灯 HL1 亮，表示主轴箱与立柱确已松开。可以手动操作使主轴箱在摇臂的水平导轨上移动，也可推动摇臂使外立柱绕内立柱做回转移动。

当移动到位时，按下夹紧按钮 SB6，接触器 KM5 线圈得电，M3 反转，拖动液压泵供给液压油至夹紧油腔，使主轴箱与立柱夹紧。当确实夹紧时，SQ4 被压下，SQ4 常开触点闭合，HL2 指示灯亮，而 SQ4 常闭触点断开，HL1 指示灯灭，指示主轴箱与立柱已夹紧，可以进行钻削加工。

机床安装后，接通电源，利用主轴箱与立柱的夹紧、松开来检查电源相序，在电源相序正确后，再来调整电动机 M2 的接线。

4. 冷却泵的控制

冷却泵电动机 M4 容量较小，直接由 QF2 手动控制，且为单向旋转。

5. 照明与信号指示电路

HL1 为主轴箱、立柱松开指示灯，灯亮表示已松开，可以手动操作使主轴箱沿摇臂移动或手动操作摇臂回转；HL2 为主轴箱、立柱夹紧指示灯，灯亮表示已夹紧，可以进行钻削加工；HL3 为主轴旋转工作指示灯；照明灯 EL 由控制变压器 TC 供给 36V 安全电压，经开关 SA 操作，实现钻床局部照明。

6. 互锁及保护环节

行程开关 SQ2 实现摇臂松开到位，开始升降的互锁；行程开关 SQ3 实现摇臂完全夹紧，液压泵电动机 M3 停止旋转的互锁；时间继电器 KT 实现摇臂升降电动机 M2 断开电源，待惯性旋转停止后再进行夹紧的互锁；摇臂升降电动机 M2 的正反转具有双重互锁；SB5、SB6 常闭触点接入电磁阀 YA 线圈，电路实现进行主轴箱与立柱夹紧、松开操作时，液压油不进入摇臂夹紧油腔的互锁；FU1 提供电动机 M2、M3 及控制变压器 TC 一次侧的短路保护。FR1、FR2 提供电动机 M1、M3 的长期过载保护；SQ1 为摇臂上升极限开关；FU3 提供照明电路的短路保护。

五、项目实施

任务1：识别低压电器

阅读 Z3040 型摇臂钻床电气原理图，识别电路中涉及的低压电器，完成表 2-2。

表 2-2　低压电器

序号	名称	结构与特点	功能
1			
2			
3			
4			
5			

任务2：检测低压电器

1. 检测行程开关

用万用表蜂鸣器档检测行程开关的常开、常闭触点变化情况，并完成表 2-3。其中，蜂鸣器有声音打"√"，蜂鸣器无声音打"×"。

表 2-3　行程开关检测记录表

触点	按下	松开	备注
常开（NO）			
常闭（NC）			

2. 检测热继电器

用万用表蜂鸣器档检测热继电器，并完成表 2-4。其中，蜂鸣器有声音打"√"，蜂鸣器无声音打"×"。

表 2-4　热继电器检测记录表

检测点	状态	正确响应	检测结果
L1-T1	常态	√	
L2-T2	常态	√	
L3-T3	常态	√	
常开触点	常态→按下测试按钮	×→√	
常闭触点	常态→按下测试按钮	√→×	

任务3：Z3040 型摇臂钻床电气控制电路分析

1. 主轴电动机 M1 控制电路分析

对于图 2-2 所示的主轴电动机 M1 控制电路：

起动时，按下 SB2→KM1 线圈_____→接触器 KM1 主触点_____→电动机 M1_____。

停止时，按下 SB1→KM1 线圈_____→接触器 KM1 主触点_____→电动机 M1_____。

2. 摇臂升降电动机 M2 控制电路分析

对于图 2-2 所示的摇臂升降电动机 M2 控制电路，无论摇臂上升还是下降，其前提都是要先松开摇臂，等到摇臂移动到目标位置以后，再对摇臂进行夹紧。其中，摇臂升降电动机 M2 的控制电路是由摇臂上升按钮 SB3、摇臂下降按钮 SB4 及正、反转接触器 KM2、KM3 组成的具有双重互锁功能的正、反转点动控制电路。液压泵电动机 M3 的正反转由正、反转接触器 KM4、KM5 控制，液压油经二位六通电磁阀 YA 送至摇臂夹紧机构，实现摇臂的夹紧与松开。此处以摇臂上升为例来分析摇臂升降的控制过程，摇臂下降的控制过程和上升的控制过程类似，请自行分析。

摇臂上升过程分 3 步：摇臂松开→摇臂上升→摇臂夹紧。

（1）摇臂松开

按下 SB3→时间继电器 KT 线圈得电→瞬动触点 KT（17）_____，延时断开常闭触点（19）_____→接触器 KM4 线圈_____，电磁阀 YA 线圈_____→电动机 M3 正转，液压油经二位六通电磁阀进入摇臂松开油腔→摇臂_____。

（2）摇臂上升

触动摇臂松开到位开关 SQ2→SQ2 常开触点_____、常闭触点_____→接触器 KM4 线圈断电，电动机 M3 停止转动，摇臂松开停止；接触器 KM2 线圈得电→电动机 M2 正转→_____；松开 SB3→接触器 KM2 线圈断电，时间继电器 KT 线圈_____→电动机 M2 停止转动，时间继电器 KT_____→摇臂停止上升。

（3）摇臂夹紧

延时时间结束→断电延时闭合常闭触点（18）_____→接触器 KM5 线圈_____，主触点_____，辅助常开触点（19）_____→电动机 M3 反转、电磁阀 YA 线圈继续得电→到达预定位置开始夹紧→碰压摇臂夹紧到位开关 SQ3→SQ3 常闭触点（19）_____→接触器 KM5 断开，电磁阀 YA 线圈断电→电动机 M3 停转→摇臂夹紧。

3. 液压泵电动机 M3 控制电路分析

对于图 2-2 所示的液压泵电动机 M3 控制电路。主轴箱在摇臂上的夹紧、松开及内外立柱之间的夹紧、松开，均采用液压操纵，且由同一油路控制，所以它们是同时进行的。工作时要求二位六通电磁阀 YA 线圈处于断电状态，SB5 为松开按钮，SB6 为夹紧按钮，由松开指示灯 HL1 和夹紧指示灯 HL2 显示其状态。

主轴箱和立柱的松开与夹紧动作过程为：松开→转动→夹紧。

（1）主轴箱和立柱同时松开

按下_____→接触器 KM4 线圈_____→液压泵电动机 M3 正转，电磁阀 YA 线圈处于断电状态→液压油进入松开油腔→主轴箱和立柱同时松开→主轴箱、立柱夹紧到位开关 SQ4 不再受压→SQ4 触点_____→_____灯亮。

（2）主轴箱和立柱同时夹紧

按下_____→接触器 KM5 线圈得电→液压泵电动机 M3_____→液压油进入夹紧油腔→主轴箱和立柱同时夹紧→主轴箱、立柱夹紧到位开关 SQ4 受压→SQ4 触点_____→_____灯亮。

4. 照明与指示电路

Z3040 型摇臂钻床共有 4 个照明与指示灯，分别为 HL1、HL2、HL3 和 EL，如图 2-2

所示。

1）HL1 为_____指示灯。HL1 亮，表示_____，可以手动操作主轴箱移动手轮，使主轴箱沿摇臂上的水平导轨移动或推动摇臂连同外立柱绕内立柱回转。

2）HL2 为_____指示灯。HL2 亮，表示_____。

3）HL3 为_____指示灯。HL3 亮，表示可以操作主轴手柄控制主轴。

4）EL 为_____照明灯，由控制变压器 TC 供给交流 36V 安全电压，由开关 SA 控制。

 学思践悟

在分析机床电路时可将电路"化整为零"，先找出电路中的电动机，每台电动机的控制电路都是在典型控制电路的基础上改进而来的，然后找出电路之间的互锁与保护环节，最后整体检查电路，查看是否有遗漏。

在分析电路时应该掌握"化整为零"，由整体到局部再到整体的分析问题和解决问题的思路与方法，具备比较分析和归纳总结的能力。

任务 4：Z3040 型摇臂钻床主轴及液压泵电动机电气控制电路的安装与调试

1. 主轴电动机控制电路的安装与调试

Z3040 型摇臂钻床主轴电动机为单向旋转，通过接触器控制起停，为典型的起保停电路，具体的安装与调试步骤如下。

1）阅读电气原理图。明确电气原理图中的各种电气元件的名称、符号、作用，掌握控制电路的工作原理及其控制过程。

2）选择电气元件。按电气元件明细表配齐电气元件并进行检查。Z3040 型摇臂钻床主轴电动机控制电路电气元件明细表见表 2-5。

2-6 电气控制电路的安装与调试

表 2-5 Z3040 型摇臂钻床主轴电动机控制电路电气元件明细表

名称	符号	型号	数量	备注
三相异步电动机	M	Y112M-4	1	
低压断路器	QF	DZ47S-40	1	
接触器	KM	CJ20-16	1	
热继电器	FR	JR35-20/3D	1	
按钮	SB1、SB2	LA17-3H	2	
熔断器	FU1	RT13-32/25	3	
熔断器	FU2	RT13-32/2	2	
端子板	XT1	TB1512	1	
导线			若干	导线截面积为 1.5mm^2
导线			若干	导线截面积为 1.0mm^2
导线			若干	导线截面积为 0.75mm^2

所有电气元件，至少应具有制造厂的名称或商标、型号或索引号、工作电压性质和数值等标志。若工作电压标志在操作线圈上，则应使安装在操作线圈上的标志是显而易见的。

安装接线前应对所使用的电气元件逐个进行检查，避免电气元件故障与线路错接、漏接故障混在一起。

3）配齐工具、仪表和导线。按照设计要求选择导线类型、颜色及截面积等。电路 U、V、W 三相用黄色、绿色、红色导线，中性线（N）用浅蓝色导线，保护接地线（PE）必须采用黄绿双色导线。

4）安装电气元件。按照电气元件布置图，对所选电气元件进行安装接线。注意电气元件上的相关触点的选择，区分常开触点、常闭触点、主触点、辅助触点。控制板的尺寸应根据电气元件的安排情况决定。凡是要连接到配电盘以外的电气元件上的导线，一定要先接到端子板上，再从端子板往外引线。根据配电盘的尺寸和需要的电气元件排布，各电气元件的位置如图 2-17 所示。

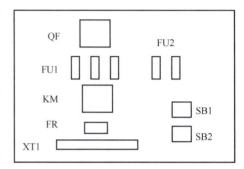

图 2-17 主轴电动机电路的电气元件布置图

按照电气元件布置图规定的位置将电气元件固定在网孔板上。电气元件之间的距离要适当，既要节省板面，又要方便走线和投入运行后的检修。固定电气元件时应按以下步骤进行。

① 定位。将电气元件摆放在对应的位置，电气元件应排列整齐，以保证连接导线时做到横平竖直、整齐美观，同时尽量减少弯折。

② 固定。用螺钉将电气元件固定在安装底板上。固定电气元件时，应注意在螺钉上加装平垫圈和弹簧垫圈。紧固螺钉时将弹簧垫圈压平即可，不要过分用力，防止用力过大将电气元件的底板压裂造成损失。

5）连接导线。连接导线时，必须按照安装接线图规定的走线方位进行。一般从电源端起按线号顺序进行，先接主电路，然后接控制电路。连接导线应按以下的步骤进行。

① 选择适当长度的导线，按安装接线图规定的方位，在固定好的电气元件之间测量所需要的长度，截取适当长短的导线，所有导线从一个接线端子到另一个接线端子的走线必须是连续的，中间不得有接头。

② 走线时应尽量避免导线交叉。先将导线校直，把同一走向的导线汇成一束，依次弯向所需要的方向。对明露导线要求连线横平竖直，沿安装板走线，尽量少出现交叉线，拐角处应为直角。走好的导线束用铝线卡垫上绝缘物卡好。

③ 在每一根连接导线的线头上必须套上标有线号的套管，位置应接近接线端子处。

④ 根据接线端子的情况，将线芯弯成圆环或拉成直线压进接线端子。接线端子应紧固好，必要时加装弹簧垫圈紧固，防止电气元件动作时因振动而松脱。

⑤ 每个接线端子不允许接超过两根导线，导线截面积不同时，应将截面积大的放在下层，截面积小的放在上层。导线线头裸露部分不能超过 2mm。

⑥ 接线过程中应注意对照图样核对，防止错接。必要时可用试灯、蜂鸣器或万用表校线。

6）检查电路。

① 对照电气原理图、安装接线图，从电源开始逐段核对接线端子上的线号是否正确，

排除漏接、错接现象，检查导线接点是否符合要求，压接是否牢固，以免带负载运行时产生闪弧现象。

② 检查主电路有无开路或短路现象，将万用表分别接于 L1、L2 和 L3 之间，按下接触器的试验按钮时，读取万用表的示数，判断主电路连接是否正常。

③ 检查控制电路时，把万用表调至电阻档，表笔分别搭在 L1（L）、L2（N）上，读数应为"∞"。按下 SB2（起动按钮）时，读数应为接触器线圈的电阻值。

④ 检查自锁时，把万用表调至电阻档，表笔分别搭在 L1（L）、L2（N）上，按下接触器试验按钮时，万用表读数应为接触器线圈的电阻值。按下接触器试验按钮的同时按下 SB1（停止按钮），万用表读数应为"∞"。

7）电路调试。为保证安全，电路调试必须在指导教师的监护下进行。进行电路调试前应做好准备工作，包括清点工具，清除安装底板上的线头杂物，装好接触器的灭弧罩，检查各组熔断器的熔体，分断各开关并使按钮、行程开关处于未操作前的状态，检查三相电源是否对称等。

① 空操作试验。先切除主电路（一般可断开主电路熔断器），装好辅助电路熔断器，接通三相电源，使电路不带负载（电动机）通电操作，以检查控制电路工作是否正常。

② 带负载调试。控制电路经过数次空操作试验，确认动作无误后即可切断电源，接通主电路，带负载调试。电动机起动前应先做好停机准备，起动后要注意运行情况。如果发现电动机有起动困难、发出噪声及绕组过热等异常现象，应立即停机，切断电源后进行检查。当电动机运转平稳后，用钳形电流表测量三相电流是否平衡。

③ 通电试车完毕，停转，切断电源。先拆除三相电源线，再拆除电动机线。

2. 液压泵电动机控制电路的安装与调试

液压泵电动机需要实现正反转，将其控制电路简化为如图 2-14 所示的正反转控制电路。

1）阅读电气原理图。明确电气原理图中的各种电气元件的名称、符号、作用，掌握控制电路的工作原理及其控制过程。

2）选择电气元件。按电气元件明细表配齐电气元件并进行检查。Z3040 型摇臂钻床液压泵电动机控制电路电气元件明细表见表 2-6。

表 2-6 Z3040 型摇臂钻床液压泵电动机控制电路电气元件明细表

名称	符号	型号	数量	备注
三相异步电动机	M	Y112M-4	1	
低压断路器	QF	DZ47S-40	1	
接触器	KM1、KM2	CJ20-16	2	
热继电器	FR	JR35-20/3D	1	
按钮	SB1、SB2、SB3	LA17-3H	3	
熔断器	FU1	RT13-32/25	3	
熔断器	FU2	RT13-32/2	2	
端子板	XT1	TB1512	1	
导线			若干	导线截面积为 1.5mm^2
导线			若干	导线截面积为 1.0mm^2
导线			若干	导线截面积为 0.75mm^2

安装接线前应对所使用的电气元件逐个进行检查。

3）配齐工具、仪表和导线。按控制电路的要求配齐工具、仪表，选择导线类型、颜色及截面积等。

4）安装电气元件。按照 Z3040 型摇臂钻床液压泵电动机控制电路电气元件布置图，对所选电气元件进行安装接线，如图 2-18 所示。

5）连接导线。

6）检查电路。

7）通电调试。

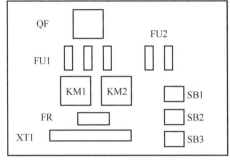

图 2-18　液压泵电动机控制电路的电气元件布置图

六、项目复盘

本项目以 Z3040 型摇臂钻床为载体，首先学习了行程开关、热继电器和时间继电器等电气元件的结构、工作原理及技术参数，然后分析了 Z3040 型摇臂钻床中 4 台电动机的工作过程。通过任务实施掌握了电气元件的检测方法以及电路的安装与调试方法。

1）行程开关利用生产机械运动部件上的挡块碰压触点，实现电路的接通或分断，其文字符号是_____。行程开关按结构可分为_____、_____和_____。

2）热继电器的功能是过载保护，当电动机发生过载时，热继电器可以切断电路，对电动机进行保护，其核心元件是_____，文字符号是_____。

3）时间继电器可以使触点延时闭合或断开，其中较常用的是电子式时间继电器，根据延时方式的不同，时间继电器可分为_____型和_____型，其文字符号是_____。

4）本项目介绍了 3 种三相异步电动机的正反转控制电路，每种电路有各自的特点，请在表 2-7 中完善 3 种电路的优缺点。

表 2-7　3 种正反转控制电路的优缺点比较

正反转控制电路	优点	缺点
接触器互锁	工作安全可靠	操作不便
机械互锁		
双重互锁		

5）对电气控制电路的分析、接线与调试步骤进行归纳总结。

_____

_____

_____

七、知识拓展

知识点 1：中间继电器

知识点 2：顺序控制电路

知识点 3：三相异步电动机减压起动控制电路

八、思考与练习

1）行程开关的作用与_____相同，只是其触点的动作不依靠_____按压的手动操作，而是利用生产机械某些_____部件上的挡块的碰撞或碰压使触点动作，以此来实现_____或_____某些电路，达到一定的控制要求。

2）发热元件是热继电器的测量元件，主要由_____和_____组成。

3）简述热继电器的工作原理。

4）什么是接触器互锁和机械互锁？互锁在电路中的作用是什么？

5）简述电动机控制电路的安装步骤。

6）简述电气控制电路的调试步骤。

项目三

智能制造单元立体仓库控制程序设计

一、项目引入

1. 项目描述

立体仓库是智能制造单元的重要组成部分。图3-1所示立体仓库设置30个仓位,其中每层有6个仓位,共5层,每个仓位设置有传感器和指示灯,传感器用于检测该仓位是否有工件。立体仓库有安全防护外罩及安全门。

2. 控制要求

1）按下启动按钮,系统进入工作状态。

2）工件检测。每个仓位上安装了一个接近开关和一个指示灯。当仓位上有工件时,指示灯亮；当仓位上没有工件时,指示灯灭。

3）立体仓库的安全门设置有安全电磁锁。立体仓库的操作面板配备急停开关、门锁打开按钮（绿色）、门锁关闭按钮（黄色）、门锁打开指示灯（绿色）、门锁关闭指示灯（黄色）。按下黄色按钮时,门锁关闭,黄色指示灯亮,为系统运行做好准备。按下绿色按钮时,门锁打开,绿色指示灯亮,允许进行人工上下料操作。

图3-1 智能制造单元立体仓库

二、学习目标

1）熟悉PLC的结构、功能及工作原理。

2）熟悉编程软件的基本操作,会添加硬件并进行参数设置。

3）能编写简单的梯形图程序。

4）会正确使用变量表并正确定义变量。

5）掌握位逻辑指令的功能并会正确应用。

6）能够根据控制要求正确选择PLC及相关电气元件。

7）增强学生对国家的自豪感和对建设智能制造强国的使命感,坚定学生科技报国的信念。

8）培养学生的成本意识和节约资源意识,为服务国家"双碳"目标做出贡献。

三、项目任务

1) 分析立体仓库的控制要求，确定控制系统中需要用到的电气元件。
2) 分配 I/O 地址，确定输入和输出元件。
3) 使用 TIA Portal 新建工程项目并进行硬件组态。
4) 定义 PLC 变量。
5) 编写立体仓库的 PLC 控制程序。
6) 完成技术文档整理。

四、知识获取

知识点 1：认识 PLC

PLC 是可编程序控制器的简称。可编程序控制器是以微处理器为基础，综合了计算机技术、自动控制技术及工业网络技术等发展起来的工业自动化装置，其本质是一种工业控制的专用计算机。经过几十年的发展，PLC 已广泛应用到电气、机械、冶金、化工和制药等行业。

3-1 PLC 的特点与技术性能指标

IEC（国际电工委员会）于 1982 年 11 月（第一版）和 1985 年（修订版）对 PLC 做了定义，其中修订版指出：PC（即 PLC）是一种数字运算操作的电子系统，专为在工业环境下应用而设计。它采用可编程序的存储器，用来在其内部存储执行逻辑运算、顺序控制、定时、计数和算术运算等的操作指令，并通过数字式或模拟式的输入与输出，控制各种类型的机械或生产过程。

1. PLC 的特点

PLC 具有通用性强、使用方便、适用面广、可靠性高、抗干扰能力强及编程简单等特点，这些特点使其在工业自动化控制，特别是顺序控制中拥有无法取代的地位。

（1）控制功能完善

PLC 既可以取代传统的继电-接触器控制，实现定时、计数及步进等控制功能，完成对各种开关量的控制，又可实现 A/D、D/A 转换，具有数据处理能力，能够完成对模拟量的控制。同时，新一代的 PLC 还具有联网功能，可将多台 PLC 与计算机连接起来，构成分散和分布式控制系统，以完成大规模、更复杂的控制任务。此外，PLC 还有许多特殊功能模块，适用于各种特殊控制的要求，如定位控制模块、高速计数模块、闭环控制模块及称重模块等。

（2）可靠性高

PLC 可以直接安装在工业现场并稳定可靠地工作。在设计 PLC 时，除选用优质元器件外，还采用了隔离、滤波及屏蔽等抗干扰技术，以及先进的电源技术、故障诊断技术、冗余技术和良好的制造工艺，使 PLC 的平均无故障时间达到 30000~50000h 甚至以上。

（3）通用性强

各 PLC 的生产厂家均有各种系列化、模块化及标准化产品，品种齐全，用户可根据生产规模和控制要求灵活选用，以满足各种控制系统的要求。PLC 的电源和 I/O 信号等也有多种规格。当系统的控制要求发生改变时，只需要修改 PLC 的程序即可。

（4）编程直观、简单

PLC 中最常用的编程语言是与控制电路类似的梯形图语言，这种编程语言形象直观，使用者不需要专门学习计算机知识和语言，即可在短时间内掌握。当生产流程需要改变时，可使用编程器在线或离线修改程序。对于大型的复杂控制系统，PLC还有各种图形编程语言，使设计者只需要熟悉工艺流程即可编制程序。

（5）体积小、维护方便

PLC体积小，质量小，结构紧凑，硬件连接方式简单，接线少，便于安装维护。维修时，通过更换各种模块，可以迅速排除故障。另外，PLC具有自诊断、故障报警功能，面板上的各种指示便于操作人员检查调试，有的PLC还可以实现远程诊断调试功能。

（6）系统的设计、实施工作量小

PLC用存储逻辑代替接线逻辑，大大减少了控制设备外部的接线，使控制系统的设计及实施周期大幅缩短，非常适合多品种、小批量的生产场合。同时，系统的维护也变得容易，更重要的是使同一设备经过程序修改来改变生产过程成为可能。

2. PLC的技术性能指标

PLC的技术性能通常由以下各种指标进行描述。

（1）I/O点数

I/O点数通常指PLC的外部数字量的输入/输出端子数，可以用CPU的I/O点数来表示，或者用CPU的最大扩展I/O点数来表示。

（2）存储器容量

存储器容量指PLC所能存储用户程序的多少，一般以字节（B）为单位。

（3）扫描速度

PLC的处理速度一般用基本指令的执行时间来衡量，即一条基本指令的扫描速度，扫描速度主要取决于所用芯片的性能。

（4）指令种类和条数

指令系统是衡量PLC软件功能的主要指标。PLC的指令分为基本指令和高级指令（或功能指令）两大类，指令的种类和数量越多，PLC的软件功能越强，编程就越灵活、越方便。

（5）内存分配及编程元件的种类和数量

PLC内部的存储器有一部分用于存储各种状态和数据，包括输入继电器、输出继电器、内部辅助继电器、特殊功能内部继电器、定时器、计数器及数据存储器等。

学思践悟

PLC即可编程序控制器，是工业控制系统的"大脑"，几乎可以控制工业过程中的所有关键要素。通俗来讲，PLC以有逻辑、可编辑的机械控制指令替代了复杂烦琐的人工控制，使机械设备能够根据指令自动完成相关操作，进而实现准确化、科学化、智能化的工业生产。PLC广泛用于冶金、石油、化工、建材、机械制造、电力、汽车、轻工业等各行各业，具有明显的通用性特点。

随着我国制造业转型升级的加快，工业自动化水平将持续提升，PLC在工业生产中的应用也会更广更深。在工业4.0时代，"工控+互联网+智能"成为PLC发展的新趋势。工业3.0实现了生产的自动化，大量的自动化控制系统及仪表设备得以应用，而工业4.0主要将实现生产智能化的突破重点由自动化设备转移向智能软件，通过把行业知识和经验写入智能软件,打造"智慧工业大脑"。伴随着工业 4.0 时代的来临,智能制造对自动化生产的广度与深度提出了更高的要求,而伴随着智能制造的发展,PLC 行业的规模与渗透率将进一步提升。

国内 PLC 市场呈现两个特点,一是国内 PLC 市场外资品牌份额较高,本土品牌份额较低;二是本土产品多以小型 PLC 为主,中大型 PLC 少见。PLC 在自动化领域应用广泛,特别是在工业 4.0 和制造强国战略的背景下,PLC 在工业生产中的应用会更广更深。为了更好地支撑制造强国战略,国产 PLC 的性能需要进一步提升。作为当代大学生,应该有"强国有我,不负韶华"的勇气与担当,通过努力学习,为制造强国战略做出贡献。

知识点 2:S7-1200 PLC 的基本结构

S7-1200 PLC 由西门子生产,因其设计紧凑、组态灵活、扩展方便、功能强大,可用于控制各种各样的设备以满足自动化需求。S7-1200 PLC 属于小型 PLC,因此适用于各种中低端独立式自动化系统中。图 3-2 所示为西门子 S7 系列 PLC 家族产品。

3-2　S7-1200 PLC 的基本结构

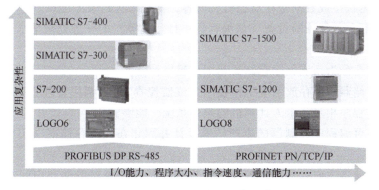

图 3-2　西门子 S7 系列 PLC 家族产品

S7-1200 PLC 的 CPU 模块将微处理器、电源、输入/输出接口、存储器和 PROFINET 接口集成在一个设计紧凑的外壳中。

PLC 的基本结构如图 3-3 所示,其主要由 CPU、存储器和输入/输出接口等组成。CPU 通过外围接口实现与上位 PC、编程器、打印机、其他 PLC 及带有以太网接口的设备的通信。

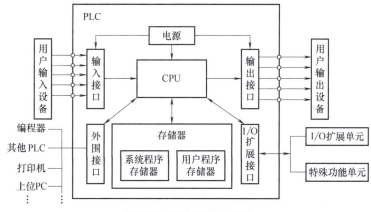

图 3-3　PLC 的基本结构

1. CPU

CPU 是整个系统的核心部件，主要由运算器、控制器、寄存器及实现它们之间联系的地址总线、数据总线和控制总线构成，此外还有外围芯片、总线接口及有关电路。CPU 在很大程度上决定了 PLC 的整体性能，如整个系统的控制规模、工作速度和内存容量等。

CPU 的功能主要包括以下 8 个方面。

1）接收从编程器或计算机输入的程序和数据，并送入用户程序存储器中存储。

2）监视电源、PLC 内部各个单元电路的工作状态。

3）诊断编程过程中的语法错误，对用户程序进行编译。

4）在 PLC 进入运行状态后，从用户程序存储器中逐条读取指令，并分析、执行该指令。

5）采集由现场输入装置送来的数据，并存入指定的寄存器中。

6）按程序进行运算处理，根据运算处理结果，更新有关标志位的状态、输出状态和数据寄存器的内容。

7）根据输出状态或数据寄存器的有关内容，将结果送到输出接口。

8）响应中断和各种外围设备（如编程器、打印机等）的任务处理请求。

2. 存储器

PLC 的存储器分为系统程序存储器和用户程序存储器。

系统程序存储器用于存放系统工作程序（或监控程序）、调用管理程序以及各种系统参数等。系统工作程序相当于个人计算机的操作系统，能够完成 PLC 设计者规定的各种工作。系统工作程序由可编程序控制器的生产厂家设计并固化在只读存储器（ROM）中，用户不能读取。

用户程序存储器主要存放用户编制的应用程序及各种暂存数据和中间结果，使 PLC 完成用户要求的特定功能。

3. 输入/输出接口

输入/输出接口简称为 I/O 接口，是 PLC 与外围设备之间的连接部件，它将各输入信号转换成 PLC 标准电平供 PLC 处理，再将处理好的输出信号转换成外围设备要求的信号，以此驱动外部负载。

（1）输入接口电路

PLC 外围设备提供或需要的信号电平是多种多样的，而 PLC 内部的 CPU 只能处理标准电平信号，所以 I/O 接口电路应能进行电平转换。另外，为了提高 PLC 的抗干扰能力，I/O 接口一般采用光电耦合并具有滤波功能。为了便于用户了解 I/O 接口的工作状态，I/O 接口还带有输入或输出指示灯。PLC 的输入接口按照输入端电源类型的不同，分为直流输入接口和交流输入接口。直流输入接口如图 3-4 所示。

当输入信号是数字信号时，输入设备可以是限位开关、按钮、压力继电器、继电器触点、接近开关、选择开关、光电开关等。当输入信号是模拟信号时，输入设备可以是压力传感器、温度传感器、流量传感器、电压传感器、电流传感器、力传感器等。

（2）输出接口电路

PLC 的输出接口电路根据所用开关器件的不同，分为继电器输出、晶体管输出和晶闸管输出，S7-1200 PLC 只有继电器输出和晶体管输出两种类型的输出接口电路。

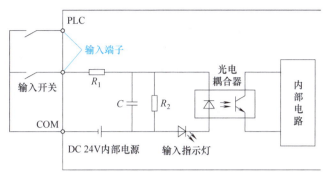

图 3-4 直流输入接口

继电器输出如图 3-5a 所示。当 PLC 内部电路产生的电流流经继电器 KA 线圈时,继电器 KA 常开触点闭合,负载有电流通过。继电器输出可驱动交、直流负载,允许通过的电流大,但其响应时间长,通断变化频率低。晶体管输出如图 3-5b 所示,光电耦合器可使晶体管通断,用于接通或断开高速、小功率的直流负载。晶闸管输出通过光电耦合器的驱动,通断双向晶闸管,用于接通或断开高速、大功率的交流负载。

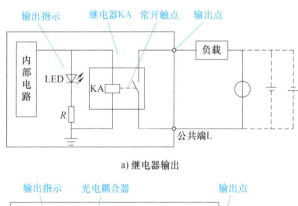

a) 继电器输出

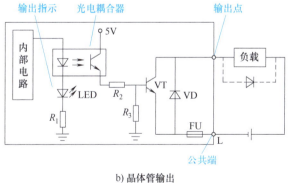

b) 晶体管输出

图 3-5 输出接口电路

当输出信号是数字信号时,输出设备可以是电磁线圈、电动机起动器、控制柜的指示灯、接触器线圈、LED 灯、指示灯、继电器线圈、报警器和蜂鸣器等。当输出信号是模拟信号时,输出设备可以是流量阀、AC 驱动器、DC 驱动器、模拟量仪表、温度控制器和流量控制器等。

4. 电源

PLC 使用 220V 交流电源或 24V 直流电源。PLC 内部的开关电源为各模块提供 5V、12V、24V 等直流电源。小型 PLC 一般可以为输入电路和外部的电子传感器（如接近开关）提供 24V 直流电源，驱动 PLC 负载的直流电源一般由用户提供。

5. 外围接口

通过各种外围接口，PLC 可以与编程器、计算机、其他 PLC、变频器和打印机等连接，I/O 扩展接口用来扩展 I/O 模块和智能模块等。

知识点 3：S7-1200 PLC 的工作原理

从本质上来说，PLC 是一种工业计算机，其工作原理是建立在计算机工作原理基础上的，CPU 采用分时操作方式来处理任务，即每一时刻只能处理一件事情，程序是按照顺序依次执行的。

3-3
S7-1200 PLC
的工作原理

当 CPU 模块上电或者从停止模式转为运行模式时，执行启动操作，将没有保持功能的位存储器、定时器和计数器清零，清除中断堆栈和块堆栈的内容，复位保持的硬件中断等。此外，CPU 模块还要执行用户可以编写程序的启动组织块，即启动程序，完成用户设定的初始化操作。然后，PLC 进入周期性循环运行。PLC 的扫描过程可分为输入采样、程序执行、输出刷新 3 个阶段，如图 3-6 所示。

注意：用户可以编写程序是对启动组织块的限定，启动组织块有很多，其中一些组织块可以编写程序，另一些不可以编写程序。

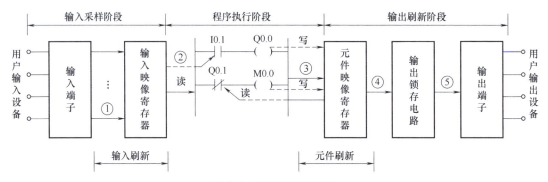

图 3-6 PLC 的扫描过程

1. 输入采样阶段

PLC 依次读入所有输入状态和数据，并将它们存入输入映像寄存器中的相应单元内。输入采样阶段结束后，转入程序执行和输出刷新阶段。在这两个阶段中，即使输入状态和数据发生变化，输入映像寄存器中的相应单元的状态和数据也不会改变。因此，如果输入是脉冲信号，则该脉冲信号的宽度必须大于一个扫描周期，才能保证在任何情况下，该输入均能被读入。

2. 程序执行阶段

PLC 总是按由上到下的顺序依次扫描用户程序。在扫描每一条梯形图时，按先左后右、先上后下的顺序进行逻辑运算，逻辑运算的结果存于元件映像寄存器中。上面的逻辑运算结果会对下面的逻辑运算起作用，但下面的逻辑运算结果只能到下一个扫描周期时才能对上面的逻辑运算起作用。

3. 输出刷新阶段

当程序执行阶段结束后，PLC 就进入输出刷新阶段。在此期间，CPU 按照存在元件映像寄存器的逻辑运算的结果，刷新所有对应的输出锁存电路，再经输出电路驱动相应的外部设备。

PLC 一个扫描周期的时间是指操作系统执行一次用户程序所需要的时间，包括执行 OB1（程序循环组织块）中的程序和中断该程序的系统操作时间。一个扫描周期的时间与用户程序的长度、指令的种类和 CPU 执行指令的速度有关。当用户程序比较大时，指令执行时间在循环中占用的时间比例也会较大。

在 PLC 处于运行模式时，利用编程软件的监控功能，在"在线和诊断"数据中，可以获得 CPU 运行的最大循环时间、最小循环时间和上一次的循环时间等。循环时间会由于以下事件而延长：中断处理、诊断和故障处理、测试和调试功能、通信、传送和删除块、压缩用户程序存储器、读/写微存储器卡（MMC）等。

PLC 是通过执行用户程序来完成控制任务的，PLC 执行用户程序时从第一条程序开始，在无中断或跳转的情况下，按程序存储顺序的先后逐条执行，直到程序结束，然后再从头开始扫描执行，周而复始。这种执行用户程序的方式称为循环扫描工作方式。

结合 PLC 的循环扫描工作方式分析如图 3-7 所示的梯形图程序，图中的 I0.1 代表外部按钮，可知当该按钮动作后，图 3-7a 所示的程序只需要一个扫描周期就可完成对 M0.4 的刷新，而图 3-7b 所示的程序要经过 4 个扫描周期才能完成对 M0.4 的刷新。

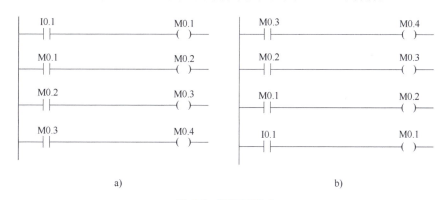

图 3-7　梯形图程序

知识点 4：S7-1200 PLC 的硬件系统

PLC 控制系统包括 CPU 模块、输入模块、输出模块和通信模块等。S7-1200 PLC 的硬件系统如图 3-8 所示。CPU 模块对信号模块/信号板（输入模块）输入的信号进行处理，并将处理结果通过信号模块/信号板（输出模块）输出。同时，CPU 模块通过通信模块将数据上传到 HMI（人机界面）或者其他软件系统，实现对数据显示、报警和数据记录的管理。

3-4
S7-1200 PLC
的硬件系统

1. CPU 模块

S7-1200 PLC 有 5 种不同的 CPU 模块，分别是 CPU 1211C、CPU 1212C、CPU 1214C、CPU 1215C 和 CPU 1217C。通过在任何 1 种 CPU 模块的前面板处加装一块信号板或者通信

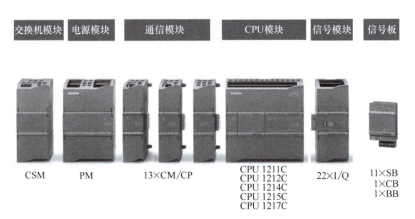

图 3-8 S7-1200 PLC 的硬件系统

板，可以扩展数字量 I/O 信号、模拟量 I/O 信号和通信接口。在 CPU 模块的左侧可扩展 3 个通信模块，以实现通信功能的扩展。在 CPU 模块的右侧可扩展信号模块，以便进一步扩展数字量 I/O 信号或模拟量 I/O 信号。

CPU 1211C 不能扩展信号模块，CPU 1212C 可扩展 2 个信号模块，CPU 1214C、CPU 1215C 和 CPU 1217C 可扩展 8 个信号模块。

5 种 CPU 模块的技术规范见表 3-1。

表 3-1 5 种 CPU 模块的技术规范

CPU 种类	CPU 1211C	CPU 1212C	CPU 1214C	CPU 1215C	CPU 1217C
3CPUs	DC/DC/DC，AC/DC/RLY，DC/DC/RLY				DC/DC/DC
集成的工作存储区/KB	50	75	100	125	150
集成的装载存储区/MB	1			4	
集成的保持存储区/KB	10				
存储卡	可选 SIMATIC 存储卡				
集成的数字量 I/O 点数	6 输入/4 输出	8 输入/6 输出	14 输入/10 输出		
集成的模拟量 I/O 点数	2 输入			2 输入/2 输出	
过程映像区大小	1024B 输入/1024B 输出				
信号板/通信板	最多 1 个				
信号模块	无	最多 2 个	最多 8 个		
最大本地数字量 I/O 点数	14	82	284		
最大本地模拟量 I/O 点数	3	19	67		69
高速计数器/路	3	4	6		
高速脉冲输出	最多 4 路				
输入脉冲捕捉/路	6	8	14		
循环中断	总共 14 个（1ms 精度）				
沿中断	6 上升沿 6 下降沿	8 上升沿 8 下降沿	12 上升沿 12 下降沿		

2. 信号模块

信号模块（Signal Model, SM）安装在 CPU 模块的右侧，使用信号模块可以增加数字量 I/O 和模拟量 I/O 的点数，实现对外部信号的采集和对外部对象的控制。

（1）数字量信号模块

数字量信号模块分为数字量输入模块和数字量输出模块。

数字量输入模块用于采集各种数字量控制信号，如按钮、开关、时间继电器、过电流继电器以及其他传感器等的信号。数字量输出模块用于输出数字量控制信号，如接触器、继电器及电磁阀等的工作信号。

（2）模拟量信号模块

模拟量信号模块分为模拟量输入模块和模拟量输出模块。

模拟量输入模块用于采集各种模拟量控制信号，如压力、温度等变送器的标准信号。模拟量输出模块用于输出模拟量控制信号，如变频器、电动阀和温度调节器等的工作信号。

3. 信号板

信号板（Signal Board, SB）如图 3-9 所示。使用信号板可以增加 PLC 的数字量和模拟量的 I/O 点数。信号板安装在 CPU 模块的前面板的插槽中，不会增加安装的空间。每个 CPU 模块只能安装一块信号板。

图 3-9　信号板

4. 通信模块

通信模块（Communication Model, CM）如图 3-10 所示，安装在 CPU 模块的左侧，S7-1200 PLC 最多可以安装 3 个通信模块。通信模块包括点对点通信模块、PROFIBUS 通信模块、工业远程通信 GPRS 模块、AS-i 接口模块和 IO-Link 模块等，通过 TIA Portal 软件提供的相关通信指令，实现与外部设备的数据交互。

5. 通信板

通信板（Communication Board, CB），如图 3-11 所示，它可以直接安装在 CPU 模块的前面板的插槽中，只有 CB1241 RS-485 一种型号，支持 Modbus-RTU 和点对点（PtP）等通信连接。

6. 交换机模块

CSM1277 紧凑型交换机模块是一款应用于 S7-1200 PLC 的工业以太网交换机，它采用模块化设计，结构紧凑，具有 4 个 RJ45 接口，能够增加 S7-1200 PLC 的工业以太网接口，以便与 HMI、编程设备和其他控制器等进行通信。CSM1277 紧凑型交换机模块不需要进行组态配置，相比于使用外部网络组件，可以节省装配成本和安装空间。

图 3-10　通信模块　　　　　　　　　图 3-11　通信板

7. 电源模块

PM1207 电源模块是专门为 S7-1200 PLC 设计的，它能够为 S7-1200 PLC 提供稳定的电源。其输入为 AC 120/230V，输出为 DC 24V/2.5A。

知识点 5：S7-1200 PLC 的编程语言

1. PLC 的编程语言的国际标准

IEC 61131 是国际电工委员会（IEC）制定的 PLC 标准，其中的第 3 部分（IEC 61131-3）是 PLC 的编程语言标准。IEC 61131-3 中有 5 种编程语言：

1）指令表（Instruction List）。
2）结构文本（Structured Text，ST）。
3）梯形图（Ladder Diagram，LAD）。
4）功能块图（Function Block Diagram，FBD）。
5）顺序功能图（Sequential Function Chart，SFC）。

3-5
S7-1200 PLC
的编程语言

2. 梯形图

梯形图是一种图形编程语言，它使用基于电路图的表示法，也是使用最多的 PLC 图形编程语言。梯形图与控制电路图很相似，直观易懂，很容易被熟悉继电器控制的电气人员掌握，特别适合于数字量逻辑控制。

梯形图由触点、线圈和用方框表示的功能块组成。触点代表逻辑输入条件，例如外部的开关、按钮和内部的输入条件等。线圈通常代表逻辑运算的结果，常用来控制外部的指示灯、交流接触器和内部的输出条件等。功能块用来表示定时器、计数器或者数学运算等指令。触点和线圈等相互连接构成程序段，即网络（Network），TIA Portal 可以自动为程序段编号。编写梯形图时，可以在程序段编号的右边加上程序段标题，或在程序段编号的下面为程序段加上注释。单击编辑器工具栏中的 ▣ 按钮，可以显示或关闭程序段的注释。

分析梯形图的逻辑关系时，不妨借用继电器控制电路的分析方法，可以想象在梯形图左右两侧的垂直"电源线"之间有一个从左到右的"能流"，当 I0.0 触点接通时，有一个假想的"能流"流过 Q0.0 的线圈，如图 3-12 所示。利用"能流"这一概念，可以借用继电器电流的术语和分析方法来理解和分析梯形图。

图 3-12　梯形图

程序段内的逻辑运算按从左到右的方向执行,与"能流"的方向一致。如果没有跳转指令,程序段之间会按从上到下的顺序执行,执行完所有的程序段后,下一次循环扫描会返回最上面的程序段 1,重新开始执行。

3. 功能块图

功能块图也是一种图形编程语言,功能块图使用类似于数字电路的图形逻辑符号来表示控制逻辑,如图 3-13 所示。功能块图中方框的左侧为逻辑运算的输入变量,方框的右侧为逻辑运算的输出变量,输入、输出端的小圆圈表示"非"运算,方框被"导线"连接在一起,信号从左到右流动。

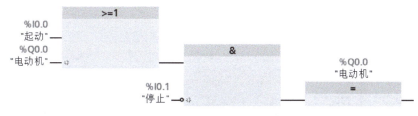

图 3-13 功能块图

4. 结构化控制语言

结构化控制语言(Structured Control Language,SCL)是一种与微机的汇编语言中的指令相似的助记符表达式,例如,结构化控制语言用":="表示赋值,用"+"表示相加,用"-"表示相减,用"*"表示相乘,用"/"表示相除。结构化控制语言也可使用标准的 PASCAL 程序控制操作,如 IF-THEN-ELSE、CASE、REPEAT-UNTIL、GOTO 和 RETURN。许多结构化控制语言的指令(如定时器和计数器)可与梯形图和功能块图指令匹配。

结构化控制语言比较适合熟悉 PLC 和逻辑程序设计经验丰富的程序员,可以实现某些不能用梯形图或功能块图实现的功能。

小提示

用鼠标右键单击项目树中 PLC 的"程序块"文件夹中的某个代码块,选中快捷菜单中的"切换编程语言",可以相互切换梯形图和功能块图语言。但只能在"添加新块"对话框中选择结构化控制语言。

知识点 6:TIA Portal 使用入门及硬件组态

程序是连接 PLC 输入、输出信号的桥梁,不同品牌的 PLC 使用不同的软件平台进行程序开发。S7-1200 PLC 的编程软件为 TIA Portal。

TIA Portal 提供两种不同的工具视图,即基于项目的项目视图和基于任务的 Portal 视图。在 Portal 视图中,可以概览自动化项目的所有任务。项目视图和 Portal 视图之间可以相互转换。

1. 项目视图的结构

图 3-14 所示为项目视图界面,可以分为 6 个区域。

(1) 项目树

标有①的区域为项目树,可以用它访问所有设备和项目数据,添加新的设备,编辑已有的设备,打开处理项目数据的编辑器。项目中的各组成部分在项目树中以树状结构显示,分为项目、设备、文件夹和对象 4 个层次。

3-6
认识项目视图

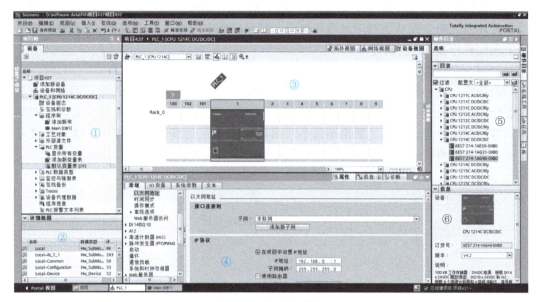

图 3-14　项目视图界面

可以使用项目树右上角的 ◀ 按钮显示和隐藏项目树。使用 ▯ 按钮可以实现项目树"自动折叠"和"永久展开"之间的转换。

（2）详细视图

项目树下面标有②的区域是详细视图，打开项目树中的"PLC 变量"文件夹，选中其中的"默认变量表"，则详细视图中即显示该变量表中的符号。可以将其中的符号地址拖拽到程序中需要设置地址的<?? . ? >处。在拖拽到已设置的地址上时，原来的地址将会被替换。

若单击详细视图左上角的 ▼ 按钮或"详细视图"标题，则详细视图被关闭，按钮变为 ▶ 形态，单击该按钮或者标题，则重新显示详细视图。

（3）工作区

标有③的区域为工作区，可以同时打开几个编辑器，但是一般只能在工作区显示一个当前打开的编辑器。

单击工具栏中的 ▭ 和 ▯ 按钮，可以垂直和水平拆分工作区，实现同时显示两个编辑器。单击工作区右上角的"最大化"按钮，将会关闭其他所有的窗口，此时工作区被最大化。单击工作区右上角的"浮动"按钮，可使工作区浮动。用鼠标左键按住浮动的工作区的标题栏并移动鼠标，可以将工作区拖到界面上希望的位置。松开鼠标左键，工作区被放在当前所在的位置。工作区被最大化或浮动后，单击工作区右上角的"嵌入"按钮，工作区将恢复原状。

（4）巡视窗口

标有④的区域为巡视窗口，用来显示选中的工作区中对象的附加信息，还可以用巡视窗口来设置对象的属性。巡视窗口有 3 个选项卡。

1)"属性"选项卡：用来显示和修改选中工作区中的对象的属性。巡视窗口左边的窗口是浏览器窗口，选中其中的某个参数组，可在右边窗口显示和编辑相应的信息或参数。

2)"信息"选项卡：显示所选对象和操作的详细信息，以及编译后的报警信息。

3)"诊断"选项卡：显示系统诊断时间和组态的报警事件。

（5）任务卡

标有⑤的区域为任务卡，任务卡的功能与编辑器有关。可以通过任务卡进行进一步或者附加操作。例如从库或硬件目录中选择对象，搜索与替代项目中的对象，将预定义的对象拖拽到工作区。可以用最右边的竖条上的按钮来切换任务卡显示的内容。

（6）信息窗格

任务卡显示的是硬件目录时，任务卡下面标有⑥的信息窗格显示的是在目录窗格选中的硬件对象的图形和简要描述。

2. 创建工程项目与硬件组态

（1）新建项目

执行菜单命令"项目"→"新建"，在出现的"创建新项目"对话框中，修改项目的名称及保存项目的路径。单击"创建"按钮，开始产生项目。

3-7 创建工程项目与硬件组态

（2）添加新设备

双击项目树中的"添加新设备"选项，出现"添加新设备"对话框，如图 3-15 所示。单击其中的"控制器"按钮，双击要添加的 CPU 模块的订货号，可以添加一个 CPU 模块。在项目树、设备视图和网络视图中可以看到添加的 CPU 模块。

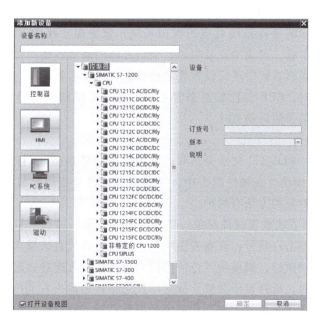

图 3-15 "添加新设备"对话框

（3）设置项目的参数

执行菜单命令"选项"→"设置"，选中巡视窗口左边的"常规"选项，用户界面语言为默认的"中文"，助记符为默认的"国际"，如图 3-16 所示。

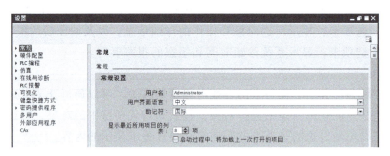

图 3-16　设置项目的参数

建议用单选框选中"起始视图"区的"项目视图"或"最近的视图"。以后再打开 TIA Portal 时将会自动打开项目视图或上一次关闭时的视图。

在"存储设置"区，可以选择最近使用的存储位置或默认的存储位置。选中后者时，可以单击"浏览"按钮设置保存项目和库的文件夹，如图 3-17 所示。

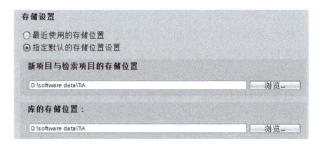

图 3-17　"存储设置"区

(4) 硬件组态

英语单词"Configuring"（配置、设置）一般被翻译为"组态"。硬件组态的任务就是在设备视图和网络视图中，生成一个与实际的硬件系统对应的虚拟系统，该虚拟系统中 PLC、HMI 及扩展模块的型号、订货号、版本号，模块的安装位置，设备之间的通信连接，都应与实际的硬件系统完全相同。此外，在虚拟系统中还应设置模块的参数，即给参数赋值。

自动化系统启动时，CPU 会比较组态时生成的虚拟系统和实际的硬件系统，可以设置两个系统不兼容时，是否能启动 CPU。

(5) 在设备视图中添加模块

打开项目树中的"PLC_1"文件夹，双击其中的"设备组态"，打开设备视图，可以看到 1 号插槽中的 CPU 模块。在硬件组态中，需要将 I/O 模块或通信模块放置到工作区机架的插槽内，放置硬件对象的方法有两种。

1) 用"拖拽"的方法放置硬件对象。单击"硬件目录"按钮，打开硬件目录窗口，选择需要添加的模块，单击订货号，设备视图中就会显示允许放置该模块的位置，用鼠标左键按住该模块不放，移动鼠标，则模块浅色的图标和订货号随着指针一起移动。没有移动到允许放置该模块的区域时，指针显示为禁止放置。反之指针为箭头右下角带加号，表示允许放置，同时选中的插槽出现灰色的边框，此时松开鼠标左键，拖动的模块将被放置到选中的插槽。用上述方法将 CPU、HMI 或分布式 I/O 拖拽到网络视图中，可以产生新的设备。

2) 用双击的方法放置硬件对象。先单击机架中需要放置模块的插槽，使它的四周出现深蓝色的边框，然后双击硬件目录窗口中要放置的模块的订货号，该模块就会被安装到选中的插槽中。

放置信号模块、信号板、通信模块和通信板的方法相同。信号板和通信板安装在 CPU

模块上，信号模块安装在 CPU 模块右侧的 2~9 号插槽中，通信模块安装在 CPU 模块左侧的 101~103 号插槽中。

（6）删除硬件组件

如有需要，可以删除设备视图或网络视图中被选中的硬件组件，被删除的硬件组件的插槽可供其他硬件组件使用，但不能单独删除 CPU 模块和机架，只能在网络视图或项目树中删除整个 PLC 站。

删除硬件组件后，可能会在项目中产生矛盾，即违反了插槽规则，此时可选中指令树中的"PLC_1"，单击工具栏中的"编译"按钮，对硬件组态进行编译。编译时会进行一致性检查，如果有错误，将显示错误信息，此时应改正错误后重新进行编译，直到没有错误。

（7）更改设备的型号

用鼠标右键单击设备视图中要更改型号的 CPU 或 HMI，执行出现的快捷菜单中的"更改设备类型"命令，双击出现的"更改设备"对话框"新设备"列表中用来替换的设备的订货号，则设备型号即被更改。

3. 设置系统存储器字节与时钟存储器字节

使用 CPU 属性可启用系统存储器和时钟存储器的相应字节，程序逻辑可通过变量名称来引用这些功能位。图 3-18 所示为启用系统存储器字节（默认地址为 MB1）和时钟存储器字节（默认地址为 MB0）的对话框。

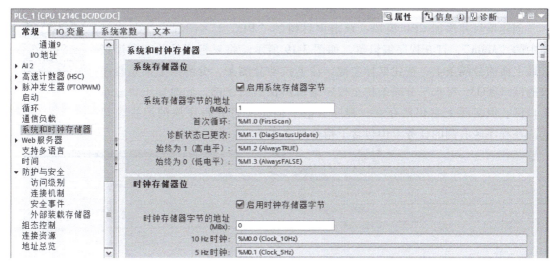

图 3-18　启用系统存储器字节和时钟存储器字节的对话框

启用系统存储器字节和时钟存储器字节的具体操作步骤如下：

双击项目树某个 PLC 文件夹中的"设备组态"，打开该 PLC 的设备视图。选中 CPU 后，再选中下面的巡视窗口的"属性"→"常规"→"系统和时钟存储器"，此时即可以用复选框分别启用系统存储器字节（默认地址为 MB1）和时钟存储器字节（默认地址为 MB0），并设置它们的地址值。

可以将 M 存储器的 1 个字节分配给系统存储器，默认字节为 MB1，该系统存储器字节提供了以下 4 个位，用户程序可通过以下变量名称引用这 4 个位：

1）M1.0（首次循环）：仅在刚进入 RUN 模式的首次扫描时为 TRUE（1 状态），以后为 FALSE（0 状态）。在 TIA Portal 中，位编程元件的 1 状态和 0 状态分别用 TRUE 和 FALSE 来表示。

2）M1.1（诊断状态已更改）：诊断状态发生变化。

3）M1.2（始终为 1）：总是为 TRUE，其常开触点总是闭合的。

4）M1.3（始终为 0）：总是为 FALSE，其常闭触点总是闭合的。

时钟存储器字节每个位的周期和频率见表 3-2，CPU 在循环扫描开始时初始化这些位。

表 3-2　时钟存储器字节每个位的周期和频率

时钟存储器字节的位	7	6	5	4	3	2	1
周期/s	2.0	1.6	1.0	0.8	0.5	0.4	0.2
频率/Hz	0.5	0.625	1	1.25	2	2.5	5

M0.5 的周期为 1s，可以用它的触点来控制指示灯，此时指示灯将以 1Hz 的频率闪动，亮 0.5s、熄灭 0.5s。

系统存储器和时钟存储器不是保留的存储器，用户程序或通信可能改写这些存储单元，破坏其中的数据。在指定了系统存储器和时钟存储器字节后，这两个字节即不能再有其他用途，否则将会使用户程序运行出错。建议始终使用默认的系统存储器字节地址和时钟存储器字节地址。

知识点 7：编写用户程序与使用变量表

创建项目并添加 CPU 模块，双击项目树的"PLC_1"→"程序块"文件夹中的"Main"，打开程序编辑器，如图 3-19 所示。将鼠标指针放在程序区②最上面的分隔条上，按住鼠标左键，往下拉动分隔条，分隔条上面是程序块的接口区①，将水平分隔条拉至程序编辑器视图的顶部，此时即不再显示接口区，但实际上它仍然存在。程序区的下面是所打开程序块的巡视窗口③。在程序区右侧的任务卡中包含了指令列表④。

3-8
编写用户程序与使用变量表

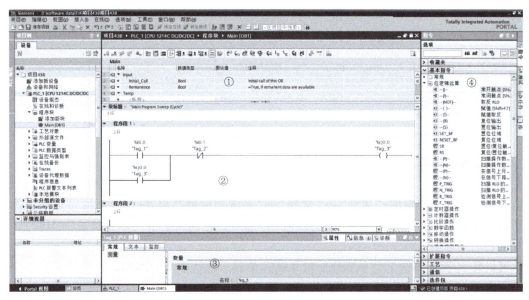

图 3-19　程序编辑器

1. 编写用户程序

选中程序段 1 中的水平线，在指令列表中依次双击 ┤├、┤/├ 和 ─( )─ 指令，水平线上即出现从左到右串联的常开触点、常闭触点和线圈，指令上面的红色地址域 <??.?> 用来输入元件的地址。选中最左边的垂直"电源线"，依次双击 →、┤├ 和 ↗ 指令，即生成一个与之前的常开触点并联的常开触点，最终形成如图 3-20 所示的程序段。

图 3-20 形成的程序段

选中指令上面的地址域，输入触点和线圈的绝对地址后，软件即自动生成名为"Tag_x（x 为数字）"的符号地址，如图 3-21 所示，可以在变量表中修改符号地址。绝对地址前面的字符"%"是软件自动添加的。

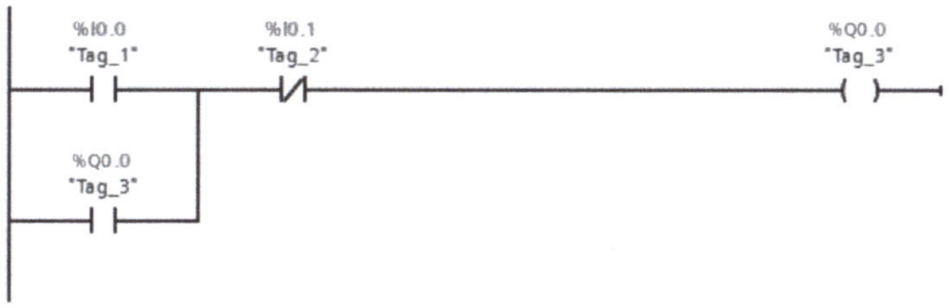

图 3-21 符号地址

2. 使用变量表

变量表用来声明和修改变量。PLC 的变量表包含在整个 CPU 范围内有效的变量和符号常量的定义。系统会为项目中使用的每个 CPU 自动创建一个"PLC 变量"文件夹，包含"显示所有变量""添加新变量表""默认变量表"。打开项目树中的"PLC 变量"文件夹，可以在默认变量表中添加变量，也可以通过双击"添加新变量表"来添加新的变量表；可以根据要求为每个 CPU 创建多个用户自定义变量表以分组变量；可以对用户自定义变量表进行重命名、整理合并为组或删除。

（1）生成和修改变量

打开项目树中的"PLC 变量"文件夹，双击其中的"默认变量表"，打开变量编辑器，其中的"变量"选项卡用来定义 PLC 的变量，"系统常数"选项卡中是系统自动生成的与 PLC 的硬件和中断事件有关的常数值。

可以在默认变量表中添加变量，也可以通过双击"添加新变量表"来添加新的变量表，并进行重命名。在"变量"选项卡的"名称"列可输入变量的名称，单击"数据类型"列右侧隐藏的按钮，可设置变量的数据类型，在"地址"列可输入变量的绝对地址，同时软件会为变量添加"%"。

变量的名称也称为符号地址，可使程序易于阅读和理解。可以首先用变量表定义变量的符号地址，然后在用户程序中使用它们，也可以在变量表中修改自动生成的符号地址。

(2) 变量表中变量的排序

单击变量表表头中的"地址"，该单元会出现向上的三角形图标，此时各变量按地址的第一个字母从 A 到 Z 以升序排列。再单击一次该单元，三角形图标的方向变为向下，此时各变量按地址的第一个字母从 Z 到 A 以降序排列。可以用同样的方法，根据变量的名称、数据类型和地址来排列变量。

(3) 快速生成变量

用鼠标左键选中变量表中变量的名称，此时名称所在的单元格边框变为蓝色，将鼠标指针移动到单元格右下角时指针变成十字形，按住鼠标左键不放并向下拖动，则会在空白行生成多个数据类型相同的新变量，其名称和地址由软件自动生成。

(4) 设置变量的保持性功能

单击变量表顶部的 按钮，可以用打开的对话框设置 M 区从 MB0 开始的具有保持性功能的字节数，如图 3-22 所示。设置后变量表中有保持性功能的 M 区变量的"保持性"列复选框中即出现"√"。将项目下载到 CPU 模块后，M 区的保持性功能会起作用。

(5) 全局变量与局部变量

在变量表中定义的变量可用于整个 PLC 中所有的代码块，且具有相同的意义和唯一的名称。在变量表中，可将输入 I、输出 Q 和位存储器 M 的位、字节、双字等定义为全局变量，如图 3-23 所示。全局变量在程序中会被自动添加双引号标识，如"移动距离"。

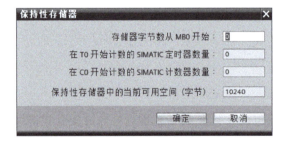

图 3-22　M 区的保持性功能设置　　　图 3-23　全局变量

局部变量只能在它被定义的代码块中使用，而且只能通过符号寻址访问，同一个局部变量的名称可以在不同的代码块中分别使用一次。可以在代码块的接口区定义代码块的输入/输出参数（Input、Output 和 Inout 参数）和临时数据（Temp），以及定义 FB（功能块）的静态变量（Static）。在程序中，局部变量会被自动添加"#"号，如"#启动按钮"。

知识点 8：位逻辑指令

位逻辑指令是程序中最基本、使用频率最高的指令，主要包括常开常闭触点、置位、复位、沿指令等。位逻辑指令是对二进制位信号进行逻辑操作的指令，其信号状态有 1 和 0 两种，并可根据逻辑对它们进行组合，产生的结果称为逻辑运算结果。

3-9 位逻辑指令

1. 触点与线圈指令

图 3-24 所示为触点与线圈指令，触点包括常开触点和常闭触点。常开触点在指定的位状态为 1 时闭合，为 0 时断开。常闭触点在指定的位状态为 1 时断开，为 0 时闭合。两个触点串联将进行"与"运算，两个触点并联将进行"或"运算。

线圈将输入的逻辑运算结果（RLO）的信号状态写入指定的地址，线圈通电（RLO 的状态为 1）时写入 1，断电时写入 0。

2. 置位与复位指令

图 3-25 所示为置位与复位指令。置位（Set，S）指令将指定的位操作数置位为 1 并保持。复位（Reset，R）指令将指定的位操作数复位为 0 并保持。置位指令与复位指令最主要的特点是有记忆和保持功能。

图 3-24 触点与线圈指令　　　　　图 3-25 置位与复位指令

图 3-26 中，如果常开触点 I0.2 闭合，则 Q0.1 变为 1 状态并保持。此后即使常开触点 I0.2 断开，Q0.1 也仍然保持 1 状态。在程序状态中，S 和 R 线圈用连续的绿色圆弧和绿色字母表示 Q0.1 为 1 状态，用间断的蓝色圆弧和蓝色字母表示 0 状态。常开触点 I0.3 闭合时，Q0.1 的状态变为 0 并保持，此后即使常开触点 I0.3 断开，Q0.1 也仍然保持为 0 状态。

图 3-26 置位与复位指令的梯形图程序

3. 置位位域与复位位域指令

图 3-27 所示为置位位域与复位位域指令。置位位域指令 SET_BF 的作用是将从指定地址开始的若干个连续的位地址置位，其上方的操作数用于指定置位位域的首位地址，其下方的操作数用于指定要置位的位数。复位位域指令 RESET_BF 的作用是将从指定地址开始的若干个连续的位地址复位。

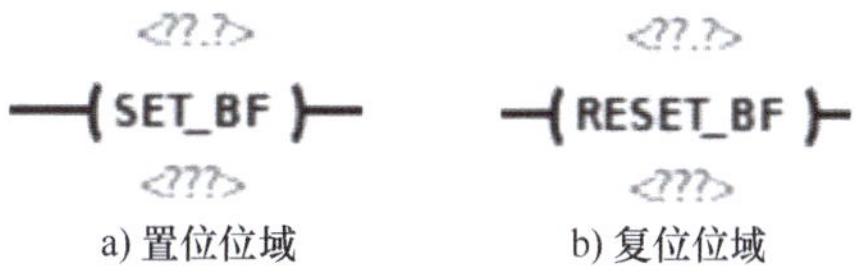

图 3-27 置位位域与复位位域指令

在图 3-28 中的常开触点 I0.4 闭合时，从 M2.0 开始的 5 个连续的位被置位为 1 并保持。在常开触点 I0.5 闭合时，从 M2.0 开始的 4 个连续的位被复位为 0 并保持。

图 3-28 置位位域与复位位域指令的梯形图程序

4. 置位复位触发器与复位置位触发器指令

图 3-29 所示为置位复位触发器与复位置位触发器指令。

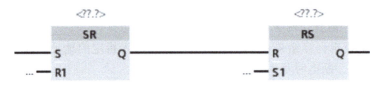

图 3-29　置位复位触发器与复位置位触发器指令

SR 方框是置位复位触发器指令，其作用是根据输入端 S 和 R1 的状态，置位或复位指定操作数的位，输入端 R1 的优先级高于输入端 S。如果输入端 S 的状态为 1 且输入端 R1 的状态为 0，则将指定操作数的位置位为 1。如果输入端 S 的状态为 0 且输入端 R1 的状态为 1，则将指定操作数的位复位为 0。输入端 S 和 R1 的状态都为 1 时，指定操作数的位的状态将复位为 0。如果输入端 S 和 R1 的状态都为 0，则不会执行该指令，因此指定操作数的位的状态保持不变。指定操作数的位的当前状态被传送到输出端 Q，并可在此进行查询。RS 方框是复位置位触发器指令，输入端 S1 的优先级高于输入端 R，当输入端 R 和 S1 的状态均为 1 时，将指定操作数的位的状态置位为 1。SR 指令、RS 指令输入和输出之间的关系见表 3-3。

表 3-3　SR 指令、RS 指令输入和输出之间的关系

SR			RS		
输入端		输出端 Q	输入端		输出端 Q
S	R1		R	S1	
0	1	0	0	1	1
1	0	1	1	0	0
1	1	0	1	1	1
0	0	0	0	0	0

图 3-30 中，在 M1.0 状态为 1、M1.1 状态为 0 时，M1.5 状态为 1，同时输出信号 M1.7 状态为 1。在 M2.0 状态为 1、M2.1 状态为 0 时，M2.5 状态为 0，同时输出信号 M2.7 状态为 0。

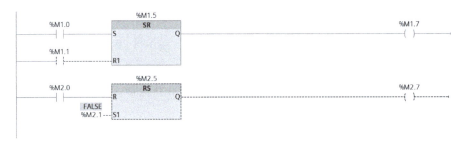

图 3-30　置位复位触发器与复位置位触发器指令的梯形图程序

5. 扫描操作数信号边沿指令

图 3-31 所示为扫描操作数信号边沿指令，包括扫描操作数信号上升沿指令，和扫描操作数信号下降沿指令。其功能是检测到信号上升沿或下降沿时，操作数的状态将在一个程序

周期内保持置位为 1。在其他任何情况下，操作数的状态均为 0。

图 3-31　扫描操作数信号边沿指令

在图 3-32 中，如果输入信号 I0.6 由 0 状态变为 1 状态（即输入信号 I0.6 的上升沿），则该触点接通一个扫描周期，同时线圈 M3.5 接通一个扫描周期。M3.0 为边沿存储位，用来存储上一次循环扫描时 I0.6 的状态。通过比较 I0.6 的前、后两次循环的状态，检测信号的边沿。边沿存储位的地址只能在程序中使用一次。边沿存储位的存储区域必须位于 DB（FB 静态区域）或位存储区中。如果信号 M3.1 由 1 状态变为 0 状态（即 M3.1 的下降沿），线圈 M3.6 "通电" 一个扫描周期。

图 3-32　扫描操作数信号边沿指令的梯形图程序

五、项目实施

任务 1：确定控制系统中所需要的元件

立体仓库有 30 个仓位，每个仓位上安装 1 个接近开关和 1 个指示灯，共计 30 个接近开关和 30 个指示灯。安全门上有 2 个按钮、2 个状态指示灯和 1 个急停按钮。由于输入/输出元件数超出 CPU 模块的本地 I/O 点数，需要增加数字量信号模块。以 CPU 1214C 型 CPU 模块为例，其本体有 14 个输入点和 10 个输出点，需增加 1 个 SM 1223 DI8/DQ8 模块、1 个 SM 1221 DI16 模块和 1 个 SM 1222 DQ16 模块。

本项目中所需 I/O 点数较多，需要增加信号模块，CPU 模块和信号模块有多种组合，在产品选型时除了要满足技术要求之外，还应该考虑成本。在企业的发展中，成本控制处于极其重要的地位。如果同类产品的性能、质量相差无几，那么决定产品价格高低的主要因素就是成本。因为只有降低了成本，才有可能降低产品的价格，使企业在市场竞争中处于领先地位。只有树立成本意识，才能建立起降低成本的主动性，才能在工作中贯彻执行降低成本的各项具体措施、方法。

降低成本就是在节约资源，节约资源是提高经济效益的永恒主题，是转变经济增长方式的重要途径。节约资源、降低成本和追求效益最大化，贯穿于人类社会经济活动的全过程。就经济增长方式而言，不同的增长方式对资源的消耗程度大不相同。过去中国经济发展长期以劳动密集和资源密集为特点，这给资源和环境带来了巨大压力。要从根本上缓解资源约束的矛盾，就必须大力节能降耗，不断提高资源利用效率，走一条资源节约型的发展道路。近年来，循环经济日益被人们所认识。大力发展循环经济不仅是缓解资源短缺的重要途径，也是从根本上减轻环境污染和提高经济效益的重要措施，更是以人为本、实现可持续发展的本质要求。

任务 2：分配 I/O 地址

根据控制要求分析输入和输出元件，完成 I/O 地址分配，见表 3-4，此处只完成了第一层 6 个仓位的接近开关和指示灯的 I/O 地址分配，剩余 24 个仓位的接近开关和指示灯的 I/O 地址分配由同学们自行完成。

表 3-4　项目三的 I/O 地址分配表

输入				输出			
序号	地址	符号	设备名称	序号	地址	符号	设备名称
1	I0.0	SB1	门锁打开按钮	1	Q0.0	HL01	门锁打开指示灯
2	I0.1	SB2	门锁关闭按钮	2	Q0.1	HL02	门锁关闭指示灯
3	I0.2	SQ1	接近开关 1	3	Q0.2	Y1	电磁锁
4	I0.3	SQ2	接近开关 2	4	Q0.3	HL1	仓位 1 指示灯
5	I0.4	SQ3	接近开关 3	5	Q0.4	HL2	仓位 2 指示灯
6	I0.5	SQ4	接近开关 4	6	Q0.5	HL3	仓位 3 指示灯
7	I0.6	SQ5	接近开关 5	7	Q0.6	HL4	仓位 4 指示灯
8	I0.7	SQ6	接近开关 6	8	Q0.7	HL5	仓位 5 指示灯
9				9	Q1.0	HL6	仓位 6 指示灯

任务 3：新建工程项目并进行硬件组态

1. 新建工程项目

双击打开 TIA Portal 软件，切换为项目视图，新建一个工程项目，将项目命名为"立体仓库控制系统"。工程项目可以使用默认的文件存储地址，也可自行创建或选择一个文件目录。可以在注释栏填写关于工程项目的简要介绍，并在作者栏填写开发者信息，也可使用默认设置。

2. 硬件组态

硬件组态是在 TIA Portal 软件的项目视图中，根据已选择的 PLC 型号和订货号，添加 PLC 硬件，具体操作步骤如图 3-33 所示。在设置 PLC 的相关属性时，首先要设置 IP 地址，确保 PLC 和本地计算机在同一个网段。

任务 4：创建变量表

PLC 变量是 I/O 地址的符号名称。在编程时，如果直接使用 I/O 地址分配表中的地址（如 I0.0）进行程序编写，则系统会默认将其命名为 Tag_x，并添加到默认变量表中。为了编程及调试方便，建议在编写程序之前先定义变量，即根据 I/O 地址分配表来添加变量表，为输入、输出信号命名。立体仓库控制系统的变量表如图 3-34 所示。

该项目中输入和输出元件较多，所以添加了 2 个变量表，将输入和输出变量分别定义在 2 个变量表中。在创建变量表后，项目中的所有编辑器（例如程序编辑器、设备编辑器、可视化编辑器和监视表格编辑器）均可访问该变量表。

任务 5：设计 PLC 控制程序

程序可以分为仓门控制程序和仓位工件检测程序，仓门控制程序采用起保停程序，配合

项目三　智能制造单元立体仓库控制程序设计

图 3-33　添加 PLC 硬件的具体操作步骤

图 3-34　立体仓库控制系统的变量表

指示灯状态显示程序，仓位工件检测程序为点动程序，如图 3-35 所示。

拓展任务：请各位同学在编程软件中完成所有程序的编写。

任务 6：技术文档整理

按照项目需求，整理出项目技术文档，主要包括控制工艺要求、I/O 地址分配表和 PLC 程序等。

六、项目复盘

本项目主要是对西门子 S7-1200 PLC 的认知，包括 PLC 的结构、工作原理、扩展模块、编程语言、编程软件的认识与应用等。PLC 的结构、工作原理以及编程软件的应用是重点。

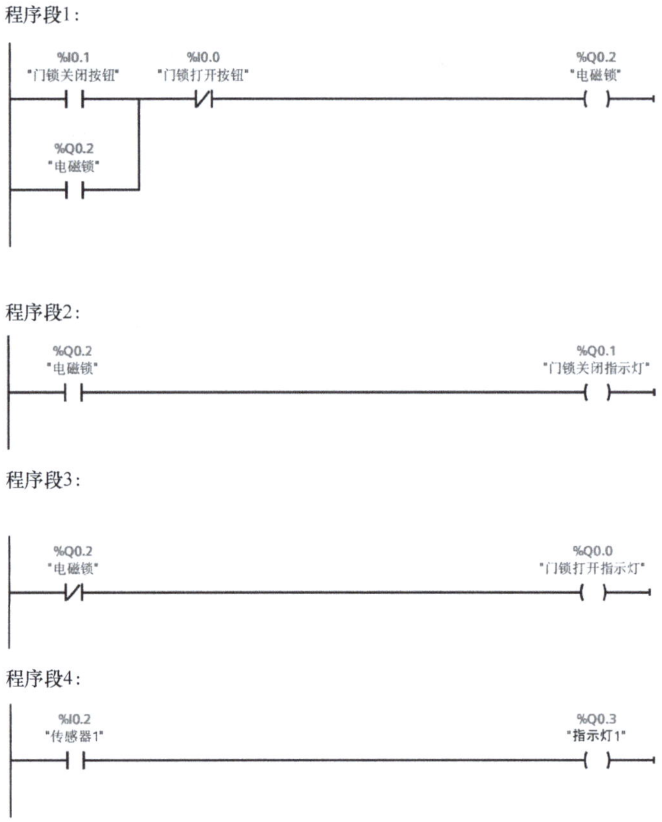

```
程序段1:
    %I0.1        %I0.0              %Q0.2
  "门锁关闭按钮" "门锁打开按钮"       "电磁锁"
    ─┤ ├────────┤/├──────────────────( )─
    %Q0.2
   "电磁锁"
    ─┤ ├─

程序段2:
    %Q0.2                            %Q0.1
   "电磁锁"                       "门锁关闭指示灯"
    ─┤ ├────────────────────────────( )─

程序段3:
    %Q0.2                            %Q0.0
   "电磁锁"                       "门锁打开指示灯"
    ─┤/├────────────────────────────( )─

程序段4:
    %I0.2                            %Q0.3
   "传感器1"                        "指示灯1"
    ─┤ ├────────────────────────────( )─
```

图 3-35 立体仓库控制系统的程序

1. PLC 的结构和工作原理

CPU 模块主要由 CPU、存储器和 I/O 接口电路等组成，其中输出接口电路分为 _____ 和 _____，它们的驱动对象和接线方式也不相同，可以作为 CPU 模块选型的重要依据。

PLC 的工作过程可以划分为 _____、_____ 和 _____ 3 个阶段，为后续的存储器及程序的分析奠定了基础。

2. PLC 的编程语言

国际电工委员会规定了 5 种 PLC 的编程语言，TIA Portal 标准软件包配置了 _____、_____ 和 _____ 3 种语言，作为初学者应该使用 _____ 语言。

3. PLC 的编程软件的认知与应用

S7-1200 PLC 的编程软件是 TIA Portal，应通过学习对软件的功能有初步的认知，掌握软件的基本操作，会独立创建工程项目并完成硬件的组态，并能在程序编辑器中编辑程序，掌握添加指令的方法与技巧。

根据立体仓库控制系统的程序的设计过程，写出使用 TIA Portal 软件进行 PLC 程序设计的基本步骤。

4. 位逻辑指令

位逻辑指令是对位信号进行逻辑操作的指令，主要包括常开/常闭触点、置位、复位、沿指令等。重点是熟悉位逻辑指令的功能及应用。

5. 总结归纳

通过设计立体仓库控制系统，对所学、所获进行归纳总结。

七、知识拓展

知识点 1：PLC 的诞生与发展

知识点 2：TIA Portal 的组成与安装

知识点 3：接近开关

知识点 4：光电开关

八、思考与练习

1）通过查阅资料了解 PLC 的诞生与发展，并简要描述。

2）大、中、小型 PLC 是如何划分的？

3）请列举几种世界主流 PLC 品牌，并列举几种国产 PLC 品牌。

4）每种型号的 CPU 模块有 DC/DC/DC、AC/DC/RLY 和 DC/DC/RLY 3 种规格，说明字母所表示的含义。

5）_____型 CPU 模块不能扩展信号模块，_____型 CPU 模块可扩展 2 个信号模块，_____型 CPU 模块可扩展 8 个信号模块。

6）S7-1200 PLC 支持_____、_____和_____3 种编程语言。

7）如果工程项目已经创建完成，并且完成了扩展模块的添加，但发现所添加的模块与实际模块型号不一致，应该怎么解决？

8）局部变量和全局变量的区别是什么？

项目四

带式输送系统控制程序设计

一、项目引入

1. 项目描述

某工厂的零部件加工车间主要加工盘类零件，为了提高加工效率，需要对设备进行升级改造，在两台机床的顶部增加自动上下料桁架机械手，形成可自动上下料的工作站，并通过带式输送机为工作站运输毛坯和成品，该工作站的带式输送系统如图4-1所示。

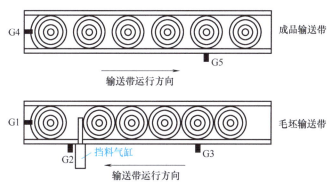

图4-1 带式输送系统示意图

带式输送系统包括毛坯输送带和成品输送带，分别由电动机M1和M2驱动，箭头所示为输送带运行方向。毛坯输送带上安装有3个光电传感器（G1、G2、G3）和1个挡料气缸。成品输送带上安装有2个光电传感器（G4、G5）。

2. 控制要求

1）通过按钮来控制该系统的起动与停止。

2）毛坯输送带的控制：毛坯输送带通过光电传感器G1来检测取料位是否有毛坯，输送带上安装有挡料气缸，当机械手从取料位拿走毛坯后，输送带开始运行，同时阻挡块缩回，当毛坯通过阻挡块后，阻挡块伸出，以阻挡后面的毛坯。第一个毛坯被输送到取料位，当传感器G3检测不到毛坯时，警示灯1以2Hz的频率闪烁，提示工人输送带上缺毛坯。

3）成品输送带的控制：成品输送带的前端设置有放料位，用于接收加工后的成品零件，加工完成后，机械手将成品零件放置到放料位，传感器G4检测到成品零件后延时2s起动输送带，电动机M2运行3s后停止运行。

4）成品输送带的中间位置安装有光电传感器 G5，当检测到成品零件时，警示灯 2 以 5Hz 的频率闪烁，提示工作人员将输送带上的成品零件移走。

二、学习目标

1）能够根据数据类型、长度及其数值范围为指令参数指定地址。
2）能够正确使用寻址方法访问存储器中的数据。
3）能够根据控制要求及输入/输出元件的属性完成 I/O 地址分配。
4）使用位逻辑指令及定时器指令完成带式输送系统控制程序的编写。
5）使用仿真软件对所编写的程序进行仿真调试。
6）培养学生认识问题、分析问题和解决问题的能力。
7）培养学生善于思考，敢于创新的精神。

三、项目任务

1）分析带式输送系统的控制要求，确定输入/输出元件。
2）根据输入/输出元件分析结果分配 I/O 地址。
3）新建工程项目并进行硬件组态。
4）创建变量表。
5）编制带式输送系统的 PLC 程序。
6）用监控表对程序进行仿真调试。
7）完成技术文档整理。

四、知识获取

知识点 1：数据的存储与寻址

1. S7-1200 PLC 的存储器

为了保存用户程序及相关数据，S7-1200 PLC 提供了 3 种存储器，分别是装载存储器、工作存储器和系统存储器。

4-1
S7-1200 PLC
的存储器

（1）装载存储器

装载存储器用于保存用户程序、数据和组态信息，工程项目被下载到 PLC 时保存在装载存储器中。内部装载存储器的大小取决于所使用的 CPU 的型号，内部装载存储器可以用外部存储卡来替代，如果插入了外部存储卡，CPU 将使用该外部存储卡作为装载存储器。装载存储器具有断电保持功能，类似于计算机的硬盘。

（2）工作存储器

工作存储器是非保持性存储器，用于存储与程序执行有关的用户程序元素，例如组织块、功能、功能块和数据块，工作时 CPU 将这些内容从装载存储器复制到工作存储器中。CPU 断电时工作存储器中的内容将会丢失，而在恢复供电时由 CPU 恢复。工作存储器类似于计算机的内存。

（3）系统存储器

1）系统存储器的操作数区域。表 4-1 给出了系统存储器的操作数区域。

表 4-1 系统存储器的操作数区域

地址区	说明
输入映像 I	输入映像区的每一位对应一个数字量输入点,在每个扫描周期的开始阶段,CPU 对输入点进行采样,并将采样值存于输入映像寄存器中。CPU 在接下来的本周期各阶段不再改变输入映像寄存器中的值,直到下一个扫描周期的输入处理阶段再进行更新
输出映像 Q	输出映像区的每一位对应一个数字量输出点,在扫描周期最开始时,CPU 将输出映像寄存器中的数据传送给输出模块,再由后者驱动外部负载
位存储区 M	用来保存控制继电器的中间操作状态或其他控制信息
数据块 DB	在程序执行的过程中存放中间结果,或用来保存与工序或任务有关的其他数据。可以对其进行定义以便所有程序块都可以访问,也可将其分配给特定的 FB 或 SFB 作为背景数据块
局部数据 L	可以作为暂时存储器或给予程序传递参数,局部变量只在本单元有效
I/O 输入区域	I/O 输入区域允许直接访问集中式和分布式输入模块
I/O 输出区域	I/O 输出区域允许直接访问集中式和分布式输出模块

2)保持性存储区。保持性存储区是指在暖启动后(即 CPU 从 STOP 切换到 RUN 时的循环上电后),其内容依然保留的区域。通过将某些数据标记为具有保持性可以避免电源故障后数据丢失,此类数据存储在保持性存储区中。CPU 允许将以下数据配置为保持性数据:

① 位存储区(M)。可以在变量表或分配列表中为位存储器定义精确的存储器宽度,保持性位存储器总是从 MB0 开始向上连续贯穿指定的字节数,通过变量表或在分配列表中通过单击"保持性"(Retain)工具栏图标指定该值,输入从 MB0 开始保留的字节个数。

② 功能块(FB)的变量:如果激活了 FB 的"优化的块访问"属性,则该 FB 的接口编辑器将包含"保持性"(Retain)列,在该列中可以为每个变量分别选择"保持性"(Retentive)、"非保持性"(Non-Retentive)或"在 IDB 中设置"(Set in IDB)。在程序编辑器中放置该 FB 时,创建的背景 DB 中也将显示该"保持性"列,在优化的 FB 中,如果在变量的"保持性"选项中选择"在 IDB 中设置"(即在背景数据块中设置),那么只能更改背景 DB 编辑器中某个变量的保持性状态。

如果没有激活 FB 的"优化的块访问"属性,则该 FB 的接口编辑器中不会包括"保持性"列,在程序编辑器中插入该 FB 时创建的背景 DB 会显示"保持性"列,并且该列可以编辑。在这种情况下,为任何变量选择"保持性"选项都会导致选择所有变量。同样,为任何变量取消选择该选项都会导致取消选择所有变量,即对于标准访问的 FB,可以在背景 DB 编辑器中更改保持性状态,但所有变量会同时设置为相同的保持性状态。

③ 全局 DB 的变量:在保持性状态分配方面,全局 DB 与 FB 类似。根据块访问设置情况,用户可以定义全局 DB 的单个变量或所有变量的保持性状态。

对于可优化访问的块,可以设置每个单独变量的保持性状态。

对于可标准访问的块,保持性状态的设置将适用于该 DB 的所有变量,即变量要么都具有保持性,要么都没有。

3)诊断缓冲区。诊断缓冲区是 CPU 系统存储器的一部分。诊断缓冲区包含由 CPU 或具有诊断功能的模块所检测到的错误。其中包括以下事件:

① CPU 的每次模式切换(例如 POWER UP、切换到 STOP 模式、切换到 RUN 模式)。

② 所有系统诊断事件(例如 CPU 错误或模块错误)。

S7-1200 PLC 的诊断缓冲区包含与诊断事件一一对应的条目。每个条目都包含了事件发生的日期和时间、事件类别及事件描述。条目按时间顺序显示，最新发生的事件位于最上面。诊断缓冲区的日志最多可提供50个最近发生的事件。在日志填满后，新事件将替换日志中最早的事件。

2. 寻址

在S7-1200 PLC中，可以按照位、字节、字和双字对存储单元进行寻址。

二进制数的1位（bit）只有0和1两种不同的取值，可用来表示数字量的两种不同的状态，如触点的断开和闭合，线圈的得电和失电等。8位二进制数组成1个字节（Byte，B），其中的第0位为最低位，第7位为最高位。2个字节组成1个字（Word，W），其中的第0位为最低位，第15位为最高位。两个字组成1个双字（Double Word，DW），其中的第0位为最低位，第31位为最高位。位、字节、字和双字如图4-2所示。

4-2 S7-1200 PLC 数据的存储与访问

图 4-2 位、字节、字和双字

S7-1200 PLC的不同存储单元都以字节为单位，如图4-3所示。

对位数据的寻址由字节地址和位地址组成，如M3.4中的存储区标识符"M"表示应在位存储区寻址，且字节地址为3，位地址为4，这种寻址方式称为"字节.位"寻址方式，如图4-4所示。

对字节的寻址，如MB2，其中的存储区标识符"M"表示位存储区，"2"表示寻址单元的起始字节地址为2，"B"表示寻址长度为1个字节，即寻址位存储区字节2中的内容。

对字的寻址，如MW2，其中的存储区标识符"M"表示位存储区，"2"表示寻址单元的起始字节地址为2，"W"表示寻址长度为1个字（2个字节），即寻址位存储区从字节2开始的1个字，即字节2和字节3。

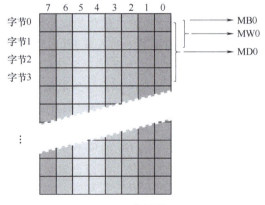

图 4-3 存储单元

对双字的寻址，如MD0，其中的存储区标识符"M"表示位存储区，"0"表示寻址单元的起始字节地址为0，"D"表示寻址长度为1个双字（2个字，4个字节），即寻址位存

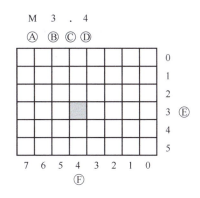

图 4-4 "字节.位"寻址方式

储区的第 0 个字节开始的一个双字,即字节 0、字节 1、字节 2 和字节 3。

各存储单元的绝对地址由以下元素组成:

1)存储区标识符(如 I、Q 或 M)。

2)要访问的数据的大小 ("B" 表示 Byte,"W" 表示 Word,"D" 表示 Double Word)。

3)数据的起始地址(如字节 3)。

注意:

1)用组成双字的编号最小的字节的编号作为双字的编号。

2)字节 MB2 由 M2.0~M2.7 这 8 个位组成。MW2 由 MB2 和 MB3 这 2 个字节组成,MD2 由 MB2~MB5 这 4 个字节组成,可以看出这些地址有重叠现象,在使用时一定要注意,以免引起错误。

3)需要注意 S7-1200 PLC 中"高地址,低字节"的规律,例如将 16#12 存入 MB200,将 16#34 存入 MB201,则 MW200 = 16#1234。

知识点 2:数据格式与数据类型

1. 数据格式

(1) 二进制数

二进制数的 1 位 (bit) 只有 0 和 1 两种不同的取值,可以用来表示数字量(或称开关量)的两种不同的状态,如触点的闭合和断开、线圈的得电和失电等。如果某位为 1,则表示梯形图中对应的编程元件的线圈"得电",其常开触点闭合,常闭触点断开,称该编程元件为 TRUE 或 1 状态。如果某位为 0,则对应的编程元件的状态与上述相反,称该编程元件为 FALSE 或 0 状态。二进制数以 2#开始,如 2#1111_0101_1001_0001 是一个 16 位的二进制数。

4-3 数制和基本数据类型

(2) 十六进制数

多位二进制数的书写和阅读很不方便,为了解决这个问题,采用十六进制数来替代二进制数,每个十六进制数对应 4 位二进制数。十六进制数的 16 个数字由 0~9 和 A~F(对应于十进制数的 10~15)构成,其运算规则为逢 16 进 1。B#16#、W#16#和 DW#16#分别用来表示十六进制数的字节、字和双字,例如 W#16#5C6F。在数字后面加"H"也可以表示十六进制数,例如 16#5C6F 也可以表示为 5C6FH。

73

（3）BCD 码

BCD 码的高 4 位二进制数用来表示符号，16 位 BCD 码的范围为 -999~999。BCD 码实际上是十六进制数，但是 BCD 码各位之间的关系是逢十进一。十进制数可以很方便地转换为 BCD 码，例如十进制数 296 对应的 BCD 码为 2#0000_0010_1001_0110。

学思践悟

进制是学习数据类型的基础，包括二进制、十进制和十六进制等，类似于水、冰和雾，它们之间可以进行相互转换，且其本质是相同的，只是呈现出来的现象不同。进行进制转换的目的在于方便技术人员阅读和编写程序。

任何事物都具有现象和本质两重属性，现象是本质的外在表现，本质是现象的内在根据，现象离不开本质，本质也离不开现象，没有无现象的本质，也没有无本质的现象。从认识论上来说，人们认识一个事物，首先接触的就是事物的现象，但是事物的现象又有真象和假象的区别，本质表现为真相的事物容易认识，本质表现为假象的事物不容易认识，所以要透过现象来看事物的本质，尤其是要注意揭穿假象，达到真正认识事物本质的目的。

本质是事物的根本特征，是同类现象中共同的东西。现象是事物本质的外部表现，是局部的、个别的。因此，本质比现象深刻、单纯，现象则比本质丰富、生动。不同的现象可以具有共同的本质，同一本质可以表现出千差万别的现象。

人们对事物本质的认识必然要经历由片面到全面的逐步深入的过程。客观事物不仅包括现象和本质两个方面，而且本质自身具有层次性。人们对事物的认识总是由现象到本质、由不甚深刻的本质到较深刻的本质的无限深化的过程。人们的认识过程从个别到一般，又从一般到个别。当人们认识了许多不同事物的特殊本质以后，通过抽象和概括可以由某些事物的特殊本质进而认识各种事物的共同本质。

2. 数据类型

数据类型用来描述数据的长度（即二进制数的位数）和属性。每个指令参数至少支持一种数据类型，有些指令参数则支持多种数据类型，例如位逻辑指令使用位数据，MOVE 指令使用字节、字和双字数据。将指针停在指令的参数域上方，便可看到给定参数所支持的数据类型。S7-1200 PLC 的基本数据类型见表 4-2。

表 4-2 S7-1200 PLC 的基本数据类型

数据类型	长度(bit)	数值范围	常数示例
位(Bool)	1	0,1	TRUE,FALSE,0,1
字节(Byte)	8	16#00~16#FF	16#12,16#AB
字(Word)	16	16#0000~16#FFFF	16#0001,16#ABCD
双字(Dword)	32	16#00000000~16#FFFFFFFF	16#02468ACE
短整数(SInt)	8	-128~127	125,-125
整数(Int)	16	-32768~32767	30000,+30000
双整数(DInt)	32	-2147483648~2147483647	-2131754992
无符号短整数(USInt)	8	0~266	78
无符号整数(UInt)	16	0~65535	65295,0

（续）

数据类型	长度(bit)	数值范围	常数示例
无符号双整数（UDInt）	32	0~4294967295	4042322160
浮点数（Real）	32	$-3.40\times10^{38} \sim -1.18\times10^{-38}$、0、$1.18\times10^{-38} \sim 3.40\times10^{38}$	$123.456, -3.4, 3.4\times10^{-5}$
长浮点数（LReal）	64	$-1.80\times10^{308} \sim -2.23\times10^{-308}$、0、$2.23\times10^{-308} \sim 1.80\times10^{308}$	$12345.123456789\times10^{40}$ 1.2×10^{40}
时间（Time）	32	T#-24d_20h_31m_23s_648ms ~ T#24d_20h_31m_23s_647ms 存储形式：-2147483648 ~ +2147483647ms	T#5m_30s T#1d_2h_15m_30s_45ms 10d20h30m20s630ms
日期（Date）	16	D#1990-1-1 ~ D#2167-12-31	D#2008-12-31 DATE#2008-12-31 2008-12-31
实时时间（Time_of_Day）	32	TOD#0:0:0.0 ~ TOD#23:59:59.999	TOD#10:20:30.400 TIME_OF_DAY#10:20:30.400
时间和日期（DTL）	12B	最小：DTL#1970-01-01-00:00:00.0 最大：DTL#2553-12-31-23:59:59.999 999999	DTL#2007-12-15-20:30:20.250
字符（Char）	8	ASCII字符编码：16#00 ~ 16#FF	'A','t','@'
字符串（String）	(N+2)B	N=（0~254字符字节）	'ABC'

（1）位

位数据的数据类型为Bool（布尔）型，在编程软件中，Bool变量的值1和0用英语单词TRUE和FALSE来表示。

（2）位字符串

字节、字和双字统称为位字符串。常数一般用十六进制数表示，它们不能比较大小。

1）字节（Byte）由8位二进制数组成，例如M100.0~M100.7组成了输入字节MB100，其中B是Byte的缩写。

2）字（Word）由相邻的2个字组成，例如字MW100由字节MB100和MB101组成，MW2中的M为存储区标识符，W表示字。

3）双字（Dword）由2个字（或4个字节）组成，例如双字MD100由字节MB100~MB103或字MW100、MW102组成，其中D表示双字。

（3）整数

所有整数的符号中均有Int，共有6种整数。符号中带S的为8位短整数，带D的为32位双整数，不带S和D的为16位整数。带U的为无符号整数，不带U的为有符号整数。SInt和USInt分别为8位的短整数和无符号短整数，Int和UInt分别为16位的整数和无符号整数，DInt和UDInt分别为32位的双整数和无符号的双整数。

有符号整数的最高位为符号位，其中正数的最高位为0，负数的最高位为1。有符号整数用补码来表示，二进制正数的补码就是它本身，将一个正整数的各位取反后加1，即得到绝对值与它相同的负数的补码。将负数的补码的各位取反后加1，即得到它的绝对值对应的正数。

（4）浮点数

32位的浮点数又称为实数（Real），LReal为64位的长浮点数，最高位（第31、63位）

为浮点数的符号位，0 表示正数，1 表示负数。浮点数和长浮点数的精度最高为十进制 6 位和 15 位有效数字。即长浮点数与浮点数相比，数据的范围更大，精度更高。

(5) 时间与日期

时间（Time）是有符号双整数，其单位为 ms，能表示的最大时间为 24 天多。

日期（Date）为无符号整数，是添加到基础日期（1990 年 1 月 1 日）的天数，用以获取指定日期。

TOD（Time_of_Day）为无符号双整数，是从指定日期的 0 时算起的毫秒数。

(6) 字符

字符（Char）占 1 个字节，Char 以 ASCII 格式存储。宽字符（WChar）占 2 个字节，可以存储汉字和中文的标点符号。字符用英语的单引号来表示，例如'A'。

知识点 3：定时器指令

使用定时器指令可创建程序的时间延时，用户程序中可以使用的定时器数仅受 CPU 存储器容量的限制，每个定时器均使用 16 字节的 IEC_Timer 数据类型的 DB 结构来存储定时器数据，TIA Portal 在插入指令时会自动创建 DB。

4-4 定时器指令

S7-1200 PLC 的 4 种定时器指令分别是生成脉冲指令、接通延时定时器指令、关断延时定时器指令和时间累加器指令，如图 4-5 所示。

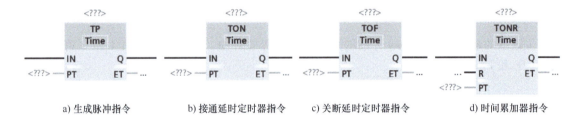

a) 生成脉冲指令　　b) 接通延时定时器指令　　c) 关断延时定时器指令　　d) 时间累加器指令

图 4-5　定时器指令

1. 生成脉冲指令

生成脉冲指令中的 IN 为启动输入端，Q 为定时器的位输出端，PT 为预设时间值，ET 为定时开始后经过的当前时间值，PT 和 ET 的数据类型为 32 位的 Time，单位为 ms。

PT 和 ET 值以表示毫秒时间的有符号双精度整数形式存储在指定的 IEC_TIMER 数据中。Time 数据使用 T#标识符，可以用简单时间单元（如 T#200ms 或 200）或复合时间单元（如 T#2s_200ms）的形式输入。

当 IN 的逻辑运算结果（RLO）从 0 变为 1（信号上升沿）时，启动该指令，Q 变为 1 状态，开始输出脉冲，ET 从 0ms 开始不断增大，无论后续输入信号的状态如何变化，都将 Q 置位由 PT 指定的一段时间。在定时期间，即使检测到新的信号上升沿，Q 的状态也不会受到影响。达到 PT 指定的时间时，Q 的状态变为 0。当前时间值是否清零取决于 IN 的状态，如果 IN 为 1 状态，则当前时间值保持不变，直到 IN 变为 0 时，当前值变为 0。如果 IN 为 0 状态，则当前时间值变为

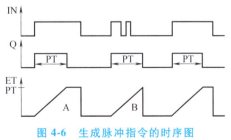

图 4-6　生成脉冲指令的时序图

0，如图 4-6 所示。

注意：

1）各参数均可以使用 I（仅用于输入参数）、Q、M、D、L 存储区，PT 可以使用常量。

2）定时器指令可以放在程序段的中间或结束处，在调用该指令时需要为其指定背景 DB。

2. 接通延时定时器指令

接通延时定时器指令在 IN 的上升沿开始计时，当 ET 的值大于或等于 PT 指定的设定值时，Q 的状态将变为 1。只要启动输入仍为 1，ET 保持不变，则 Q 就保持置位。IN 断开时，定时器被复位，当前时间被清零，Q 变为 0 状态。如果 IN 在未达到 PT 指定的时间时变为 0 状态，则 ET 清零，Q 保持 0 状态不变，如图 4-7 所示。

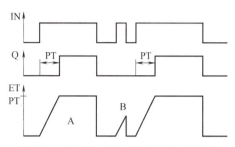

图 4-7　接通延时定时器指令的时序图

[**练一练**]：图 4-8 所示为用接通延时定时器指令设计的一个周期振荡电路的梯形图程序，其输出端 Q0.0 可以输出一个高电平持续 4s、低电平持续 2s 的周期信号，分析该程序的执行过程。

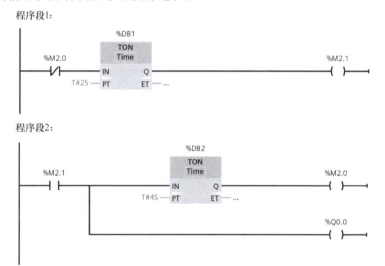

图 4-8　周期振荡电路梯形图程序

3. 关断延时定时器指令

关断延时定时器指令在 IN 接通时，Q 为 1 状态，ET 被清零；在 IN 的下降沿开始定时，ET 从 0 逐渐增大。ET 等于 PT 指定的值时，Q 变为 0 状态，ET 保持不变，直到 IN 接通。如果 ET 未达到 PT 指定的值，IN 就变为 1 状态，则 ET 被清零，Q 保持 1 状态不变，如图 4-9 所示。

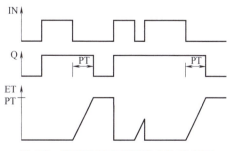

图 4-9　关断延时定时器指令的时序图

[**练一练**]：简述图 4-10 中程序段的执行过程。

图 4-10　关断延时定时器指令程序

4. 时间累加器指令

"时间累加器"指令可以用来累加由 PT 指定的时间段内的时间值。IN 接通时开始定时。IN 断开时，累加的 ET 值保持不变。可以用 TONR 来累加 IN 接通的若干个时间段。图 4-11 所示为该指令的时序图，在累加时间 t_1+t_2 等于 PT 指定的时间时，Q 变为 1 状态（见波形 D）。复位输入 R 为 1 状态时（见波形 C），TONR 被复位，PT 和 ET 变为 0，Q 变为 0 状态。

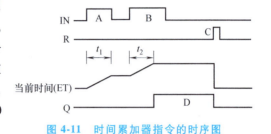

图 4-11　时间累加器指令的时序图

[练一练]：分析图 4-12 中程序段的执行过程。

图 4-12　时间累加器指令程序

5. 加载持续时间指令

可以使用加载持续时间指令为定时器设置时间。如果该指令输入逻辑运算结果（RLO）的状态为 1，则每个周期都执行该指令。该指令将指定时间写入指定的定时器的结构中。

可在指令下方的操作数中指定加载的持续时间，在指令上方的操作数中指定将要开始的时间。如果在指令执行时指定的定时器正在计时，指令将覆盖该定时器的预设值。

对于图 4-13 所示的程序，当线圈 PT 得电时，将 PT 线圈指定的时间预设值写入 TONR 的背景 DB 的静态变量 PT（"TONR_DB".PT），将它作为 TONR 的输入参数 PT 的实参。

图 4-13　加载持续时间指令

6. 用数据类型为 IEC_TIMER 的变量提供背景数据

每次调用定时器指令时都会产生一个背景 DB，如果在程序中多次调用定时器指令就会产生多个背景 DB，而产生的背景 DB 较多时不容易管理，因此可以采用数据类型为 IEC_TIMER 的变量提供背景数据。如图 4-14 所示，在数据块 DB10 中定义了 7 个数据类型为 IEC_TIMER 的变量，可以根据实际情况对变量名称进行定义。

具体步骤如下：生成一个数据块，在数据块中定义多个数据类型为 IEC_TIMER 的变量，当调用定时器指令时，选择该数据块中相应的变量为其提供数据。

DB10

	名称	数据类型	起始值
1	Static		
2	TOF1	IEC_TIMER	
3	PT	Time	T#20ms
4	ET	Time	T#0ms
5	IN	Bool	false
6	Q	Bool	false
7	TOF2	IEC_TIMER	
8	TON1	IEC_TIMER	
9	TON2	IEC_TIMER	
10	TON3	IEC_TIMER	
11	1号电动机延时控制	IEC_TIMER	
12	2号电动机延时控制	IEC_TIMER	
13	<新增>		

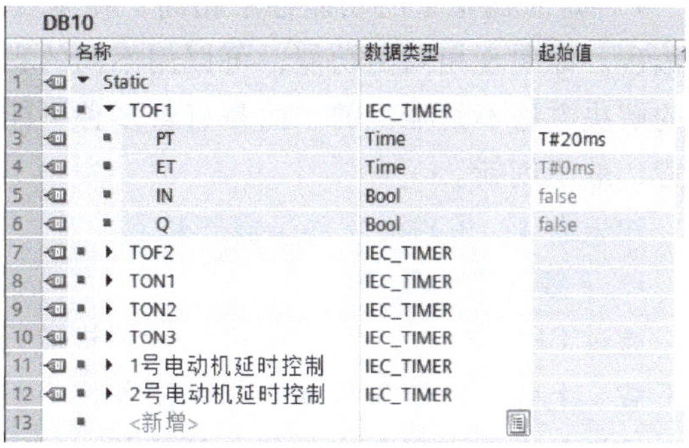

图 4-14　数据类型为 IEC_TIMER 的变量

7. 线圈型定时器指令

线圈型定时器指令与功能框型定时器指令的主要区别如下：

1）功能框型定时器指令可以定义 Q 点或 ET，在程序中可以不必出现背景 DB（或 IEC_TIMER 类型的变量）中的 Q 点或 ET；线圈型定时器指令必须调用 IEC_TIMER 类型的变量中的 Q 点或 ET。

4-5 线圈型定时器指令

2）功能框型定时器指令在使用时可自动生成背景 DB，而线圈型定时器指令需要在 FB 的接口区或全局 DB 中手动定义 IEC_TIMER 类型的变量为其提供数据。

3）功能框型定时器指令的右端可以放置线圈指令，线圈的状态与定时器的输出状态一致。如果在线圈型定时器指令的右端放置线圈指令，则线圈指令的状态取决于逻辑运算的结果，与线圈型定时器指令的输出状态无关。

[**练一练**]：有两台电动机，按下起动按钮时，1 号电动机（Q0.1）先起动，20s 后 2 号电动机（Q0.2）起动。按下停止按钮时，2 号电动机立即停止，10s 后 1 号电动机停止运行。程序中使用了线圈型定时器指令，如图 4-15 所示，分析其执行过程。

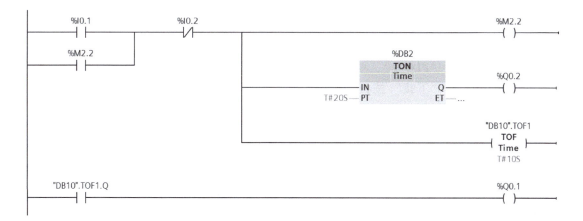

图 4-15　电动机控制梯形图

学思践悟

4 种定时器指令的功能各不相同，在实现某些功能的时候可以采用不同的定时器指令进行编程。即实现相同的功能，可以用不同的程序来解决。同样的，引入到工作或生活中，问题的解决方法不是唯一的，而是有着多种可能性的，这就要求人们在解决问题的时候要善于思考，敢于创新。

知识点 4：用户程序的下载与仿真

1. 下载与上传用户程序

通过 CPU 与运行 TIA Portal 的计算机进行的以太网通信，可以执行项目的下载、上传、监控和故障诊断等任务。一对一的通信不需要交换机，两台以上的设备通信则需要交换机。计算机与 CPU 通信时需要修改 IP 地址，使二者位于同一网段内。

4-6 用户程序的下载与仿真

（1）组态 CPU 的 PROFINET 接口

打开 TIA Portal，生成一个项目，在项目中添加一个 PLC 设备，其 CPU 型号和订货号应该与实际的硬件相同。双击项目树中 PLC 文件夹内的"设备配置"，打开该 PLC 的设备视图。双击 CPU 的以太网接口，打开该接口的巡视窗口，选中"以太网地址"，对 CPU 的 IP 地址进行修改，设置的地址在下载后才起作用。

（2）设置计算机网卡和 IP 地址

计算机操作系统为 Windows 7，用以太网电缆连接计算机和 CPU，打开"控制面板"，单击"查看网络状态和任务"，再单击"本地连接"，打开"本地连接状态"对话框。单击其中的"属性"按钮，在"本地连接属性"对话框中双击"此连接使用下列项目"列表框中的"Internet 协议版本 4（TCP/IPv4）"，打开"Internet 协议版本 4（TCP/IPv4）属性"对话框。

选中"使用下面的 IP 地址"，输入 PLC 以太网接口的子网地址 192.168.0（应与 CPU 的子网地址相同），IP 地址的第 4 个字节是子网内设备的地址，可以取 0~255 中的某个值，但是不能与子网中其他设备的 IP 地址重叠。单击"子网掩码"输入框，自动出现默认的子网掩码 255.255.255.0。一般不用设置网关的 IP 地址。

设置结束后，单击各级对话框中的"确定"按钮。

（3）下载项目

选中项目树中的"PLC_1"，单击工具栏中的"下载"按钮，出现"下载预览"对话框，单击对话框中的"下载"按钮，开始下载。下载结束后，出现"下载结果"对话框，勾选"全部启动"复选框，单击"完成"按钮，完成下载，PLC 切换到 RUN 模式。

2. 用户程序的仿真调试

（1）S7-1200 PLC 的仿真软件

仿真的条件如下：固件版本为 V4.0 及以上，S7-PLCSIM 为 V13 SP1 及以上。不支持计数、PID 和运动控制工艺模块，不支持 PID 和运动控制工艺对象。

（2）启动仿真和下载程序

选中项目树中的"PLC_1"，单击工具栏中的"开始仿真"按钮，出现 S7-PLCSIM 的精简视图。如果出现"扩展的下载到设备"对话框，设置"PG/PC 接口的类型""PG/PC 接口",单击"开始搜索"按钮,则"目标子网中的兼容设备"列表中会显示搜索到的仿真 CPU 的以太网接口 IP 地址。

单击"下载"按钮,出现"下载预览"对话框,编译组态成功后,勾选"全部覆盖"复选框,单击对话框中的"下载"按钮,将程序下载到 PLC。

下载结束后,出现"下载结果"对话框。勾选其中的"全部启动"复选框,单击"完成"按钮,仿真 PLC 被切换到 RUN 模式。

知识点 5:用 TIA Portal 调试程序

有两种调试用户程序的方法:程序状态与监控表。程序状态可以监视程序的运行,显示程序中操作数的值和程序段的逻辑运算结果,查找用户程序的逻辑错误,还可以修改某些变量的值。使用监控表可以监视、修改和强制用户程序或 CPU 内的某个变量,可以向某些变量写入需要的数值,来测试程序或硬件。例如,为了检查接线,可以在 CPU 处于 STOP 模式时给外设输出点指定固定的值。

4-7 用程序状态监控调试程序

1. 用程序状态调试程序

(1) 启动程序状态监视

与 PLC 建立好在线连接后,打开需要监视的程序块,单击程序编辑器工具栏中的"启用/禁用监视"按钮,启动程序状态监视。

(2) 程序状态的显示

启动程序状态监视后,用绿色实线表示有"能流",用蓝色虚线表示没有"能流",用灰色实线表示状态未知或程序没有执行,用黑色实线表示没有连接。

Bool 变量为 0 状态和 1 状态时,它们的常开触点和线圈分别用蓝色虚线和绿色实线来表示,常闭触点的显示与变量状态的关系则反之。

进入程序状态监视之前,梯形图中的线和元件因为状态未知,全部为灰色。启动程序状态监视后,梯形图左侧垂直的"电源"线和与它连接的水平线均为绿色实线,表示有"能流"从"电源"线流出。有"能流"流过的处于闭合状态的触点、指令框、线圈和"导线"均用绿色实线表示。

(3) 在程序状态修改变量的值

用鼠标右键单击程序状态中的某个 Bool 变量,执行命令"修改"→"修改为 1"或"修改"→"修改为 0";对于其他数据类型的变量,执行命令"修改"→"修改值"。执行命令"修改"→"显示格式",可以修改变量的显示格式。

不能修改输入映像(I)的值。如果被修改的变量同时受到程序的控制,则程序控制的作用优先。

2. 强制

强制应在与 CPU 建立了在线连接时进行。S7-1200 PLC 只能强制外设输入和外设输出,例如强制 I0.0:P 和 Q0.0:P 等。不能强制组态时指定给 HSC(高速计数器)、PWM(脉冲宽度调制)和 PTO(脉冲列输出)的 I/O 点。

在执行用户程序之前,强制值被用于输入映像。在处理用户程序时,使用的是输入点的强制值。在写外设输出点时,强制值被送给输出映像,输出值被强制值覆盖。强制值在外设输出点出现,并且被用于过程。被强制的变量的值不会因为用户程序的执行而改变,被强制的变量只能读取,不能用写访问来改变其强制值。输入、输出点被强制后,即使编程软件被关闭、编程计算机与 CPU 的在线连接断开或 CPU 断电，强制值都被保持在 CPU 中，直到在线时使用强制表停止强制功能。

用存储卡将带有强制点的程序装载到其他的 CPU 时，将继续程序中的强制功能。

(1) 强制变量

双击打开项目树中的强制表，输入 I0.0 和 Q0.0，则它们的后面被自动添加表示外设输入/输出的"：P"。只有在扩展模式上才能监视外设输入的强制监视值。单击工具栏中的"显示/隐藏扩展模式列"按钮，切换到扩展模式。将 CPU 切换到 RUN 模式。

同时打开 OB1 和强制表，用"窗口"菜单中的命令水平拆分编辑器空间，同时显示 OB1 和强制表。单击程序编辑器工具栏中的 按钮，启动程序状态功能，如图 4-16 所示。

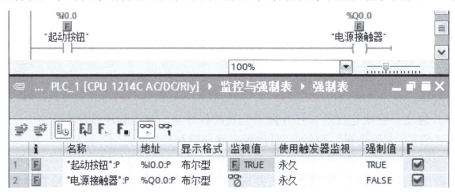

图 4-16　强制变量

单击强制表工具栏上的按钮，启动监视功能。用鼠标右键快捷菜单命令，将 I0.0：P 强制为 TRUE，则强制表第一行出现表示被强制的标有"F"的小方框，第一行"F"列的复选框中出现"√"。PLC 面板上 I0.0 对应的 LED 不亮，梯形图中 I0.0 的常开触点接通，上面出现被强制的符号，由于 PLC 程序的作用，梯形图中 Q0.0 线圈得电，PLC 面板上 Q0.0 对应的 LED 亮。

用鼠标右键快捷菜单命令将 Q0.0：P 强制为 FALSE，则强制表第二行出现表示被强制的符号。梯形图中 Q0.0 线圈上面出现表示被强制的符号，PLC 面板上 Q0.0 对应的 LED 熄灭。

(2) 停止强制

单击强制表工具栏中的"停止强制"按钮，停止对所有地址的强制。强制表和程序中标有"F"的小方框消失，表示强制被停止。为了停止对单个变量的强制，可以取消勾选该变量的"F"列的复选框，然后重新启动强制。

注意：如果在线程序与离线程序不一致，项目树中会出现表示故障的符号，需要重新下载有问题的块，使在线、离线的块一致，在项目树对象右边均出现绿色的表示正常的符号后，才能启动程序状态功能。进入在线模式后，程序编辑器最上面的标题栏变为橘红色。

知识点 6：用监控表监控变量

使用程序状态，可以在程序编辑器中形象直观地监视梯形图程序的执行情况，触点和线圈的状态一目了然。但是程序状态只能在屏幕上显示一小块程序，在调试较大的程序时，往往不能同时看到与某一程序功能有关的全部

4-8
用监控表
调试程序

变量的状态。

监控表可以有效地解决上述问题。使用监控表可以在工作区同时监视、修改和强制用户变量。一个项目可以生成多个监控表，以满足不同的调试要求。监控表可以赋值或显示的变量包括 I、Q、I_:P、Q_:P、M 和 DB 区的变量。

1. 监控表的功能

1）监视变量：在计算机上显示用户程序或 CPU 中变量的当前值。

2）修改变量：将固定值分配给用户程序或 CPU 中的变量。

3）对外设输出赋值：允许在 STOP 模式下将固定值赋给 CPU 的外设输出点，这一功能可用于硬件调试时检查接线。

2. 生成监控表

打开项目树中 PLC 的"监控与强制表"文件夹，双击其中的"添加新监控表"，生成一个名为"监控表_1"的新的监控表，并在工作区自动打开。根据需要，可以为一台 PLC 生成多个监控表，应将有关联的变量放在同一个监控表内。

3. 在监控表中输入变量

在监控表的"名称"列输入变量表中定义过的变量的符号地址，则"地址"列自动出现该变量的地址。在"地址"列输入变量表中定义过的地址，则"名称"列自动出现它的名称。也可以将变量表中的变量名称复制到监控表中，快速生成监控表中的变量。如果输入了错误的变量名称或地址，其出现的单元的背景会变为提示错误的浅红色，标题为"i"的标识符列出现红色的叉。

可以使用监控表的"显示格式"列默认的显示格式，也可以用鼠标右键单击该列的某个单元，在出现的列表中选中需要的显示格式。

也可以使用"显示格式"列的下拉式列表设置显示格式，使用二进制格式显示，可以用字节（8 位）、字（16 位）或双字（32 位）来监视和修改多个 Bool 变量。

4. 监视变量

可以用监控表工具栏中的按钮来执行各种功能。与 CPU 建立在线连接后，单击工具栏中的 按钮，可以启动监视功能，在"监视值"列连续显示变量的动态实际值。再次单击该按钮，将关闭监视功能。

单击工具栏中的"立即一次性监视所有变量"按钮 ，即使没有启动监视，也可立即读取一次变量值，并用"监视值"列表示在线的橙色背景显示。几秒后，背景色变为表示离线的灰色。位变量为 TRUE（1 状态）时，"监视值"列的方形指示灯为绿色。位变量为 FALSE（0 状态）时，指示灯为灰色。

5. 修改变量

单击"显示/隐藏所有修改列"按钮 ，出现原本隐藏的"修改值"列，可在"修改值"列输入变量的新值。勾选需要修改的变量的"修改值"列右边的复选框，输入 Bool 变量的修改值（0 或 1）后，单击监控表其他地方，则变量的值将自动变为"FALSE"（假）或"TRUE"（真）。单击工具栏中的"立即一次性修改所有选定值"按钮 ，复选框被勾选的"修改值"将被立即送入指定的地址。

用鼠标右键单击某个位变量，执行出现的快捷菜单中的"修改"→"修改为 0"或"修改为 1"命令，可以将选中的变量修改为 FALSE 或 TRUE。在 RUN 模式下修改变量时，各变量同时也受到用户程序的控制。假设用户程序运行的结果使 Q0.0 线圈失电,用监控表则不可能将 Q0.0 修改和保持为 TRUE。在 RUN 模式下不能改变 I 区分配给硬件的数字量输入点的状态,因为它们的状态取决于外部输入电路的状态。

五、项目实施

任务 1:确定电气元件

根据本项目的控制要求,有 2 个按钮和 5 个传感器作为输入元件。驱动毛坯输送带和成品输送带的 2 台电动机、2 个警示灯和电磁阀作为输出元件。

任务 2:分配 I/O 地址

根据控制要求分析其输入和输出元件,完成 I/O 地址分配表,见表 4-3。

表 4-3 项目四的 I/O 地址分配表

输入				输出			
序号	地址	符号	设备名称	序号	地址	符号	设备名称
1	I0.0	SB1	系统起动	1	Q0.0	M1	电动机
2	I0.1	SB2	系统停止	2	Q0.1	M2	电动机
3	I0.2	G1	传感器	3	Q0.2	Y1	电磁阀
4	I0.3	G2	传感器	4	Q0.3	HL1	警示灯
5	I0.4	G3	传感器	5	Q0.4	HL2	警示灯
6	I0.5	G4	传感器	6			
7	I0.6	G5	传感器	7			

任务 3:新建工程项目并进行硬件组态

1. 新建工程项目

双击打开 TIA Portal 软件,切换为项目视图,新建一个工程项目,命名为"带式输送系统控制程序",或者其他名称,中英文名称都可以。工程项目可以使用默认的文件存储地址,也可自行创建或选择一个文件目录。可以在注释栏填写关于工程项目的简要介绍,在作者栏填写开发者信息,也可以使用默认设置。

2. 硬件组态

硬件组态是在 TIA Portal 软件的项目视图中,根据 PLC 型号和订货号添加 PLC 硬件,并设置 PLC 的 IP 地址,确保 PLC 和本地计算机在同一个网段。

本项目中应用了警示灯,所以需要启用 S7-1200 PLC 的时钟存储器和系统存储器,时钟存储器字节的地址可以更改,但本项目中采用默认设置,在非特殊情况下,都建议使用默认设置。启用时钟存储器和系统存储器后,在默认变量表中会自动添加相应的变量,如图 4-17 所示。

任务 4:创建变量表

编写程序前,应根据 I/O 地址分配表来自定义、添加变量表,为输入、输出信号命名。定义 PLC 变量时,原则上使用英文或汉语拼音命名。在本项目中应添加新的变量表,并将其重命名为"输入输出及中间变量",创建好变量表之后可在其中添加变量,如图 4-18 所

项目四 带式输送系统控制程序设计

默认变量表							
	名称	数据类型	地址	保持	可从…	从 H…	在 H…
1	System_Byte	Byte	%MB1		☑	☑	☑
2	FirstScan	Bool	%M1.0		☑	☑	☑
3	DiagStatusUpdate	Bool	%M1.1		☑	☑	☑
4	AlwaysTRUE	Bool	%M1.2		☑	☑	☑
5	AlwaysFALSE	Bool	%M1.3		☑	☑	☑
6	Clock_Byte	Byte	%MB0		☑	☑	☑
7	Clock_10Hz	Bool	%M0.0		☑	☑	☑
8	Clock_5Hz	Bool	%M0.1		☑	☑	☑
9	Clock_2.5Hz	Bool	%M0.2		☑	☑	☑
10	Clock_2Hz	Bool	%M0.3		☑	☑	☑
11	Clock_1.25Hz	Bool	%M0.4		☑	☑	☑
12	Clock_1Hz	Bool	%M0.5		☑	☑	☑
13	Clock_0.625Hz	Bool	%M0.6		☑	☑	☑
14	Clock_0.5Hz	Bool	%M0.7		☑	☑	☑

图 4-17 默认变量表

示。创建变量表后，项目中的所有编辑器（例如程序编辑器、设备编辑器、可视化编辑器和监视表格编辑器）均可访问该表。

输入输出及中间变量						
名称	数据类型	地址	保持	可从…	从 H…	在 H…
1 系统启动	Bool	%I0.0		☑	☑	☑
2 系统停止	Bool	%I0.1		☑	☑	☑
3 毛坯输送带传感器G1	Bool	%I0.2		☑	☑	☑
4 毛坯输送带传感器G2	Bool	%I0.3		☑	☑	☑
5 毛坯输送带传感器G3	Bool	%I0.4		☑	☑	☑
6 成品输送带传感器G4	Bool	%I0.5		☑	☑	☑
7 成品输送带传感器G5	Bool	%I0.6		☑	☑	☑
8 毛坯输送带电动机M1	Bool	%Q0.0		☑	☑	☑
9 成品输送带电动机M2	Bool	%Q0.1		☑	☑	☑
10 挡料气缸	Bool	%Q0.2		☑	☑	☑
11 警示灯1	Bool	%Q0.3		☑	☑	☑
12 警示灯2	Bool	%Q0.4		☑	☑	☑
13 系统起停信号	Bool	%M2.0		☑	☑	☑
14 中间存储器	Bool	%M2.1		☑	☑	☑
15 <添加>				☑	☑	☑

图 4-18 输入输出及中间变量表

任务 5：编写 PLC 程序

带式输送系统控制程序如图 4-19 所示。

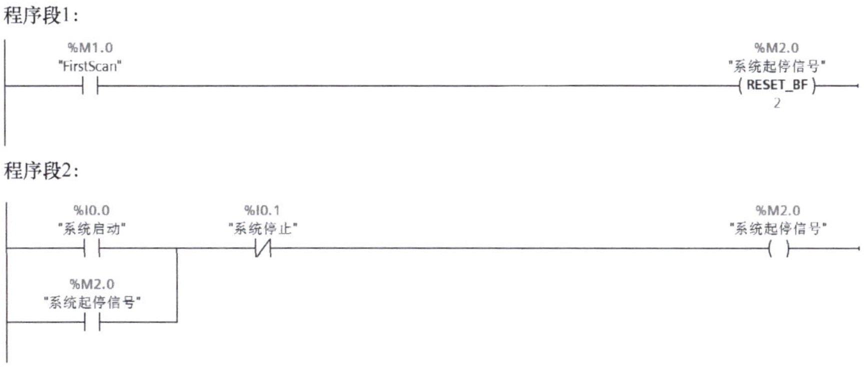

程序段1:

```
   %M1.0                                          %M2.0
  "FirstScan"                                  "系统起停信号"
    ─┤├─────────────────────────────────────────( RESET_BF )
                                                      2
```

程序段2:

```
   %I0.0        %I0.1                             %M2.0
  "系统启动"    "系统停止"                       "系统起停信号"
    ─┤├──────────┤/├──────────────────────────────( )
      │
   %M2.0
  "系统起停信号"
    ─┤├──┘
```

图 4-19 带式输送系统控制程序

程序段3:

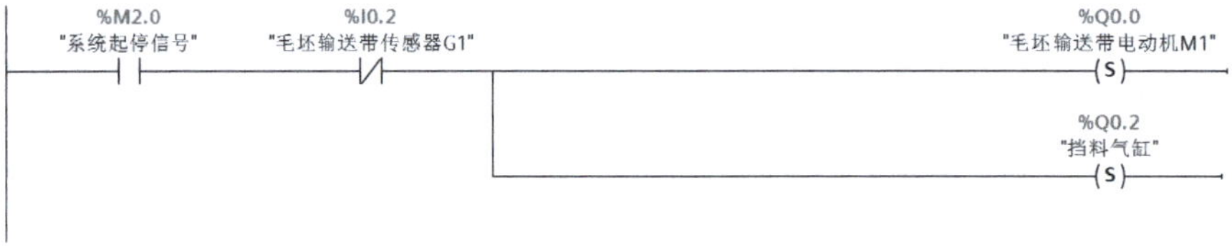

```
  %M2.0              %I0.2                                              %Q0.0
"系统起停信号"     "毛坯输送带传感器G1"                              "毛坯输送带电动机M1"
────┤ ├──────────────┤/├────────────┬──────────────────────────────────( )────
                                    │                                  %Q0.2
                                    │                                  "挡料气缸"
                                    └──────────────────────────────────(S)────
```

程序段4:

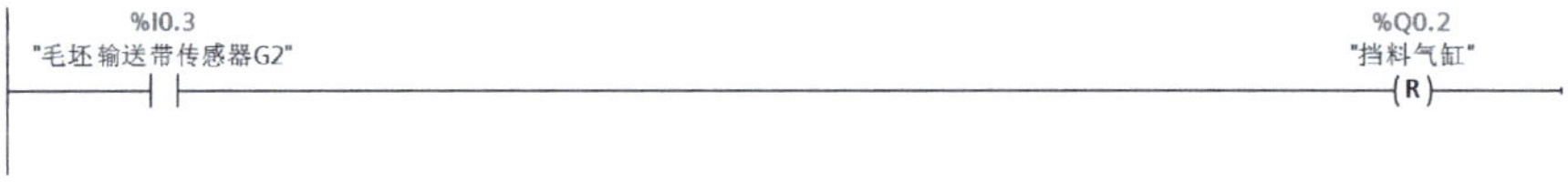

```
  %I0.3                                                                 %Q0.2
"毛坯输送带传感器G2"                                                  "挡料气缸"
────┤ ├──────────────────────────────────────────────────────────────(R)────
```

程序段5:

```
  %I0.2                                                                 %Q0.0
"毛坯输送带传感器G1"                                                  "毛坯输送带电动机M1"
────┤/├──────────────────────────────────────────────────────────────(R)────
```

程序段6:

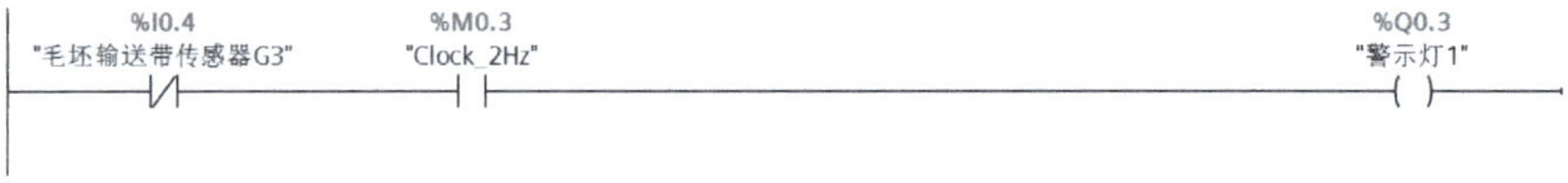

```
  %I0.4             %M0.3                                              %Q0.3
"毛坯输送带传感器G3"  "Clock_2Hz"                                      "警示灯1"
────┤ ├──────────────┤ ├─────────────────────────────────────────────( )────
```

程序段7:

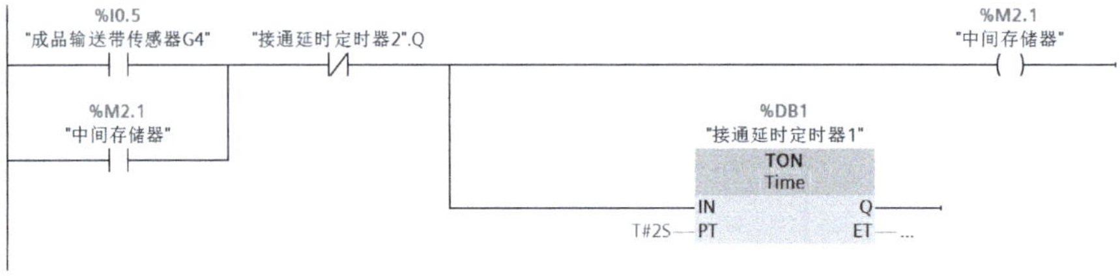

```
  %I0.5            "接通延时定时器2".Q                                   %M2.1
"成品输送带传感器G4"                                                  "中间存储器"
────┤ ├──────────────┤/├────────┬────────────────────────────────────( )────
  %M2.1                         │           %DB1
"中间存储器"                    │       "接通延时定时器1"
────┤ ├─────────────────────────┘        ┌──TON──┐
                                         │  Time │
                                       ──┤IN    Q├──
                                   T#2S──┤PT    ET├──...
```

程序段8:

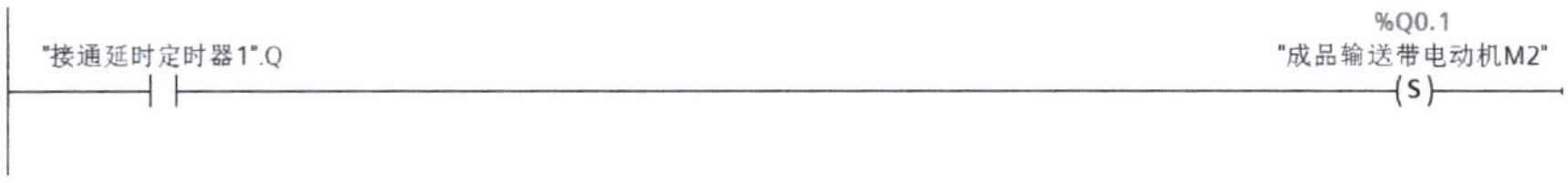

```
"接通延时定时器1".Q                                                    %Q0.1
                                                                    "成品输送带电动机M2"
────┤ ├──────────────────────────────────────────────────────────────(S)────
```

程序段9:

```
                          %DB2
                      "接通延时定时器2"
  %Q0.1                ┌──TON──┐                                      %Q0.1
"成品输送带电动机M2"    │  Time │                                    "成品输送带电动机M2"
────┤ ├───────────────┤IN    Q├──────────────────────────────────────(R)────
                  T#3S┤PT    ET├──...
```

程序段10:

```
  %I0.6             %M0.1                                              %Q0.4
"成品输送带传感器G5"  "Clock_5Hz"                                      "警示灯2"
────┤ ├──────────────┤ ├─────────────────────────────────────────────( )────
```

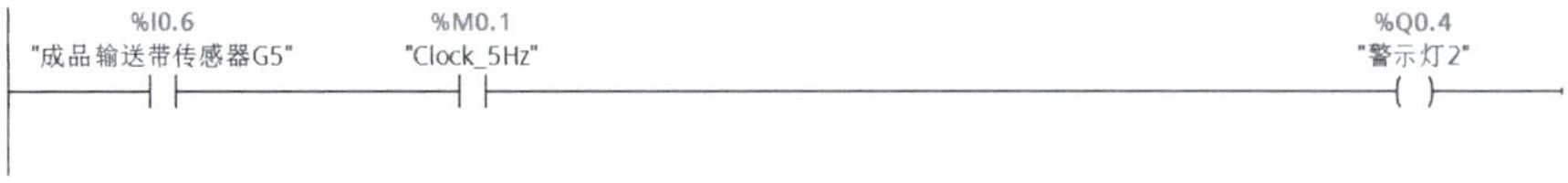

图 4-19 带式输送系统控制程序（续）

任务 6：程序仿真调试

本项目采用监控表来调试带式输送系统控制程序。

1. 启动仿真和下载程序

选中项目树中的"PLC_1"，单击工具栏中的"开始仿真"按钮，S7-PLCSIM 被启动，出现"自动化许可证管理器"对话框，并显示"启动仿真将禁用所有其他的在线接口"。单击"确定"按钮，出现 S7-PLCSIM 的精简视图，如图 4-20 所示。如果没有在 S7-PLCSIM 中设置"启动时加载最近运行的项目"，将会在默认的文件夹中自动产生一个 S7-PLCSIM 项目。

打开仿真软件后，如果出现"扩展的下载到设备"对话框，可设置"PG/PC 接口的类型"和"PG/PC 接口"，用以太网接口下载程序。单击"开始搜索"按钮，"目标子网中的兼容设备"列表中会显示搜索到的仿真 CPU 的以太网接口的 IP 地址。

图 4-20　S7-PLCSIM 的精简视图

单击"下载"按钮，出现"下载预览"对话框，如图 4-21 所示。编译组态成功后，单击"装载"按钮，将程序下载到 PLC。

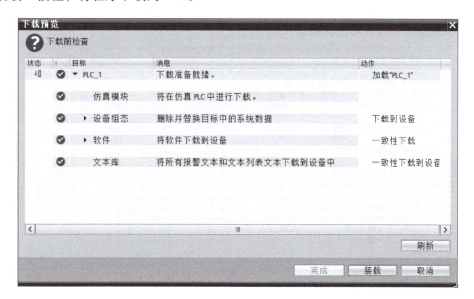

图 4-21　"下载预览"对话框

下载结束后，出现"下载结果"对话框。勾选其中的"全部启动"复选框，单击"完成"按钮，仿真 PLC 被切换到 RUN 模式。

2. 生成监控表

打开项目树中 PLC 的"监控与强制表"文件夹，双击其中的"添加新监控表"，生成一个名为"带式输送系统控制程序"的监控表，并在工作区自动打开。根据需要，可以为一台 PLC 生成多个监控表，并应将有关联的变量放在同一个监控表内。本项目中变量较少，只需要创建一个监控表即可。

3. 在监控表中输入变量

将变量表中的变量名称复制到监控表，快速生成监控表中的变量，如图 4-22 所示。

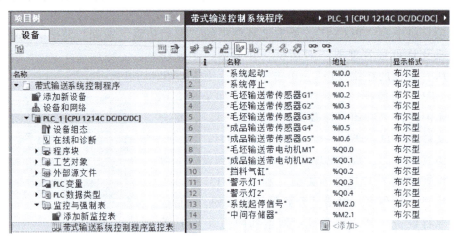

图 4-22　带式输送系统控制程序监控表

4. 监视变量

与 CPU 建立在线连接后，单击工具栏中的 按钮，启动监视功能，软件将在"监视值"列连续显示变量的动态实际值，如图 4-23 所示。

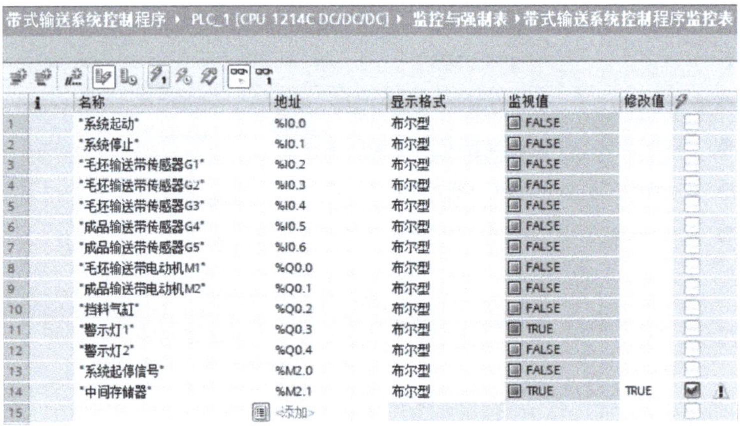

图 4-23　"监视值"列

5. 修改变量

输入 Bool 变量的修改值 0 或 1 后，单击监控表的其他地方，变量将自动变为"FALSE"（假）或"TRUE"（真）。单击工具栏中的"立即一次性修改所有选定值"按钮 ，复选框被勾选的修改值会被立即送入指定的地址。

6. 调试程序

修改程序中变量的值，观察程序的变化情况，进行简单描述。

项目四　带式输送系统控制程序设计

查看仿真运行的结果是否和控制要求中需要实现的结果一致，如果不一致需进行修改完善。在仿真过程中，应记录出现的问题和解决措施。

出现的问题：

_____

_____

解决措施：

_____

_____

任务 7：技术文档整理

按照项目需求，整理出项目技术文档，主要包括控制工艺要求、I/O 地址分配表、电气原理图和梯形图程序等。

六、项目复盘

本项目引入企业的真实生产场景，以盘类零件加工制造为对象，选择毛坯输送带和成品输送带为载体。存储器的结构、数据的存储与访问以及定时器指令等是完成该项目的基础知识。本项目的实施，会下载程序并应用仿真软件对程序进行调试。

1. S7-1200 PLC 的存储器

1）PLC 在工作过程中将需要使用的数据和产生的数据存储在存储器中。存储器根据所存储数据的属性不同进行分类。S7-1200 PLC 的存储器可以分为 3 种，分别是_____、_____和_____。

2）系统存储器被划分为若干个地址区，用于存放用户程序的操作数。请简要说明 I、Q 和 M 区的功能与特点。

_____

_____

_____

2. 数据格式与数据类型

1）数据在 CPU 中以二进制的方式运行，在实际工程项目中的各种量以十进制的方式进行表示。为了方便阅读二进制数，经常用十六进制数表示二进制数。三种数制之间存在转换关系，熟练掌握数制之间的转换是编程的基础。请简述数制之间的转换方法。

_____

_____

2）S7-1200 PLC 有多种数据类型，此处主要学习基本数据类型，至于复杂数据类型、PLC 数据类型和指针数据类型等其他数据类型作为拓展知识进行自学。基本数据类型中有两种需要重点学习，即位字符串和整数。要熟练掌握位字符串数据的存储与访问方式以及整数的数据范围。例如，M5.7 表示：_____；MW22 表示：_____；MW45 由_____和_____两个字节组成；整数的数据范围是：_____。

3. 定时器指令

1）定时器指令用于对内部和外部事件进行定时，共有 4 种类型的定时器指令，分别是：_____、_____、_____和_____。

2）位输出端 Q 的状态变化条件是学习定时器指令的关键，请简要进行描述。

4. 程序的仿真与调试

S7-1200 PLC 有两种调试用户程序的方法：程序状态与监控表。用程序状态调试程序时可通过修改变量的值来观察程序的执行过程。用监控表调试程序时应将需要监控的变量添加到监控表中，然后修改变量的值来观察输出结果的变化情况。简述两种调试方法的区别。

七、知识拓展

知识点 1：移动指令

知识点 2：移位和循环指令

知识点 3：其他数据类型

八、思考与练习

1）哪些变量可以标记为具有保持性？

2）二进制数 2#1111_1100_0110_0101 转换为十进制数是_____，转换为十六进制数是_____。

3）对字节寻址时，若有 MB2，则其中的 M 表示_____，B 表示_____，2 表示_____。

4）MD43 由_____和_____两个字组成，由_____、_____、_____和_____四个字节组成。

5）在 FB 和 DB 中标记保持性与块的优化访问属性有关，请简述激活了 FB 的"优化的块访问"和没有激活 FB 的"优化的块访问"在标记保持性时的区别。

6）用程序状态调试程序时能不能修改输入映像（I）的值？为什么？

7）在测试用户程序时，可以通过强制 I/O 点来模拟物理条件，例如模拟输入信号的变化。在使用强制功能时有哪些注意事项？

8）用监控表能不能修改输出变量的值？为什么？

项目五

质量检测控制系统设计

一、项目引入

1. 项目描述

某企业生产的产品需要通过检测质量判断是否合格,产品质量为(200±10)g 的是合格产品。图 5-1 所示为质量检测控制系统,检测台配备质量传感器(4~20mA 对应 0~300g),不合格产品将通过气缸 2 进行剔除,气缸 1 将合格产品推送到带式输送机上进行装箱,每箱装 10 个。

2. 控制要求

1)设置启动和停止按钮,用于系统启停。

2)有产品到达检测台时,合格产品通过气缸 1 推送到带式输送机上面,不合格产品通过气缸 2 剔除出生产线。

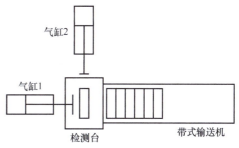

图 5-1 质量检测控制系统

3)通过传感器对合格产品进行计数,带式输送机上的产品达到 10 个时带式输送机工作,输送产品到下一个工位进行装箱。

二、学习目标

1)能够根据控制要求正确选择 CPU 模块的型号及模拟量模块的型号。

2)会根据控制要求正确配置模拟量模块。

3)能使用"缩放"指令和"标准化"指令编写模拟量控制程序。

4)会正确使用比较操作指令和计数器指令编写程序。

5)在教师的引导下完成 PLC 控制项目,具备完成简单控制系统程序设计的能力。

6)培养学生严谨细致的工作作风和精益求精的工匠精神。

三、项目任务

1)确定质量检测控制系统中的电气元件。

2)根据输入/输出元件分配 I/O 地址。

3)创建变量表并定义变量。

4)编写质量检测控制系统的梯形图程序。

5）用程序状态或监控表对程序进行仿真调试。
6）完成技术文档整理。

四、知识获取

知识点 1：模拟量

1. 模拟量处理

5-1
模拟量处理

在工业生产过程中，存在着大量连续变化的信号（模拟量信号），例如温度、压力、流量、位移、速度、旋转速度等。传感器在采集到信号后，通过变送器将这些连续变化的信号变换成电压或电流信号，再将这些信号接到适当的模拟量输入模块的接线端子上，经过模块内的模/数（A/D）转换器，把数据传入 PLC 内部。同时，也有各种各样由模拟信号控制的执行设备，如变频器、阀门等，为实现对它们的控制，通常先在 PLC 内部计算出相应的运算结果，然后通过模拟量输出模块内部的数/模（D/A）转换器将数字信号转换为执行设备可以使用的模拟信号，从而使执行设备按照要求的动作运动。模拟量输入/输出示意如图 5-2 所示。

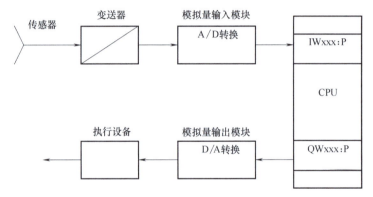

图 5-2　模拟量输入/输出示意图

传感器用于检测物理量，变送器将传感器检测到的物理量转换为标准的模拟信号，如 ±10V、±20mA、3~20mA 等，这些标准的模拟信号将接到模拟量输入模块上。PLC 为数字控制器，必须把模拟量转换为数字量才能被 CPU 处理，模拟量输入模块中的 A/D 转换器用来实现转换功能。A/D 转换是顺序执行的，即每个模拟量通道上的输入信号是轮流被转换的。A/D 转换的结果存储在结果存储器 IW 中，并一直保持到被一个新的转换值所覆盖。

用户程序计算出的模拟量的数值存储在存储器 QW 中，该数值由模拟量输出模块中的 D/A 转换器转换为标准的模拟量信号，用来控制连接到模拟量输出模块上的采用标准模拟量输入信号的执行设备。

2. 模拟量模块的配置

必须在 CPU 为 STOP 模式时才能设置参数，且需要将参数进行下载。当 CPU 由 STOP 模式转换为 RUN 模式后，CPU 会将设定的参数传送到每个模拟量模块中。

在项目视图中打开"设备配置"，单击选中模拟量模块，此处以模拟量输入/输出模块 SM1234 AI4×13BIT/AQ2×14BIT 为例，模拟量模块的属性对话框如图 5-3 所示，其中包含"常规""模拟量输入""模拟量输出"和"I/O 地址"4 个选项。"常规"选项给出了该模块的名称、描述、订货号和注释等，"I/O 地址"选项给出了输入/输出通道的地址，可以自定义通道地址。

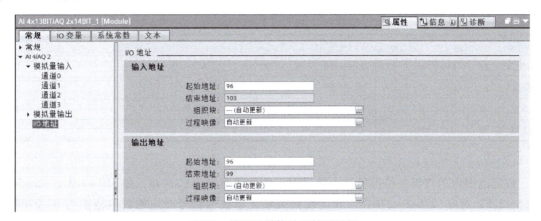

图 5-3　模拟量模块的属性对话框

"模拟量输入"选项中，根据模块类型及控制要求可以设置用于降低噪声的积分时间、滤波时间以及"启用溢出诊断"和"启用下溢诊断"等。更重要的是可以在此设置模拟量的测量类型和电压范围，如图 5-4 所示为 SM1234 模块通道 0 的测量类型和范围，此处的设置要与实际变送器的量程相符。

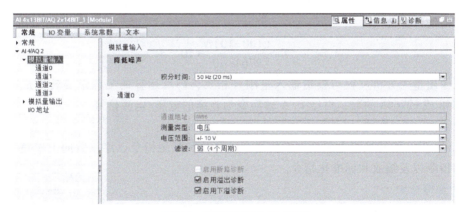

图 5-4　"模拟量输入"选项

3. 模拟量模块的主要技术参数

（1）模拟量模块的转换量程

模拟量模块的转换量程与转换后的数字量之间的关系，在额定测量范围为单极性时对应的数字量为 0~27648，额定测量范围为双极性时对应的数字量为 -27648~27648。

当模拟量模块输入信号为 0~10V、0~20mA 或 4~20mA 时，转换量程为 0~27648；当模拟量模块输入信号为 -10~10V、-5~5V 或 -2.5~2.5V 时，转换量程为 -27648~27648。

（2）模拟量模块的分辨率

当转换精度小于 16 位时，相应的位左侧对齐，未使用的最低位补"0"。如表 5-1 中的 12 位分辨率的模拟量模块。位 0~位 2 补"0"，则最小变化单位为 8（数值范围最大值是 32760，最小值是 8，也就是说只有数值大于 8 后，才可能被模块检测到），故 12 位的 A/D

转换芯片的转换精度为 $2^3/2^{15}=1/4096$，能够反映模拟量变化的最小单位是满量程的 1/4096。16 位分辨率的模块，最大值是 32767，最小值是 0，它能够测量的最小变化单位为 1。

表 5-1 模拟量模块的分辨率

分辨率	模拟值															
位	15	14	13	12	11	10	9	8	7	6	5	4	3	2	1	0
位值	2^{15}	2^{14}	2^{13}	2^{12}	2^{11}	2^{10}	2^9	2^8	2^7	2^6	2^5	2^4	2^3	2^2	2^1	2^0
16 位	0	1	0	0	0	1	1	0	0	1	0	1	1	1	1	1
12 位	0	1	0	0	0	1	1	0	0	1	0	1	1	0	0	0

（3）模拟量的规格化

额定范围内的双极性模拟量输入信号对应的数值范围为 ±27648，如 −10~10V、−5~5V、−2.5~2.5V 对应 −27648~27648，并呈线性关系，单极性信号对应的数值范围为 0~27648，如 0~10V、0~20mA 和 4~20mA 都对应 0~27648。

对于上面的各种模拟量输入信号的对应关系，需要编写相应的处理程序来将 PLC 内部的数值转换为对应的实际工程量的值，因为工艺要求是基于具体的工程量进行的，如果不进行模拟量转换，就无法知道当前数值所对应的工程量值。

例如，某温度传感器的输入信号范围为 0~100℃，输出信号范围为 4~20mA，模拟量输入模块将 4~20mA 的电流信号转换为 0~27648 的数字量，设转换后的数字为 N，可以得到实际温度值的计算公式为

$$T=\frac{(100-10)N}{27648-0}+10$$

模拟输出量的分析过程与模拟输入量刚好相反，PLC 运算的工程量要转换成一个范围为 0~27648 或 ±27648 的数，再经 D/A 转换变为连续的电压/电流信号。

知识点 2：转换指令

S7-1200 PLC 的转换指令包括转换值指令、取整和截尾指令、浮点数向上取整和浮点数向下取整指令以及缩放和标准化指令。

1. 转换值指令

图 5-5 所示为转换值指令，转换值指令可将数据从一种数据类型转换为另一种数据类型。使用时单击指令方框中的问号位置，可以从下拉列表中选择输入数据类型和输出数据类型。转换值将在 OUT 端输出。

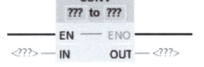

图 5-5 转换值指令

转换值指令支持的数据类型包括整数、双整数、浮点数、无符号短整数、无符号整数、无符号双整数、短整数、长浮点数、字、双字、字节等。

2. 取整和截尾指令

图 5-6 所示为取整和截尾指令，取整指令用于将浮点数转换为整数。浮点数的小数部分舍入为最接近的整数值。如果浮点数刚好是两个连续整数的一半，则浮点数舍入为偶数。

截尾指令同样用于将浮点数转换为整数，但浮点数的小数部分会被截成零。

3. 浮点数向上取整和浮点数向下取整指令

图 5-7 所示为浮点数向上取整和浮点数向下取整指令，浮点数向上取整指令用于将浮点

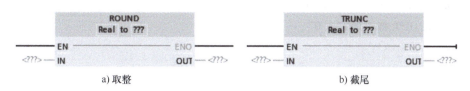

图 5-6 取整和截尾指令

图 5-7 浮点数向上取整和浮点数向下取整指令

数转换为大于或等于该浮点数的最小整数。浮点数向下取整指令用于将浮点数转换为小于或等于该浮点数的最大整数。

4. 缩放和标准化指令

（1）缩放指令

图 5-8 所示为缩放指令，其功能是将浮点数输入值 VALUE（0.0≤VALUE≤1.0）线性转换为下限值 MIN 和上限值 MAX 范围之间的数值，如图 5-9 所示。转换结果存储在 OUT 指定的地址中。

缩放指令输入端 MIN、MAX 和 VALUE 的数据类型为浮点数，输出端 OUT 的数据类型为整数或者浮点数。

5-2 "SCALE_X" 和 "NORM_X" 指令

缩放的计算公式为

$$OUT = [VALUE \times (MAX - MIN)] + MIN$$

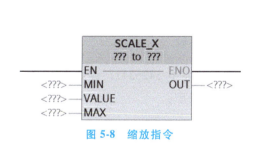

图 5-8 缩放指令

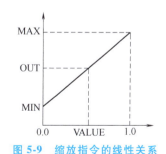

图 5-9 缩放指令的线性关系

（2）标准化指令

图 5-10 所示为标准化（NORM_X）指令，其功能是将 VALUE 中变量的值（MIN≤VALUE≤MAX）通过线性转换（即标准化，或称归一化）变为 0.0~1.0 之间的浮点数，如图 5-11 所示，转换结果存储在 OUT 端指定的地址中。

标准化指令输入端 MIN、MAX 和 VALUE 的数据类型是整数或者浮点数，输出端 OUT 的数据类型是浮点数，可以通过单击方框中的问号设置 VALUE 和 OUT 的数据类型。

标准化的计算公式为

$$OUT = (VALUE - MIN) / (MAX - MIN)$$

如果要标准化的值等于 MIN 中的值，则 OUT 将返回"0.0"。如果要标准化的值等于 MAX 的值，则 OUT 将返回"1.0"。

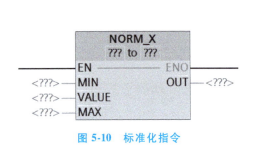

图 5-10 标准化指令

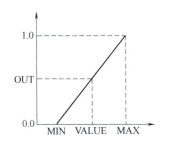

图 5-11 标准化指令的线性关系

例如，某温度传感器可检测的温度范围为 10~100℃，模拟量输出为 4~20mA，则将其测量值转换为工程量的程序如图 5-12 所示。

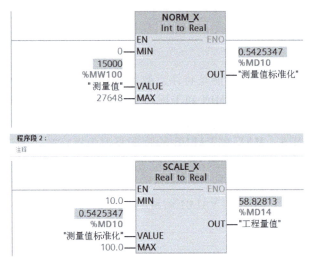

图 5-12 标准化和缩放指令应用示例

当测量值为 15000 时，通过标准化指令计算出的结果是 0.5425347，存储在 MD10 中，再通过缩放指令计算出工程量值为 58.82813，存储在 MD14 中。

知识点 3：比较器操作指令

1. 比较指令

比较指令用来比较数据类型相同的两个操作数 IN1 和 IN2 的大小，IN1 和 IN2 分别在触点的上方和下方，如图 5-13 所示。操作数可以是 I、Q、M、L 中的变量或常数。

图 5-13 比较指令　　5-3 比较器操作指令

可以将比较指令视为一个等效触点，在满足比较关系式给出的条件时，等效触点接通，比较的类型有"=="（等于）、"<>"（不等于）、">"（大于）、"≥"（大于等于）、"<"（小于）和"≤"（小于等于）共 6 种。

生成比较指令后，双击已有的比较符号，在下拉列表中可以选择其他比较符号。双击触点中间的比较符号下面的问号,可以设置操作数的数据类型。数据类型有位字符串、整数、浮点数、字符串、时间、日期、实时时间及时间和日期。

2. 值在范围内与值超出范围指令

图 5-14 所示为值在范围内指令 IN_RANGE 与值超出范围指令 OUT_RANGE。这两个指令同样可以视为等效触点,如果有"能流"流入指令框则执行比较,反之不执行。当值在范围内指令的参数 VAL 满足 MIN≤VAL≤MAX,或值超出范围指令的参数 VAL 满足 VAL<MIN 或 VAL>MAX 时,等效触点闭合,指令框变为绿色。不满足比较条件则等效触点断开,指令框变为蓝色的虚线。

图 5-14 值在范围内与值超出范围指令

指令中 MIN、MAX 和 VAL 的数据类型必须相同,可以是整数和浮点数,可以是 I、Q、M、L、D 中的变量或常数。

3. 应用示例

用接通延时定时器指令和比较指令组成占空比可调的脉冲发生器,程序如图 5-15 所示。T1 是接通延时定时器 TON 的背景 DB 的符号地址。T1.Q 是 TON 的位输出。

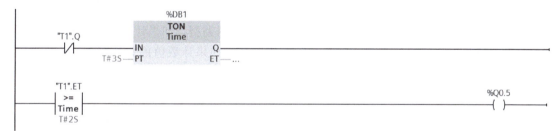

图 5-15 脉冲发生器程序

PLC 进入 RUN 模式时,TON 的 IN 端为 1 状态,定时器的当前值从 0 开始不断增大。在当前值等于预设值时,T1.Q 变为 1 状态,其常闭触点断开,定时器复位,随后 T1.Q 变为 0 状态。在下一个扫描周期中,其常闭触点接通,定时器又开始计时。TON 及其输出端 T1.Q 的常闭触点组成了一个脉冲发生器,用来产生脉冲宽度可调的方波,T1.ET 小于 2000ms 时,Q0.5 的状态为 0,大于 2000ms 时,Q0.5 的状态为 1。

比较指令上面的操作数 T1.ET 的数据类型为时间(Time),输入该操作数后,指令中">="符号下面的数据类型自动变为 Time。

知识点 4:计数器指令

计数器指令的作用是对内部程序事件和外部过程事件进行计数。每个计数器都使用 DB 中存储的结构来保存计数器数据。用户在编辑器中调用计数器指令时会分配相应的背景 DB。

S7-1200 PLC 有 3 种计数器指令:加计数器(CTU)、减计数器(CTD)和加减计数器(CTUD),如图 5-16 所示。

5-4 计数器指令

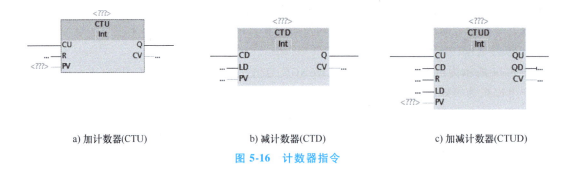

a) 加计数器(CTU)　　　　b) 减计数器(CTD)　　　　c) 加减计数器(CTUD)

图 5-16　计数器指令

计数器指令的参数、数据类型及说明见表 5-2。

表 5-2　计数器指令的参数、数据类型及说明

参数	数据类型	说明
CU,CD	Bool	加计数或减计数,按加 1 或减 1 计数
R(CTU,CTUD)	Bool	将计数值重置为零
LD(CTD,CTUD)	Bool	预设值的装载控制
PV	SInt、Int、DInt、USInt、UInt、UDInt	预设值
Q,QU	Bool	CV≥PV 时为 1
QD	Bool	CV≤0 时为 1
CV	SInt、Int、DInt、USInt、UInt、UDInt	当前计数值

计数器指令的计数范围取决于所选用的计数值的数据类型,如果计数值的数据类型是无符号整数,则可以减计数到零或者加计数到范围限值,如果计数值的数据类型是有符号整数,则可以减计数到负整数限值或加计数到正整数限值。可以在指令名称的下拉列表中选择计数值的数据类型。

1. 加计数器指令

图 5-17 所示为加计数器指令时序图。加计数器指令在复位输入端 R 为 0 的状态下,当加计数脉冲输入端 CU 的值从 0 变为 1 时,当前计数值 CV 加 1,在 CV 达到所指定数据类型的上限值后 CU 的状态变化不再起作用,CV 的值不再增加。当 CV 大于或等于预设值 PV 时,输出端 Q=1,反之为 0。R 的值从 0 变为 1 时,CV 被复位为 0,Q 也变为 0 状态。第一次执行加计数器指令时,需要对该指令执行复位操作。

图 5-17　加计数器指令时序图

2. 减计数器指令

图 5-18 所示为减计数器指令时序图。在减计数器指令中,当装载输入参数 LD 的值从 0 变为 1 时,输出端 Q 被复位为 0,并把预设值 PV 装入 CV。当参数 CD 的值从 0 变为 1 时,当前计数值 CV 减 1,直到达到所指定数据类型的下限值,此后 CV 的值不再减小。当 CV 的值小于或等于 0 时,Q 为 1,反之 Q 为 0。第一次执行该指令时,CV 应被清零。

3. 加减计数器指令

图 5-19 所示为加减计数器指令时序图。加计数端 CU 或减计数端 CD 的输入值从 0 变为

1 时，当前计数值 CV 加 1 或减 1。当前计数值 CV 大于或等于预设值 PV 时，输出端 QU = 1，反之为 0。如果当前计数值 CV 小于或等于 0，输出端 QD = 1，反之为 0。当装载输入参数 LD 的值从 0 变为 1 时，预设值 PV 被装载到当前计数值 CV 中，QU 变为 1 状态，QD 被复位为 0 状态。当复位输入端 R 的值从 0 变为 1 时，当前计数值 CV 被复位为 0，QU 变为 0 状态，QD 变为 1 状态。

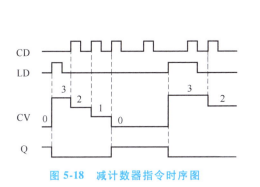

图 5-18 减计数器指令时序图

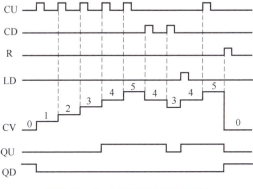

图 5-19 加减计数器指令时序图

知识点 5：S7-1200 PLC 的硬件接线

PLC 的接线包括电源接线、数字量输入/输出接线和模拟量模块接线。S7-1200 PLC 根据供电方式和输出形式的不同分为 3 个版本，具体信息见表 5-3。

表 5-3 S7-1200 PLC 的版本

版本	电源电压	DI 输入电压	DQ 输出电压	DQ 输出电流
DC/DC/DC	DC 24V	DC 24V	DC 24V	0.5A，MOSFET
DC/DC/Rly	DC 24V	DC 24V	DC 5~30V，AC 5~250V	2A，DC 30W/AC 200W
AC/DC/Rly	AC 120~240V	DC 24V	DC 5~30V，AC 5~250V	2A，DC 30W/AC 200W

5-5 S7-1200 PLC 的硬件接线

（1）电源接线

S7-1200 PLC 的供电电源可以是 110V 或 220V 交流电源，也可以是 24V 直流电源。

1）交流电源供电接线：对于 AC/DC/Rly 型 PLC，采用交流电源供电，供电接线端子为 L1 和 N，工作时通过低压断路器引入 AC 120~240V 的电压。

2）直流电源供电接线：对于 DC/DC/DC 和 DC/DC/Rly 型 PLC，采用直流电源供电，供电接线端子为 L+和 M，电压为 24V，需要通过开关电源为其供电。

（2）数字量输入接线

数字量输入有源型和漏型两种类型。S7-1200 PLC 集成的输入点和信号模块的所有输入点都既支持源型输入又支持漏型输入，而信号板的输入点只支持源型输入或者漏型输入中的一种。数字量输入为无源触点（如行程开关、接点温度计或压力计）时，其接线示意如图 5-20 所示。

对于有源直流输入信号，其电压一般都是 5V、12V、24V 等。PLC 输入点的最大电压是 30V，有源直流输入信号和其他无源开关量信号以及其他来源的直流电压信号混合接入 PLC 输入点时，应注意电压的 0V 点一定要连接好，如图 5-21 所示。

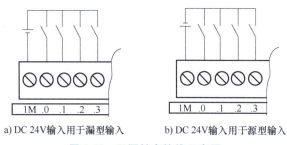

a) DC 24V 输入用于漏型输入　　b) DC 24V 输入用于源型输入

图 5-20　无源触点接线示意图

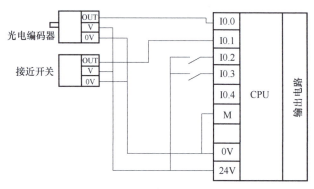

图 5-21　有源直流输入接线示意图

（3）数字量输出接线

数字量输出根据输出元器件的不同分为晶体管输出和继电器输出两种类型，接线示意如图 5-22 所示。

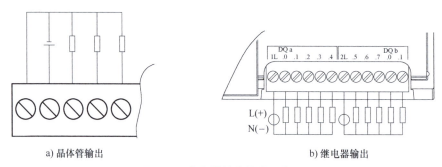

a) 晶体管输出　　　　　　　　　b) 继电器输出

图 5-22　数字量输出接线示意图

晶体管输出只支持直流负载，负载能力较弱（能驱动小型指示灯、小型继电器线圈等），响应相对较快。继电器输出既支持直流负载也支持交流负载，当 CPU 有两组数字量输出时，两组端子可接入不同的电源类型。继电器输出的负载能力较强（能驱动接触器等），响应相对较慢。

（4）模拟量模块接线

S7-1200 PLC 的模拟量模块接线方式如图 5-23 所示，可分为二线制、三线制和四线制接线。

1）二线制：两根线既传输电源又传输信号，也就是传感器输出的负载和电源是串联在

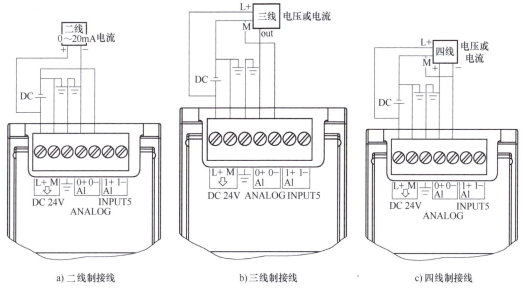

图 5-23 模拟量模块接线方式

一起的，电源从外部引入，和负载串联在一起来驱动负载。

2) 三线制：三线制的电源正端和信号输出正端分离，但它们共用一个 COM 端。

3) 四线制：电源两根线，信号两根线，电源和信号是分开的。

一起接线错误引起的事故分析

在电气设备安装和维护过程中，接线是一个重要环节。正确接线可以保证设备的正常运行，而接线错误则可能会导致设备损坏，甚至引起安全事故。

(1) 事故经过

事故发生在一家制药厂的生产车间。该车间有一台配重称重设备，用于配制原料。在一次对该设备进行的维护中，维护人员需更换称重传感器。在更换时，虽然传感器的型号有所更新，但维护人员并没有调整传感器接线，而是按照旧传感器的接线方式进行接线。

当设备重新运行后，发现称重数据持续偏大，严重影响生产。经过查找，发现该问题是传感器接线错误导致的，在重新调整接线后问题得以解决，但此时已经造成了一定的损失。

(2) 事故原因

事故发生的原因主要是维护人员的接线错误。维护人员没有及时了解新传感器的接线方式，而是按照旧传感器的接线方式进行接线的。该错误虽然看似简单，但实际上可能造成的后果是严重的。因为传感器的接线错误，导致称量数据偏大，可能会使设备损坏，甚至可能引起安全事故。

除了维护人员的责任外，还需要对厂家在更换传感器型号时的合理性进行评估，制造厂家应该提供清晰明了的接线说明，以降低接线错误的发生概率。

(3) 事故分析

从这起事故中可以发现，一个看似简单的接线错误可能引发严重后果。在进行设备维护时，一定要严格遵守接线图，并注意验证电气接线的正确性。另外，在更换设备或配件时，一定要仔细查看说明书，并根据说明书正确接线，以免出现接线错误。

五、项目实施

任务1：确定电气元件

图 5-24 所示为本项目的气动回路图。

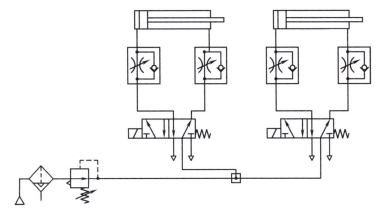

图 5-24　气动回路图

根据本项目的控制要求和气动回路图，确定的电气元件明细见表 5-4。

表 5-4　项目五的电气元件明细表

序号	电气元件名称	数量	备注
1	按钮	2	启动与停止
2	磁性开关	1	气缸限位检测
3	光电传感器	1	产品计数
4	电磁阀	2	气缸换向阀
5	接触器	1	带式输送机控制

任务2：分配 I/O 地址

根据控制要求分析其输入和输出元件，完成 I/O 地址分配表，见表 5-5。

表 5-5　项目五的 I/O 地址分配表

输入				输出			
序号	地址	符号	设备名称	序号	地址	符号	设备名称
1	I0.0	SB1	启动按钮	1	Q0.0	Y1	电磁阀1
2	I0.1	SB2	停止按钮	2	Q0.1	Y2	电磁阀2
3	I0.2	B1	磁性开关	3	Q0.2	KM1	接触器
4	I0.3	B2	光电传感器				

任务3：完成 I/O 接线图

质量检测控制系统的 I/O 接线图如图 5-25 所示。

项目五 质量检测控制系统设计

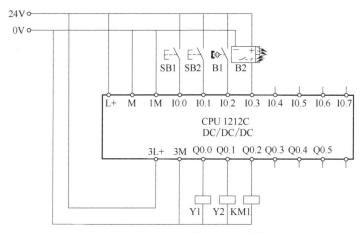

图 5-25 质量检测控制系统的 I/O 接线图

任务 4：创建变量表

新建一个工程项目，项目命名为"质量检测控制系统"。添加 PLC 并配置属性，启用 PLC 的系统和时钟存储器，采用默认地址。根据 I/O 地址分配表创建变量表并定义变量，如图 5-26 所示。

任务 5：编写 PLC 程序

图 5-27 所示为质量检测控制系统的控制程序。程序段 1 为初始化程序。程序段 2 为系统启停程序。程序段 3 为模拟量处理程序，产品质量存储在 MD110 中。程序段 4 为产品质量判别程序，当产品质量大于等于 0.5 且小于等于 190.0，或者大于等于 210.0 时，为不合格产品，气缸 2 起动，将产品剔除出生产线；当产品质量大于等于 190.0 且小于等于 210.0 时，为合格产品，气缸 1 起动，将产品推送到带式输送机上，同时通过加计数器进行计数，计数值达到 10 时，起动带式输送机。程序段 5 为带式输送机起停控制程序。

图 5-26 质量检测控制系统变量表

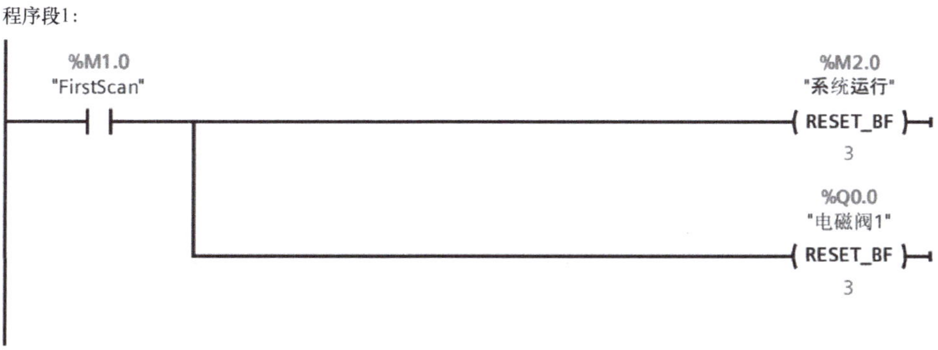

程序段1：

```
  %M1.0                                      %M2.0
"FirstScan"                                "系统运行"
─┤├──────────────────────────────────────( RESET_BF )
                                                3

                                              %Q0.0
                                            "电磁阀1"
         ─────────────────────────────────( RESET_BF )
                                                3
```

图 5-27 质量检测控制系统控制程序

103

程序段2：

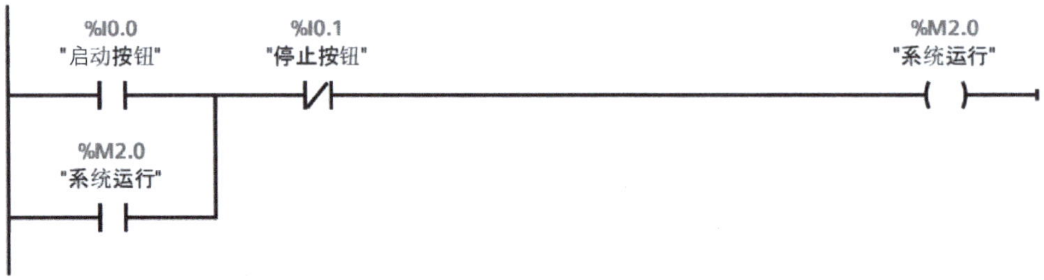

```
   %I0.0         %I0.1                                    %M2.0
  "启动按钮"    "停止按钮"                                "系统运行"
 ───┤├────┬─────┤/├──────────────────────────────────────( )───
         │
   %M2.0 │
  "系统运行"
 ───┤├────┘
```

程序段3：

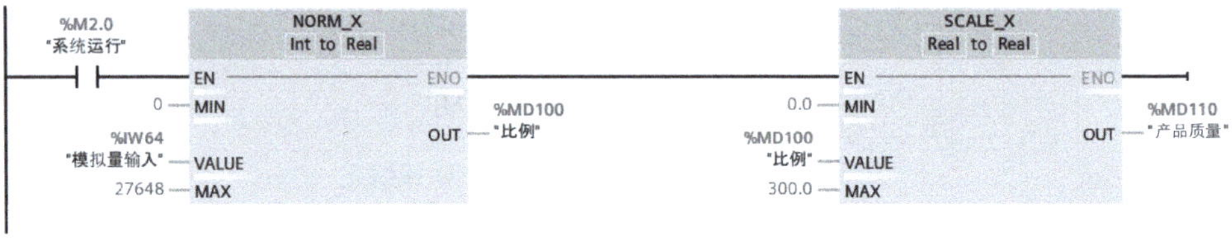

```
  %M2.0           NORM_X                          SCALE_X
 "系统运行"      Int to Real                     Real to Real
 ───┤├───────── EN        ENO ──────────────── EN        ENO ──
           0 ─ MIN              %MD100    0.0 ─ MIN              %MD110
      %IW64                     "比例"        %MD100             "产品质量"
    "模拟量输入"─ VALUE                        "比例"─ VALUE
        27648 ─ MAX              OUT─          300.0 ─ MAX        OUT─
```

程序段4：

```
  %M2.0      %MD110      %MD110                              %Q0.1
 "系统运行"  "产品质量"  "产品质量"                          "电磁阀2"
 ───┤├───────┤>=├───────┤<=├──────────────────────────────( )───
             Real        Real
             1.0         190.0

             %MD110
             "产品质量"
             ──┤>├──
             Real
             210.0

             %MD110      %MD110                              %Q0.0
             "产品质量"  "产品质量"                          "电磁阀1"
             ──┤>=├─────┤<=├──────────────────────────────(S)───
             Real        Real
             190.0       210.0

                                      %DB1
                                    "产品计数器"
  %I0.2                                CTU                   %M2.2
 "磁性开关"                             Int                "计数器复位"
 ───┤N├────────┬───────────────── CU        Q ──────────────( )───
   %M2.1       │         %M2.2
 "边沿检测位"  │       "计数器复位"               %MW120
              │            ─── R        CV ──"计数器当前值"
              │         10 ─── PV
              │
              │                                              %Q0.0
              │                                            "电磁阀1"
              └──────────────────────────────────────────(R)───
```

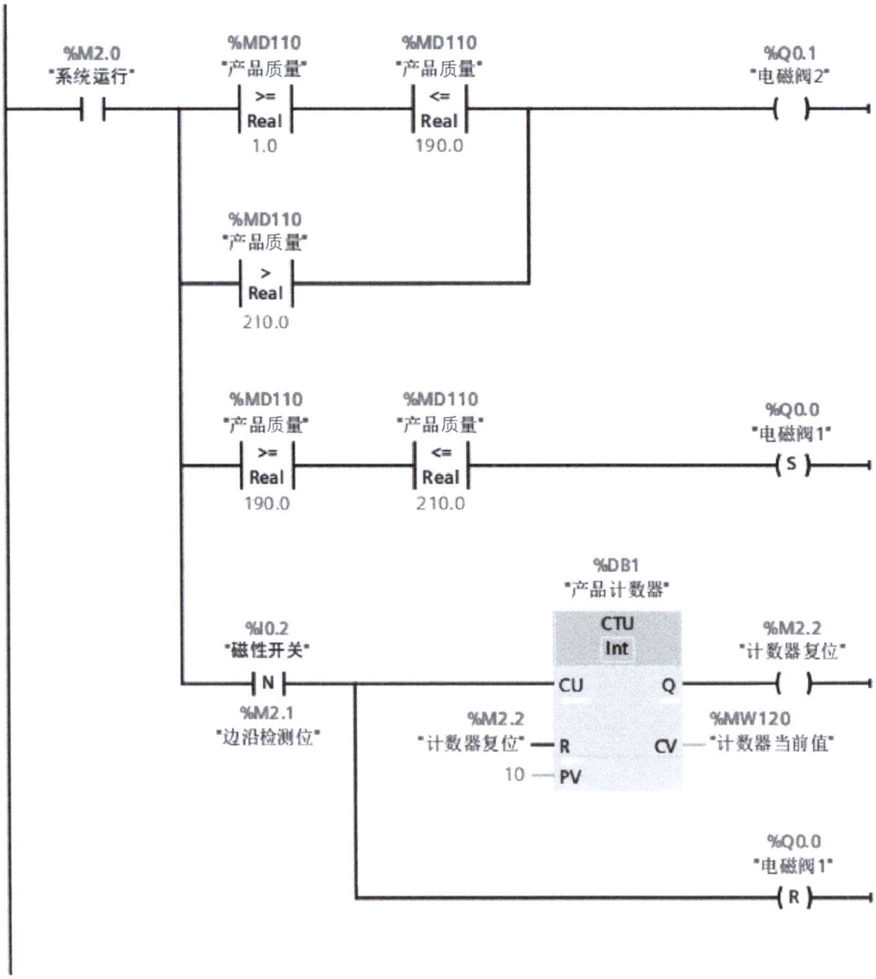

图 5-27　质量检测控制系统控制程序（续）

程序段5：

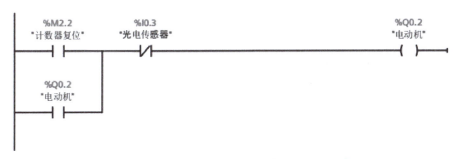

图 5-27　质量检测控制系统控制程序（续）

任务 6：仿真调试

用程序状态或监控表对程序进行仿真调试，修改变量，查看仿真运行结果是否与控制要求拟实现的结果一致，如果不一致需进行修改完善。在仿真过程中，应记录出现的问题和解决措施。

出现的问题：

_____

_____

解决措施：

_____

_____

任务 7：技术文档整理

按照项目需求，整理出项目技术文档，主要包括控制工艺要求、I/O 地址分配表、电气原理图和梯形图程序等。

六、项目复盘

本项目选择产品质量检测控制系统为载体，学习了模拟量处理的基础知识及相关指令，包括转换指令、比较器操作指令和计数器指令。通过任务实施，可以独立完成简单的项目，从电气元件选型到硬件电路设计，再到完成梯形图程序的编写和仿真。

1. 模拟量的处理

1）在工业生产过程中，通常先用各种传感器将物理量变换成_____信号，然后再将这些信号接到_____上，将数据传入 PLC 内部。

2）模拟量经过模/数（A/D）转换器后转换为数值并输入 PLC，需要编写相应的处理程序来将这些数值转换为对应的实际工程量的值，需要用_____和_____指令。

3）简述模拟量→数值→工程量的转换过程。

2. PLC 的硬件接线

1）PLC 的硬件接线包括 _____ 接线、_____ 接线和 _____ 接线。

2）简述数字量输入/输出接线的特点。

_____

_____

3. PLC 的系统设计

1）简述 PLC 控制系统的设计流程与步骤。

_____

2）PLC 控制系统的设计主要包括软件设计和硬件设计，软件设计包括：_____ _____；硬件设计包括：_____。

4. 总结归纳

通过质量检测控制系统的设计和实施，对所学、所获进行归纳总结。

_____

_____

_____

七、知识拓展

知识点 1：字逻辑运算指令

知识点 2：数学功能指令

知识点 3：PLC 的系统设计

八、思考与练习

1）PLC 如何通过模拟量控制现场设备？

2）计数器指令的计数范围取决于什么？

3）加计数器指令输出端 Q 为 1 的条件是：_____。减计数器指令输出端 Q 为 1 的条件是：_____。加减计数器指令输出端 QU 的状态变为 1 的条件是：_____，输出端 QD 的状态变为 1 的条件是：_____。

4）S7-1200 PLC 集成的输入点和信号模块的输入点支持的输入类型有_____，信号板的输入点支持的输入类型有_____。

5）简述晶体管输出和继电器输出的区别。

6）简述模拟量模块 3 种接线方式的特点。

项目六

气动搬运单元控制系统设计

一、项目引入

1. 项目描述

图 6-1 所示为气动搬运单元，其在自动化控制系统中广泛用于物料的搬运。该气动搬运单元是由无杆气缸、直线气缸和手指气缸组成的 2 自由度的操作机构，用于实现工件在平面内的搬运。

该气动搬运单元的气动回路如图 6-2 所示。A 为无杆气缸，当三位五通电磁阀线圈 1Y1 得电、1Y2 失电时，阀芯处于左位，滑块向左移动；当 1Y1 失电、1Y2 得电时，阀芯

图 6-1 气动搬运单元

处于右位，滑块向右移动；当1Y1 和 1Y2 均失电时，阀芯处于中间位置，滑块停止移动。B 为手指气缸，当电磁阀线圈 2Y1 得电、2Y2 失电时，手爪张开；当 2Y1 失电、2Y2 得电时，手爪夹紧。C 为直线气缸，当电磁阀线圈 3Y1 通电时，阀芯处于左位，活塞杆伸出（下

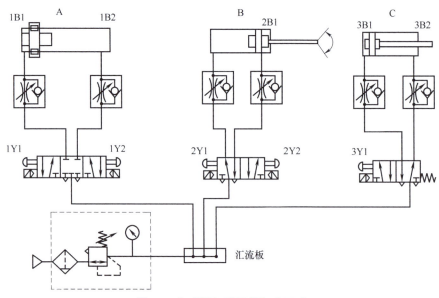

图 6-2 气动搬运单元的气动回路

降），当 3Y1 断电时，阀芯处于右位，活塞杆缩回（上升）。气动搬运单元的初始位置为：无杆气缸处于左极限位置，直线气缸活塞杆处于缩回（上极限）状态，手爪处于张开状态。

1B1、1B2、2B1、3B1 和 3B2 为磁性开关，用于检测活塞的位置。

2. 控制要求

1）设备起动之前应进行复位，使设备恢复到初始位置。

2）具有手动控制和自动控制两种模式，在系统处于手动控制模式时，按下启动按钮，气动搬运单元开始工作，从 A 点搬运工件到 B 点，然后回到初始状态停止运行。如果系统处于自动控制模式，则往复循环上述动作。

3）在自动控制模式下按下停止按钮，系统应在执行完当前的动作后回到初始位置。

二、学习目标

1）能够利用经验设计法编写简单的梯形图程序。
2）能够根据控制要求绘制顺序功能图。
3）掌握顺序控制程序的设计方法。
4）能够根据顺序功能图编写梯形图程序。
5）培养学生脚踏实地的工作态度和求真务实的工作作风。
6）培养学生严谨的逻辑思维能力。

三、项目任务

1）分析气动搬运单元的控制要求，完成电气控制系统硬件电路的设计。
2）绘制气动搬运单元的顺序功能图。
3）编制 PLC 应用程序。
4）用程序状态或监控表对程序进行仿真调试。
5）完成技术文档整理。

四、知识获取

知识点 1：梯形图的经验设计法

PLC 的产生和发展与继电-接触器控制系统密切相关，可以采用继电器电路图的设计思路来进行 PLC 程序的设计，即在一些典型梯形图程序的基础上，结合实际控制要求和 PLC 的工作原理不断修改和完善，这种方法称为经验设计法。

6-1 梯形图的经验设计法

1. 起保停程序

图 6-3 所示为起保停程序，该程序最主要的特点是具有"记忆"功能，按下起动按钮，I0.0 的常开触点接通，Q0.0 的线圈"通电"，同时其常开触点接通。松开起动按钮，I0.0 的常开触点断开，"能流"经 Q0.0 的常开触点和 I0.1 的常闭触点流过 Q0.0 的线圈，Q0.0 依然为 1 状态，这就是所谓的"自锁"或"自保持"功能。按下停止按钮，I0.1 的常闭触点断开，使 Q0.0 的线圈"断电"，其常开触点断开。即使松开停止按钮，I0.1 的常闭触点恢复接通状态，Q0.0 的线圈依然"断电"。

通过分析，可以看出这种电路具有起动、保持和停止的功能，这也是其名称的由来。在

图 6-3 起保停程序

实际的电路中,起动信号和停止信号可能由多个触点或者比较等其他指令的相应触点串联构成。

2. 三相异步电动机正反转控制电路

图 6-4 所示为三相异步电动机正反转控制电路。KM1 和 KM2 分别是控制正转运行和反转运行的交流接触器。用 KM1 和 KM2 的主触点改变进入三相异步电动机的三相电源的相序,就可以改变电动机的旋转方向。FR 是热继电器,在电动机过载时,经过一定的时间之后,它的常闭触点断开,使 KM1 或 KM2 的线圈断电,电动机停转。控制电路由两个起保停电路组成,为了节省触点,FR 和 SB1 的常闭触点供两个起保停电路共用。

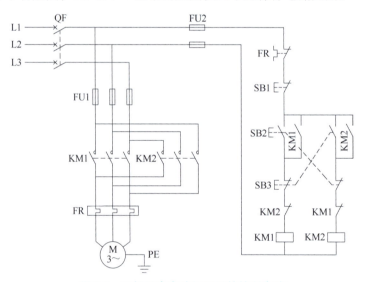

图 6-4 三相异步电动机正反转控制电路

按下正转起动按钮 SB2,KM1 的线圈通电并自保持,电动机正转运行。按下反转起动按钮 SB3,KM2 的线圈通电并自保持,电动机反转运行。按下停止按钮 SB1,KM1 或 KM2 的线圈断电,电动机停止运行。

为了方便操作和保证 KM1 与 KM2 不会同时动作,在电路中设置了机械互锁,将正转起动按钮 SB2 的常闭触点与控制反转的 KM2 的线圈串联,将反转起动按钮 SB3 的常闭触点与控制正转的 KM1 的线圈串联。如果电动机需要反转,可以不按停止按钮 SB1,直接按反转起动按钮 SB3,此时它的常闭触点断开,使 KM1 的线圈断电,同时 SB3 的常开触点接通,使 KM2 的线圈得电,电动机由正转变为反转。

由主电路可知,如果 KM1 和 KM2 的主触点同时闭合,将会造成三相电源相间短路的故障。在控制电路中,KM1 的线圈串联了 KM2 的常闭辅助触点,KM2 的线圈串联了 KM1 的常闭辅助触点,组成了电气互锁。假设 KM1 的线圈得电,其主触点闭合,电动机正转。因为 KM1 的常闭辅助触点与主触点是联动的,所以此时与 KM2 的线圈串联的 KM1 的常闭触点断开,在按下反转起动按钮 SB3 之后,要等到 KM1 的线圈断电,它在主电路的常开触点断开,常闭辅助触点闭合,KM2 的线圈才会通电,因此这种互锁电路可以有效地防止三相电源相间短路故障。

用 PLC 控制电动机实现正反转时,首先应确定 PLC 的输入信号和输出信号。3 个按钮和热继电器的常开触点用于发出指令信号,所以作为输入元件连接到 PLC 的输入端,两个交流接触器的线圈是 PLC 输出端的负载。PLC 的外部接线如图 6-5 所示。

画出 PLC 的外部接线图后,同时也确定了外部输入/输出信号与 PLC 内的过程映像输入/输出位的地址之间的关系。可以将继电器电路图转换为梯形图,即采用与继电器电路完全相同的结构来画梯形图,如图 6-6 所示,在程序中分别用两个梯形图来控制 Q0.0 和 Q0.1,电路的逻辑关系比较清晰。虽然多用了一个 I0.2 的常闭触点,但是并不会增加硬件成本。

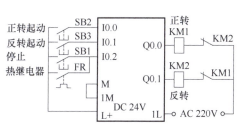 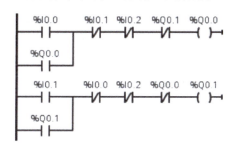

图 6-5 PLC 的外部接线　　　　图 6-6 三相异步电动机正反转控制梯形图

在程序中使用了 Q0.0 和 Q0.1 的常闭触点组成的软件互锁电路。如果没有 PLC 输出端的电气互锁电路,从正转马上切换到反转时,由于切换过程中电感的延时作用,可能会出现原来接通的接触器的主触点还未断弧,另一个接触器的主触点已经合上的现象,从而造成三相电源相间短路故障。

此外,如果 PLC 控制电路中没有设置电气互锁,且因为主电路电流过大或接触器质量不好,某一接触器的主触点被断电时产生的电弧熔焊而被粘结,则其线圈断电后主触点仍然是接通的。这时如果另一个接触器的线圈通电,也会造成三相电源相间短路故障。为了防止出现这种情况,应在 PLC 外部设置由 KM1 和 KM2 的常闭辅助触点组成的电气互锁电路,假设 KM1 的主触点被电弧熔焊,这时它与 KM2 线圈串联的辅助常闭触点处于断开状态,因此 KM2 的线圈不可能得电。

用经验设计法设计梯形图时,没有一套固定的方法和步骤可以遵循,具有很大的试探性和随意性,对于不同的控制系统,没有一种通用的容易掌握的设计方法。在设计复杂系统的梯形图时,会用大量的中间单元来完成记忆、互锁等功能。由于需要考虑的因素很多,它们往往又交织在一起,分析起来非常困难,并且很容易遗漏一些应该考虑的问题。修改某一局部电路时,很可能会"牵一发而动全身",对系统的其他部分产生意想不到的影响,因此梯形图的修改也很麻烦,往往花了很长的时间还得不到一个满意的结果。用经验设计法设计的复杂的梯形图很难阅读,给系统的维修和改进带来了很大的困难,且设计所用的时间、设计的质量与设计者的经验有很大的关系,所以经验设计法一般仅适用于简单的梯形图设计。

知识点 2：顺序功能图

顺序控制设计法是一种先进的设计方法，很容易被初学者接受，该方法能提高设计效率，程序的调试、修改和阅读也很方便。顺序控制，就是指按照生产工艺预先规定的顺序，在各个输入信号的作用下，根据内部状态和时间的顺序，在生产过程中各个执行机构自动有秩序地进行操作。依照顺序控制的逻辑关系进行程序设计会提高设计的效率，且程序的调试、修改和阅读也很方便。

6-2 顺序功能图及其绘制方法

顺序功能图（Sequential Function Chart，SFC）是顺序控制设计法的基础，在 PLC 编程设计中，顺序功能图是一种真正的图形化的编程语言，对一个顺序控制问题，不管有多复杂，都可以用图形的方式把问题表达或叙述清楚，这样的程序设计方法简单，而且设计出来的程序也清晰许多。

现在大部分基于 IEC 61131-3 编程的 PLC 都支持顺序功能图，可使用顺序功能图直接编程，用户在编程软件中生成顺序功能图后便完成了编程，如西门子 S7-300/400 PLC 中的 S7 Graph 编程语言。但是还有相当多 PLC（包括 S7-1200 PLC）没有配备顺序功能图语言，对于这类 PLC，可以用顺序功能图来描述系统的功能，即设计顺序功能图，然后将其转化为梯形图程序并完成程序设计。虽然此时存在一定的顺序功能图绘制和指令转化的工作，但这种方法也是一种有效的编程方法。

1. 顺序功能图的基本元件

以图 6-7 所示小车往返运行控制为例来说明顺序功能图的基本元件。小车开始时停在最左边，限位开关 I0.2 为 1 状态。按下起动按钮，Q0.0 变为 1 状态，小车右行。碰到右限位开关 I0.1 时，Q0.0 变为 0 状态，Q0.1 变为 1 状态，小车改为左行。返回起始位置时，Q0.1 变为 0 状态，小车停止运行，同时 Q0.2 变为 1 状态，使制动电磁铁线圈通电，接通延时定时器 T1 开始定时。定时时间到，制动电磁铁线圈断电，系统返回初始状态。

小车往返运行控制是典型的顺序控制，可以采用图 6-8 所示的顺序功能图来描述该控制过程。顺序功能图是由步、初始步、转换条件、动作和有向连线等基本元素构成的。

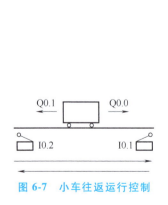

图 6-7 小车往返运行控制

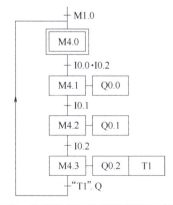

图 6-8 小车往返运行控制的顺序功能图

将系统的一个工作周期划分为若干个顺序相连的阶段，这些阶段称为步，并用编程元件来代表各步。步是根据输出量的状态变化来划分的，在任何一步之内，各输出量的 1、0 状态不变,但是相邻两步输出量总的状态是不同的,步的这种划分方法使代表各步的编程元件的状态与各输出量的状态之间有着极为简单的逻辑关系。

图 6-8 所示的顺序功能图包含以下几部分:内有编号的矩形框,如 M4.1 等,将其称为步,双线矩形框代表初始步,步里面的编号为步序。连接矩形框的带箭头的线称为有向连线。有向连线上与其垂直的短直线称为转换;与步并列的矩形框表示该步对应的动作或命令。

(1) 步

根据 Q0.0~Q0.2 状态的变化,将整个工作过程划分为 3 步,分别用 M4.1~M4.3 来代表这 3 步,另外还设置了一个等待起动的初始步,用双线矩形框表示。为了便于将顺序功能图转换为梯形图,用代表各步的编程元件的地址作为步的代号。

(2) 初始步与活动步

与系统的初始状态相对应的步称为初始步,初始状态一般是系统等待启动命令的相对静止的状态,初始步用双线矩形框来表示,每个顺序功能图至少应该有一个初始步。

系统正处于某一步所在的阶段时,称该步为活动步,可以通过编程元件的位状态来表征步的状态。步处于活动状态时,执行相应的动作。

(3) 与步对应的动作或命令

控制系统的每一步都要完成某些动作(或命令),当该步处于活动状态时,该步内相应的动作(或命令)被执行;反之则不被执行。与该步相关的动作(或命令)用矩形框表示,框内的文字或符号表示动作(或命令)的内容,该矩形框与相应步的矩形框相连。

如果某一步有几个动作,则要将几个动作全部标注在步的后面,可以平行并列排放,也可以上下排放,同一步的动作之间无顺序关系,如图 6-9 所示。

图 6-9 动作的两种排放方式

在顺序功能图中,动作(或命令)可分为"非存储型"或"存储型"。当相应步活动时,动作(或命令)即被执行,当相应步不活动时,如果动作(或命令)返回到该步活动前的状态,则是"非存储型"的。如果动作(或命令)继续保持它的状态,则是"存储型"的。

图 6-8 中的 Q0.0~Q0.2 均为非存储型动作,在步 M4.1 为活动步时,动作 Q0.0 为 ON,步 M4.1 为不活动步时,动作 Q0.0 为 OFF。T1 的线圈在步 M4.3 通电,所以将 T1 放在步 M4.3 的动作框内。

(4) 有向连线

在画顺序功能图时,将代表各步的矩形框按其成为活动步的先后次序顺序排列,并用有向连线将它们连接起来。步的活动状态默认的进展方向是从上到下或从左到右,在这两个方向的有向连线上的箭头可以省略。如果不是上述的方向,则应在有向连线上用箭头注明进展方向。如果在画图时有向连线必须中断,应在有向连线中断之处标明下一步的标号。

(5) 转换与转换条件

转换用有向连线上与有向连线垂直的短直线来表示,转换将相邻两步隔开,表示不同的步或者系统不同的状态。步的活动状态的进展是由转换的实现来完成的,并与控制过程的发展相对应。

使系统由当前步进入下一步的信号称为转换条件，转换条件可以是外部的输入信号，如按钮、限位开关等的接通/断开，也可以是PLC内部产生的信号，如定时器、计数器常开触点的接通等。转换条件还可以是若干个信号的与、或、非逻辑组合。

（6）子步

根据需要，在顺序功能图中，某一步又可分为几个子步，如图6-10所示。图6-10a是以简略形式表示的步2。图6-10b将步2细分为5个子步。使用子步可以使系统的设计者在总体设计时以更加简洁的方式表达系统的总体功能和概貌，从功能入手对整个系统简要地进行全面描述。在总体设计被确认后，再进行深入的细节设计。这样可使系统设计者在设计初期抓住系统的主要矛盾而免于陷入某些细节的纠缠，减少总体设计的错误。

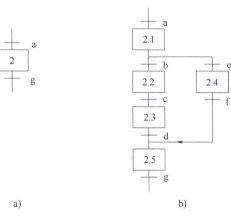

图 6-10　子步

学思践悟

通过对顺序功能图的学习不难发现，程序是逐步执行的，即上一步完成之后才能执行本步，本步执行完成之后才能继续执行下一步，中间有一个环节出错，程序都无法运行。其实，人生也像执行程序一样，如果中间一步走错，对后续的人生都会产生重大的影响。所以应该一步一个脚印，脚踏实地地学习和工作。

路程虽近，不走就只能是观"海市蜃楼"，看"镜中花，水中月"，永远达不到目标。事情虽小，不做就只能是任务落空，件件无着落，事事无回音，任何成功也是咫尺天涯。每一项事业都要以实为本，靠脚踏实地、真抓实干去完成。

2. 顺序功能图的基本结构

依据步之间的进展形式，顺序功能图有3种基本结构，分别是单序列结构、选择序列结构和并行序列结构，如图6-11所示。

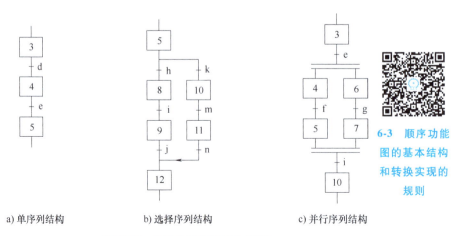

a) 单序列结构　　　b) 选择序列结构　　　c) 并行序列结构

6-3 顺序功能图的基本结构和转换实现的规则

图 6-11　顺序功能图的基本结构

(1) 单序列结构

单序列结构由一系列相继激活的步组成，每一步的后面仅有一个转换条件，每一个转换条件后面仅有一步，如图6-11a所示。

(2) 选择序列结构

图6-11b所示的结构称为选择序列结构。选择序列结构的开始称为分支，某一步的后面有几个步，当满足不同的转换条件时，转向不同的步。如果步5是活动步，并且转换条件 h=1，则步8变为活动步，而步5变为不活动步；如果步5是活动步，并且 k=1，则步10变为活动步，而步5变为不活动步；如果步5为活动步，并且 h=k=1，则存在一个优先级的问题，一般只允许选择一个序列。

选择序列结构的结束称为合并。几个选择序列合并到同一个序列上，各个序列上的步在各自的转换条件满足时转换到同一步。如果步9是活动步，并且转换条件 j=1，则步12变为活动步，而步9变为不活动步；如果步11是活动步，并且 n=1，则步12变为活动步，而步11变为不活动步。

(3) 并行序列结构

图6-11c所示的结构为并行序列结构，并行序列结构用来表示系统的几个独立部分同时工作的情况。

并行序列结构的开始称为分支。当转换条件的实现导致几个序列同时激活时，这些序列称为并行序列，它们被同时激活后，每个序列中的活动步的进展是独立的。如果步3是活动步，并且转换条件 e=1，则步4和步6同时变为活动步，而步3变为不活动步。为了强调转换条件的同步实现，水平连线采用双线。步4和步6被同时激活后，每个序列中活动步的进展是独立的。在表示同步的水平双线上，只允许有一个转换符号。

并行序列结构的结束称为合并。在并行序列中，处于下方水平双线以上的各步都为活动步，且转换条件满足时，这些步即同时转换到同一步。如果步5和步7都为活动步，并且转换条件 i=1时，才有步10变为活动步，而步5和步7同时变为不活动步。

3. 顺序功能图中转换实现的基本规则

(1) 转换实现条件

在顺序功能图中，步的活动状态的进展是由转换的实现来完成的。转换的实现必须同时满足两个条件：

1) 该转换的所有前级步都是活动步。
2) 相应的转换条件得到满足。

这两个条件是缺一不可的，如果取消了条件1)，假设因为误操作按了启动按钮，在任何情况下都将使以启动按钮作为转换条件的后续步变为活动步，造成设备误动作。

(2) 转换实现应完成的操作

转换实现时应完成以下两个操作：

1) 使所有由有向连线与相应转换相连的后续步都变为活动步。
2) 使所有由有向连线与相应转换相连的前级步都变为不活动步。

以上规则可以用于任意结构中的转换，其区别如下：

1) 在单序列结构和选择序列结构中，一个转换仅有一个前级步和后续步。
2) 在并行序列结构的分支处，转换有几个后续步，在转换实现时应同时将其对应的编程元件置位。

3）在并行序列的合并处，转换有几个前级步，它们均为活动步时才有可能实现转换，在转换实现时应将它们对应的编程元件全部复位。

(3) 绘制顺序功能图时的注意事项

1）两个步绝对不能直接相连，必须用一个转换将它们分隔开。

2）两个转换也不能直接相连，必须用一个步将它们分隔开。1）和2）可以作为检查顺序功能图是否正确的判据。

3）顺序功能图中的初始步一般对应系统等待启动时的初始状态，不能遗漏。

4）实际控制系统应能多次重复执行同一工艺过程，因此在顺序功能图中一般应有由步和有向连线组成的闭环回路，即在完成一次工艺过程的全部操作之后，应该根据工艺要求返回初始步或下一工作周期开始运行的第一步。

5）在顺序功能图中，只有当某一步的前级步是活动步时，该步才有可能变成活动步。如果用没有断电保持功能的编程元件代表各步，在进入 RUN 工作方式时，它们均处于 OFF 状态，必须用第一个扫描周期置位的 M 位存储器的常开触点或者在启动组织块中置位作为转换条件，将初始步预置为活动步，否则顺序功能图中没有活动步，系统将无法工作。

知识点 3：顺序控制设计法

学习了绘制顺序功能图后，对于提供了顺序功能图编程语言的 PLC，在编程软件中生成顺序功能图后便完成了编程工作，而对于没有提供顺序功能图编程语言的 PLC，则需要根据顺序功能图编写梯形图程序。

使用顺序控制设计法时，首先应根据系统的工艺过程画出顺序功能图，然后根据顺序功能图编写梯形图程序。

顺序控制设计法是用输入量 I 控制代表各步的编程元件（例如位存储器 M），再用它们控制输出量 Q，如图 6-12 所示。所以在根据顺序功能图编写梯形图程序时，应按步进行编写，每一步的程序可以划分为两部分，即控制步的程序和输出电路的程序。

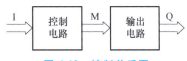

图 6-12　控制关系图

控制位存储器 M 程序的主要作用是在满足转换条件的情况下将当前步转换到下一步，实现方法是将当前步的状态与转换条件串联，使下一步变为活动步，同时使当前步变为不活动步。任何复杂系统的代表步的位存储器 M 的控制电路的设计方法是通用的，常用的有起保停程序、置位/复位指令等。步是根据输出量 Q 的状态划分的，M 与 Q 之间具有简单的逻辑关系，输出电路的设计也比较简单。

1. 使用起保停程序实现顺序控制设计

S7-1200 PLC 没有配备顺序功能图语言，因此可以利用继电-接触器控制电路设计中的起保停设计思路，把顺序功能图转换成梯形图。设计中需要注意的是，一方面使用起保停程序完成活动步自身状态的保持，执行相应的动作；另一方面在当前步转换到下一步时必须要完成对本步状态的复位。

(1) 单序列结构

图 6-13 所示为单序列结构顺序功能图，采用起保停程序将其转换为梯形图。

6-4　使用起保停程序实现顺序控制梯形图的设计方法

图 6-13 中步 M0.0 变为活动步的条件是 PLC 上电运行的第一个扫描周期（即 M1.0）或者 M0.3 为活动步且满足转换条件 I0.3，故 M0.0 的启动条件为两个，即 M1.0 和 M0.3+I0.3。由于这两个条件是瞬时起作用的，需要步 M0.0 来自锁。当步 M0.0 为活动步且转换条件 I0.0 满足时，步 M0.1 变为活动步而步 M0.0 变为不活动步，故步 M0.0 的停止条件为 M0.1 = 1。所以采用起保停程序即可实现顺序功能图中步 M0.0 的控制，如图 6-14 中的程序段 1 所示。同理可以写出 M0.1~M0.3 的梯形图，即程序段 2~程序段 4。

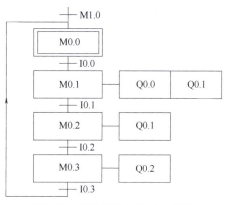

图 6-13 单序列结构顺序功能图

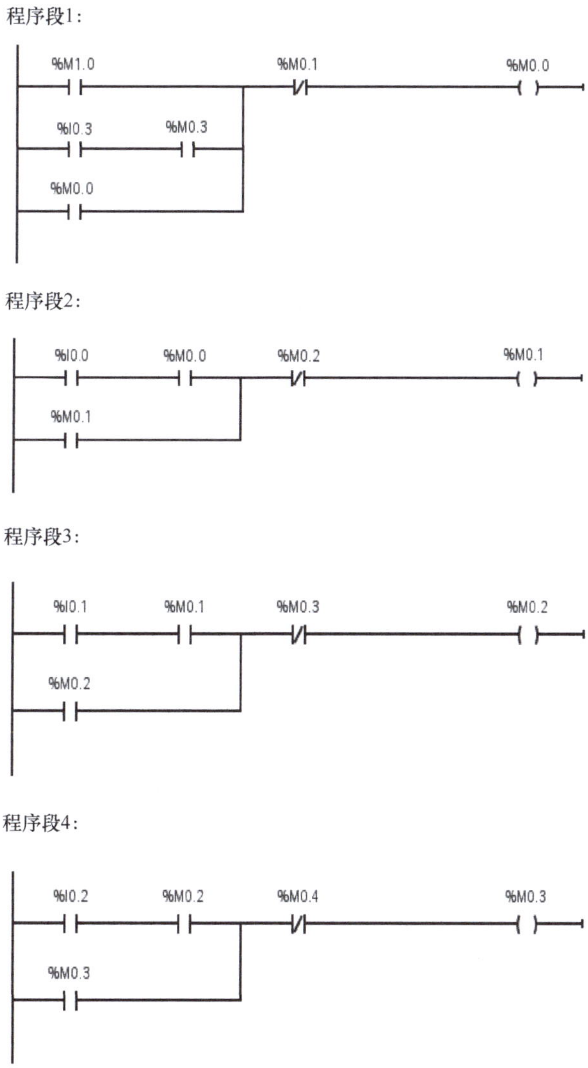

程序段1:

程序段2:

程序段3:

程序段4:

图 6-14 单序列结构梯形图

程序段5:

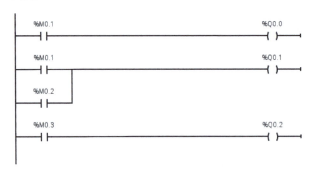

图 6-14 单序列结构梯形图（续）

在输出电路中，用所在步的位存储器的常开触点分别控制其对应的线圈。例如用 M0.2 的常开触点控制 Q0.1 的线圈。如果某个输出位在几步中都为 1 状态，应使用这些步对应的位存储器的常开触点的并联电路，来控制该输出位的线圈。

程序段 5 为步序标志控制操作动作的梯形图。根据图 6-13 所示的顺序功能图，步 M0.1 输出 Q0.0 和 Q0.1，在程序中应将 M0.1 的常开触点与 Q0.1 的线圈串联，实现了步 M0.1 输出 Q0.0，步 M0.1 和 M0.2 输出 Q0.1，步 M0.3 输出 Q0.2。

通过图 6-14 可以看出，整个程序分为两大部分，即转换条件控制步序标志部分和步序标志控制输出部分，这样的程序结构非常清晰，为以后的调试和维护提供了极大的方便。

（2）选择序列结构

图 6-15 所示为选择序列结构顺序功能图，下面采用起保停程序将其转换为梯形图。

由于步序标志控制输出的程序是类似的，在此省略步序后面的动作，而只说明如何实现步序标志的转换控制。

由图 6-15 可知，步 M0.1 变为活动步的条件是 M0.0+ I0.0，而步 M0.4 变为活动步的条件是 M0.0+I0.4，故起保停程序如图 6-16 中的程序段 2 和程序段 3 所示。这就是选择序列分支的处理，对于每一分支，可以按照单序列结构的方法进行编程。

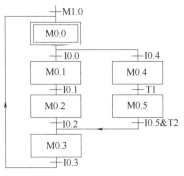

图 6-15 选择序列结构顺序功能图

步 M0.3 变为活动步的条件是 M0.2+I0.2 或者 M0.5+I0.5&T2，故控制 M0.3 的起保停程序如图 6-16 中的程序段 6 所示，这就是选择序列的合并处理。

程序段1:

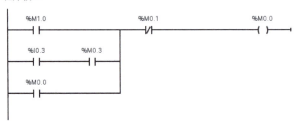

图 6-16 选择序列结构梯形图

程序段2:

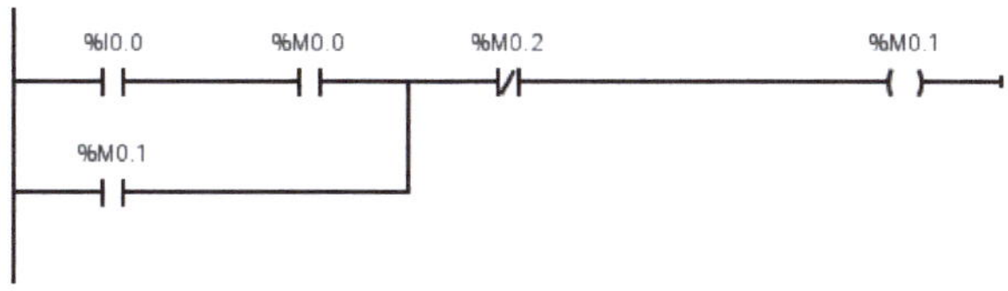

%I0.0
%M0.0
%M0.2
%M0.1
%M0.1

程序段3:

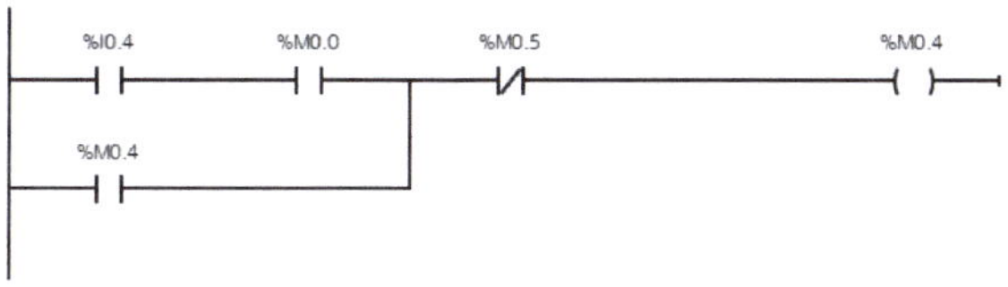

%I0.4
%M0.0
%M0.5
%M0.4
%M0.4

程序段4:

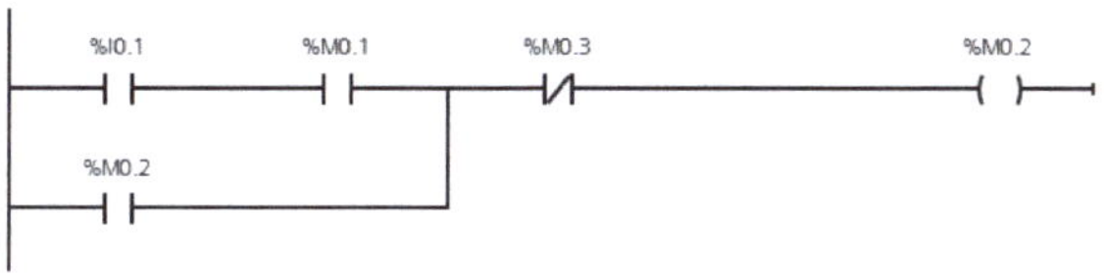

%I0.1
%M0.1
%M0.3
%M0.2
%M0.2

程序段5:

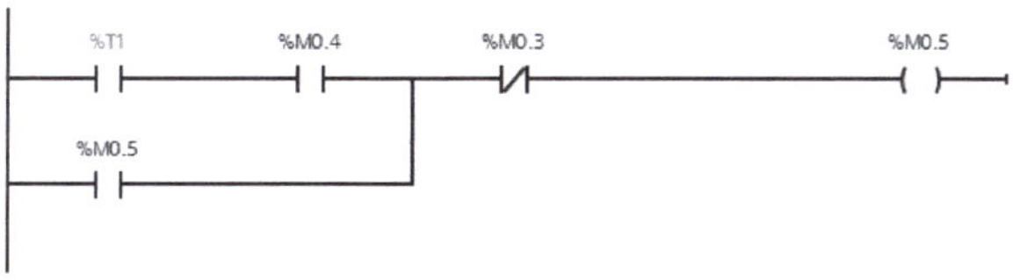

%T1
%M0.4
%M0.3
%M0.5
%M0.5

程序段6:

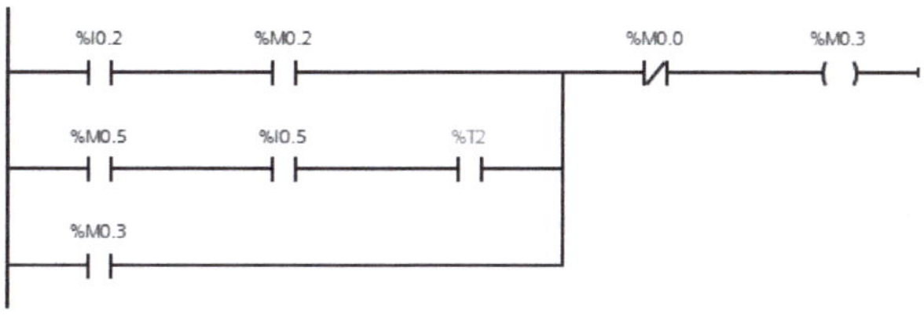

%I0.2
%M0.2
%M0.0
%M0.3
%M0.5
%I0.5
%T2
%M0.3

图 6-16　选择序列结构梯形图（续）

(3) 并行序列结构

图 6-17 所示为并行序列结构顺序功能图，采用起保停程序将其转换为梯形图后如图 6-18 所示。

M1.0
M0.0
I0.0
M0.1
M0.4
I0.1
T1
M0.2
M0.5
I0.2
M0.3
I0.3

图 6-17　并行序列结构顺序功能图

由图 6-17 可知，步 M0.1 变为活动步的条件是 M0.0+I0.0，步 M0.4 变为活动步的条件也是 M0.0+I0.0，即步 M0.1 和步 M0.4 在步 M0.0 为活动步且满足转换条件 I0.0 时同时变为活动步，故起保停程序如图 6-18 中的程序段 2 和程序段 3 所示。这就是并行序列分支的处理，对于每一分支，可以按照单序列结构的方法进行编程。

步 M0.3 变为活动步的条件是步 M0.2 和步 M0.5 同时

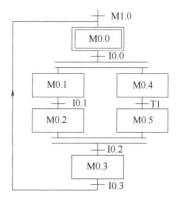

为活动步，且满足转换条件 I0.2，故控制 M0.3 的起保停程序如图 6-18 中的程序段 6 所示。这就是并行序列的合并处理。

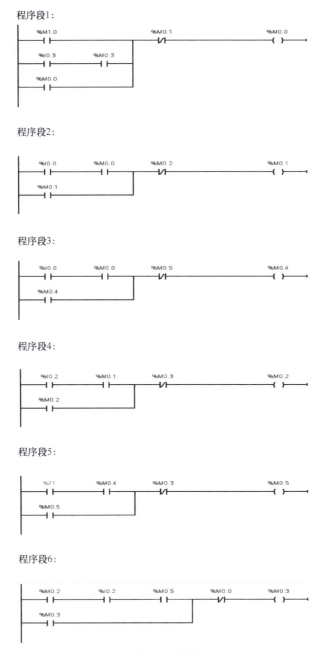

图 6-18　并行序列结构梯形图

2. 使用置位/复位指令实现顺序控制设计

使用置位/复位指令具有记忆保持功能的特点来将顺序功能图转化为梯形图，可以去掉起保停程序中的自锁和互锁触点，减少了程序的代码，提高了程序设计的效率，对于复杂顺序功能图的设计，该方法更能显现便利性。

设计思路如下：将前级步对应的存储器位的常开触点与转换条件对应的触点或电路串联，当转换条件具备时，前级步把后续步对应的存储器位置位，同时把前级步对应的存储器位复位，也就是说每一个转换对应一个置位和复位的电路块，从而完成步的转换。

6-5　使用置位/复位指令实现顺序控制梯形图的设计方法

（1）单序列结构

对于图 6-13 所示的单序列结构顺序功能图，采用置位/复位指令实现的梯形图程序如图 6-19 所示，程序段 1 的作用是初始化所有将要用到的步序标志。

由图 6-19 可知，上电运行或者步 M0.3 为活动步且满足转换条件 I0.3 时，都将使步 M0.0 变为活动步，且将步 M0.3 变为不活动步，采用置位/复位指令编写的梯形图程序如图 6-19 中的程序段 2 所示。同样，步 M0.0 为活动步且转换条件 I0.0 满足时，步 M0.1 变为活动步，而步 M0.0 变为不活动步，如图 6-19 中的程序段 3 所示。

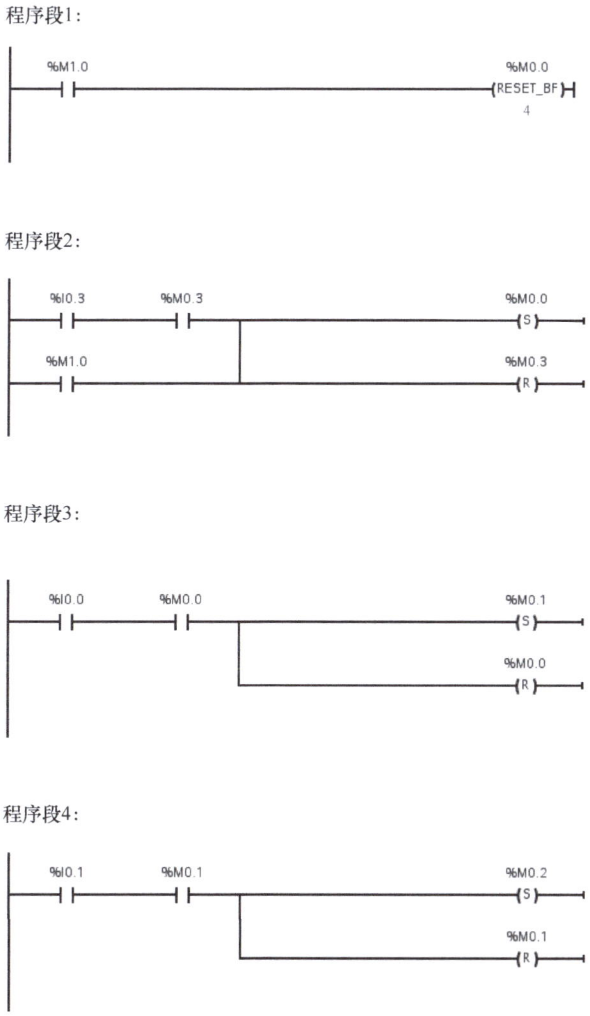

程序段1:

```
%M1.0                                    %M0.0
──┤ ├──────────────────────────────────(RESET_BF)
                                            4
```

程序段2:

```
%I0.3    %M0.3                           %M0.0
──┤ ├─────┤ ├────────┬───────────────────( S )
                     │                   %M0.3
%M1.0                │                   
──┤ ├────────────────┘───────────────────( R )
```

程序段3:

```
%I0.0    %M0.0                           %M0.1
──┤ ├─────┤ ├────────┬───────────────────( S )
                     │                   %M0.0
                     └───────────────────( R )
```

程序段4:

```
%I0.1    %M0.1                           %M0.2
──┤ ├─────┤ ├────────┬───────────────────( S )
                     │                   %M0.1
                     └───────────────────( R )
```

图 6-19　单序列结构顺序功能图的置位/复位法梯形图

程序段5:

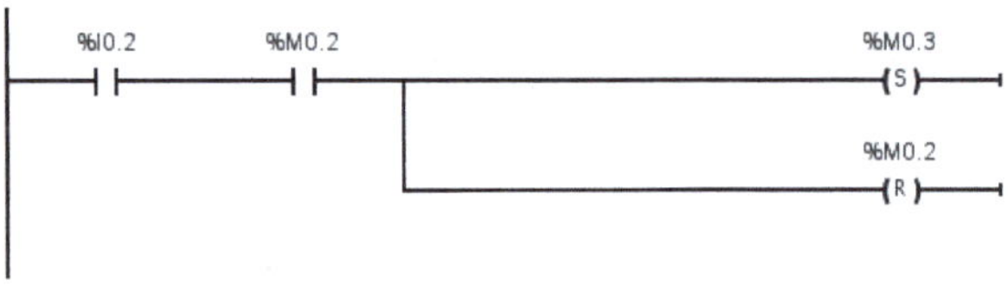

```
%I0.2    %M0.2                    %M0.3
──┤├──────┤├──────────────────────( S )──
                                   %M0.2
                                  ─( R )──
```

程序段6:

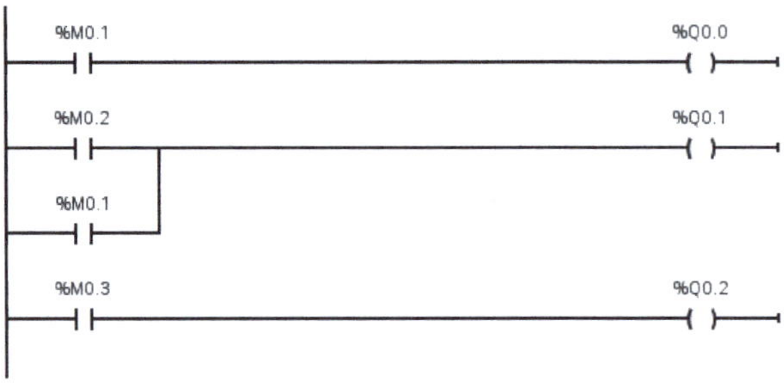

```
%M0.1                             %Q0.0
──┤├──────────────────────────────( )──

%M0.2                             %Q0.1
──┤├──────────────────────────────( )──
   │
%M0.1
──┤├──

%M0.3                             %Q0.2
──┤├──────────────────────────────( )──
```

图 6-19 单序列结构顺序功能图的置位/复位法梯形图（续）

（2）选择序列结构

对于图 6-15 所示的选择序列结构顺序功能图，采用置位/复位指令实现的梯形图程序如图 6-20 所示。选择序列的分支如图 6-20 中的程序段 3 和程序段 4 所示，选择序列的合并如图 6-20 中的程序段 7 所示。

程序段1:

```
%M1.0                             %M0.0
──┤├──────────────────────────(RESET_BF)──
                                   6
```

程序段2:

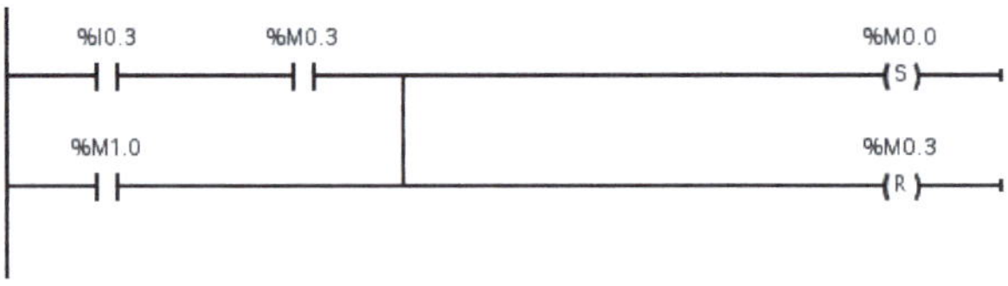

```
%I0.3    %M0.3                    %M0.0
──┤├──────┤├──────────────────────( S )──
%M1.0                             %M0.3
──┤├──────────────────────────────( R )──
```

程序段3:

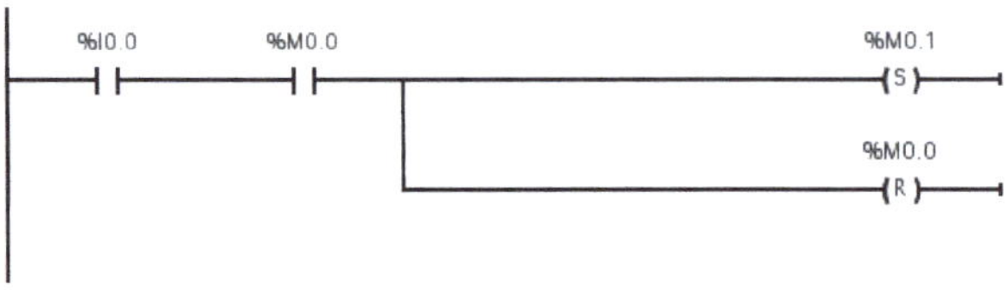

```
%I0.0    %M0.0                    %M0.1
──┤├──────┤├──────────────────────( S )──
                                   %M0.0
                                  ─( R )──
```

图 6-20 选择序列结构顺序功能图的置位/复位法梯形图

程序段4:

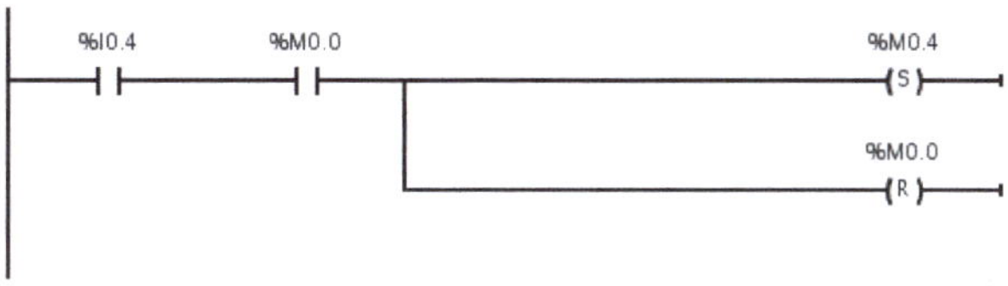

```
%I0.4    %M0.0                    %M0.4
─┤├──────┤├─────────────────────────(S)─
                                    %M0.0
                                    ─(R)─
```

程序段5:

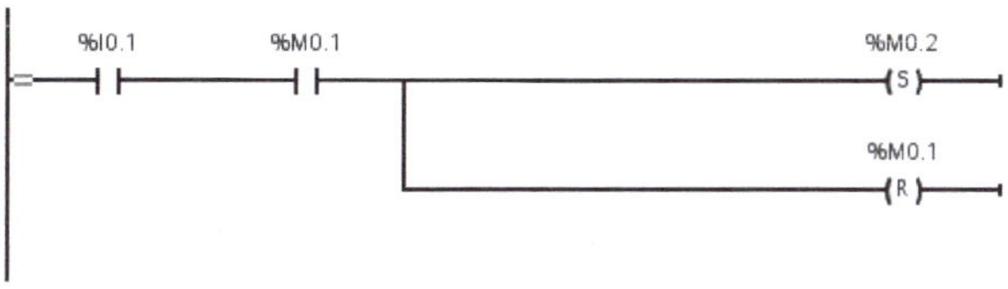

```
%I0.1    %M0.1                    %M0.2
─┤↑├─────┤├─────────────────────────(S)─
                                    %M0.1
                                    ─(R)─
```

程序段6:

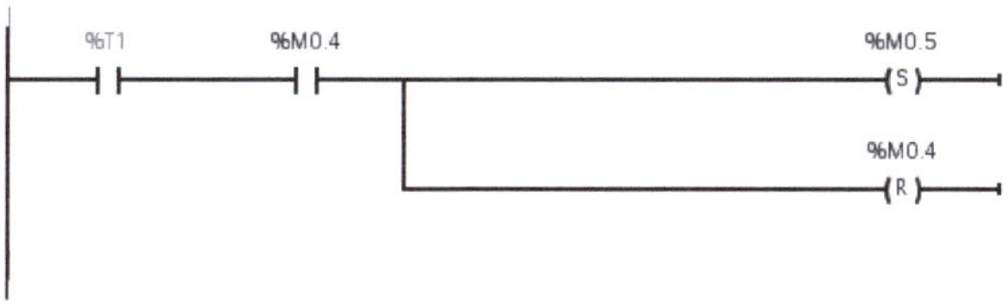

```
%T1      %M0.4                    %M0.5
─┤├──────┤├─────────────────────────(S)─
                                    %M0.4
                                    ─(R)─
```

程序段7:

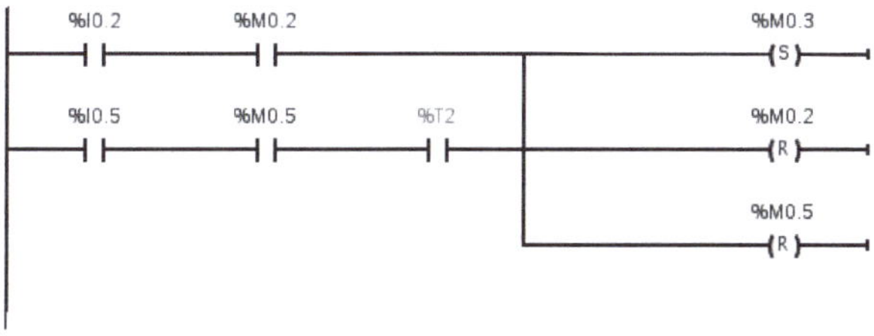

```
%I0.2    %M0.2                              %M0.3
─┤├──────┤├───────────────────────────────────(S)─
%I0.5    %M0.5    %T2                        %M0.2
─┤├──────┤├──────┤├──────────────────────────(R)─
                                             %M0.5
                                             ─(R)─
```

图 6-20 选择序列结构顺序功能图的置位/复位法梯形图（续）

（3）并行序列结构

对于图 6-17 所示的并行序列结构顺序功能图，采用置位/复位指令实现的梯形图程序如图 6-21 所示。并行序列的分支如图 6-21 中的程序段 3 所示，并行序列的合并如图 6-21 中的程序段 6 所示。

程序段1:

```
%M1.0                             %M0.0
─┤├───────────────────────────(RESET_BF)─
                                    6
```

程序段2:

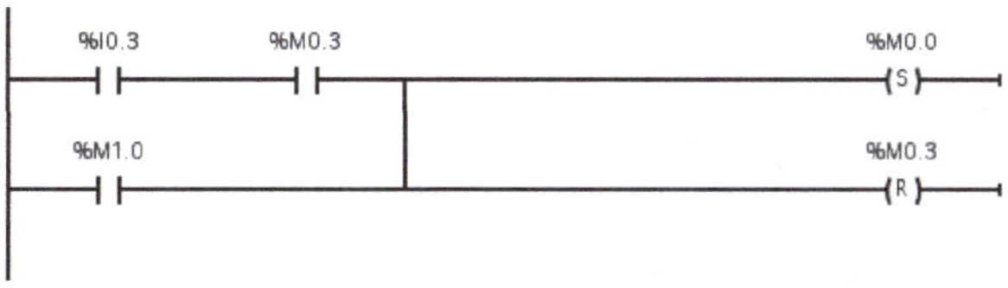

```
%I0.3    %M0.3                    %M0.0
─┤├──────┤├─────────────────────────(S)─
%M1.0                               %M0.3
─┤├─────────────────────────────────(R)─
```

图 6-21 并行序列结构顺序功能图的置位/复位法梯形图

程序段3：

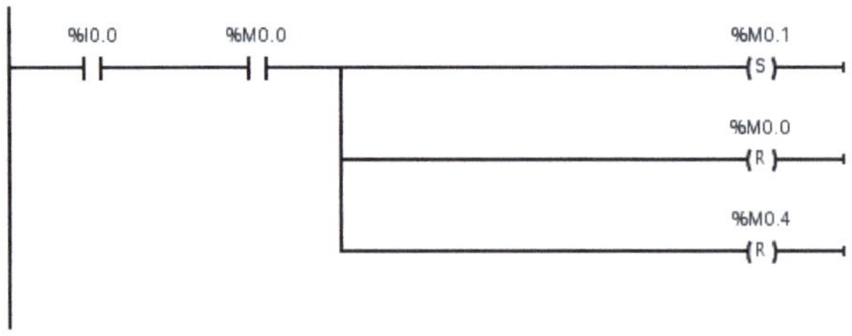

```
    %I0.0    %M0.0              %M0.1
    ─┤├──────┤├──────────────────( S )─
                                  %M0.0
                                 ─( R )─
                                  %M0.4
                                 ─( R )─
```

程序段4：

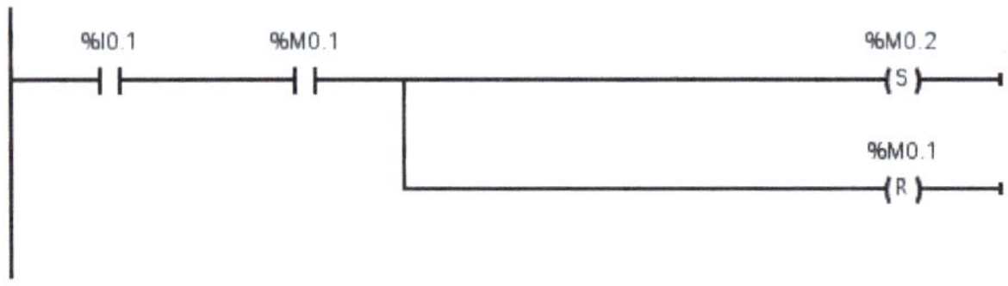

```
    %I0.1    %M0.1              %M0.2
    ─┤├──────┤├──────────────────( S )─
                                  %M0.1
                                 ─( R )─
```

程序段5：

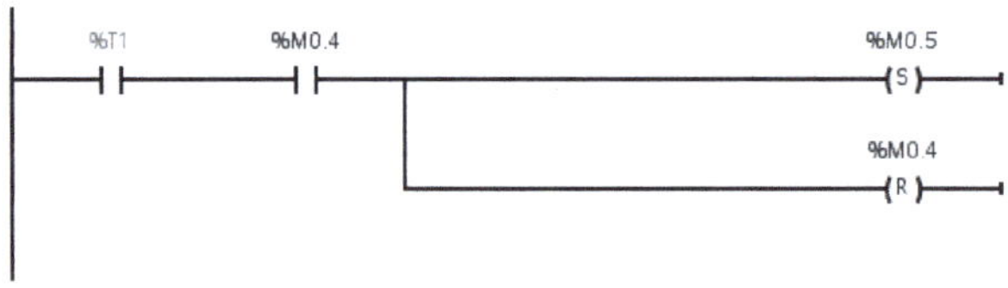

```
    %T1      %M0.4              %M0.5
    ─┤├──────┤├──────────────────( S )─
                                  %M0.4
                                 ─( R )─
```

程序段6：

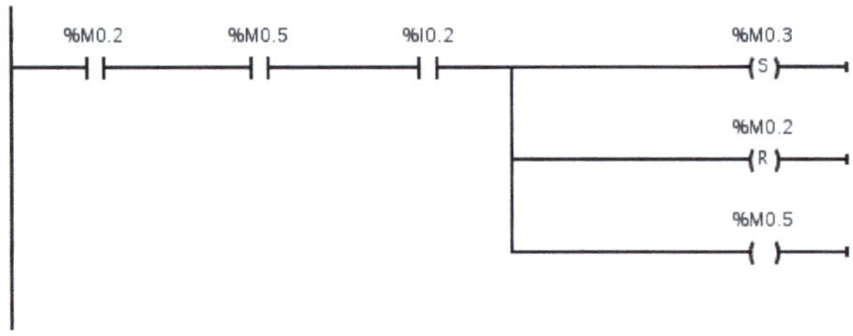

```
    %M0.2   %M0.5   %I0.2       %M0.3
    ─┤├─────┤├──────┤├───────────( S )─
                                  %M0.2
                                 ─( R )─
                                  %M0.5
                                 ─( R )─
```

图 6-21　并行序列结构顺序功能图的置位/复位法梯形图（续）

学思践悟

顺序功能图是顺序控制设计法设计程序的基础，也是程序的逻辑结构的体现。步与步之间只有满足条件了才能转换，否则程序不能执行。每一步执行完成都会输出对应的结果，各步之间有严格的逻辑关系，如果逻辑关系混乱就会使程序编写混乱，一方面导致程序结构复杂，另一方面则会增加设备在运行过程中的故障率。因此编写程序的时候一定要明确各步之间的逻辑关系。程序应当是深思熟虑且通盘思考精心设计的结果，而不应是信手拈来或东拼西凑的。

逻辑思维是人们借助概念、命题、推理等思维形式能动地反映客观现实的理性认识过程。它是在对思维及其结构以及起作用的规律的分析中产生和发展起来的。只有经过逻辑思维，人们才能实现对具体对象本质内容的把握，进而认识客观世界。它是人的认识的高级阶段——理性认识阶段。与形象思维不同，逻辑思维凭借科学的抽象揭示事物的本质，通过对感性材料的分析思考，撇开事物的具体形象和个别属性，揭示事物的本质特征，来形成概念并运用概念组成命题和推理来反映现实。

在生活中，逻辑能提高人们分析事物的思维水平以及准确表达思想的水平，也能培养人们的批判性思维，满足服务社会和发展自我的需要。人们学会了逻辑，有了思考和判断能力，会开始潜移默化地改变自身，在生活中创造更多精彩。

五、项目实施

任务1：确定电气元件

根据本项目的控制要求和气动回路图，确定的电气元件明细见表6-1。

表6-1 项目六的电气元件明细表

序号	名称	符号	数量	备注
1	按钮	SB	3	启停、复位
2	旋转开关	SA	1	模式切换
3	磁性开关	B	5	气缸限位检测
4	电磁阀	Y	5	气缸换向阀
5	指示灯	HL	2	状态指示

根据表6-1可知，本项目中有9个输入元件，7个输出元件，选择CPU 1214C型CPU模块即可满足要求。

任务2：分配I/O地址

根据控制要求分析其输入和输出元件，完成I/O地址分配，见表6-2。

表6-2 项目六的I/O地址分配表

输入				输出			
序号	地址	符号	设备名称	序号	地址	符号	设备名称
1	I0.0	SB1	启动按钮	1	Q0.0	1Y1	电磁阀
2	I0.1	SB2	复位按钮	2	Q0.1	1Y2	电磁阀
3	I0.2	SB3	停止按钮	3	Q0.2	2Y1	电磁阀
4	I0.3	1B1	磁性开关	4	Q0.3	2Y2	电磁阀
5	I0.4	1B2	磁性开关	5	Q0.4	3Y1	电磁阀
6	I0.5	2B1	磁性开关	6	Q0.5	HL1	绿色指示灯
7	I0.6	3B1	磁性开关	7	Q0.6	HL2	复位指示灯
8	I0.7	3B2	磁性开关	8			
9	I1.0	SA1	旋转开关（0为手动,1为自动）	9			

任务3：完成气动搬运单元的I/O接线图

气动搬运单元的I/O接线图如图6-22所示。

任务4：绘制顺序功能图

根据气动搬运单元的控制要求，绘制其顺序功能图，如图6-23所示。

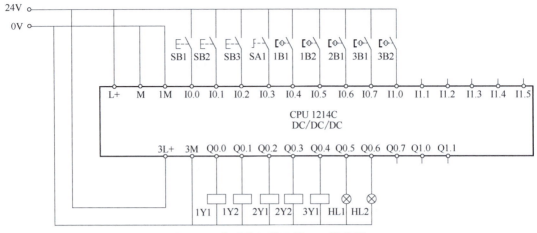

图 6-22　气动搬运单元的 I/O 接线图

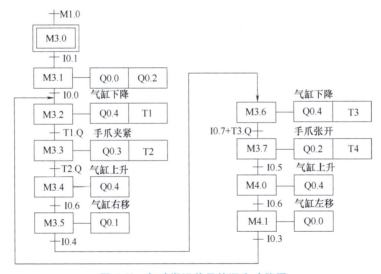

图 6-23　气动搬运单元的顺序功能图

该顺序功能图共分为 10 步，用位存储器作为步的代号，步 M3.0 为初始步。在系统上电运行的第一个扫描周期（即 M1.0）时激活初始步，将使用到的位存储器和输出映像寄存器区进行复位。转换条件 I0.1 满足时，步 M3.1 变为活动步而步 M3.0 变为不活动步，执行 Q0.0 和 Q0.2 对应的动作。

任务 5：创建变量表

双击打开 TIA Portal，切换为项目视图，新建一个工程项目，命名为"气动搬运单元"。添加 PLC 并配置属性，启用 PLC 的系统和时钟存储器，时钟存储器的默认地址为 MB0，将其修改为 MB10。创建气动搬运单元变量表，如图 6-24 所示，共有 9 个输

	气动搬运单元变量表		
	名称	数据类型	地址
1	启动按钮	Bool	%I0.0
2	复位按钮	Bool	%I0.1
3	停止按钮	Bool	%I0.2
4	无杆气缸左位	Bool	%I0.3
5	无杆气缸右位	Bool	%I0.4
6	手爪张开限位	Bool	%I0.5
7	气缸上升限位	Bool	%I0.6
8	气缸下降限位	Bool	%I0.7
9	模式切换	Bool	%I1.0
10	气缸左移电磁阀	Bool	%Q0.0
11	气缸右移电磁阀	Bool	%Q0.1
12	手爪张开电磁阀	Bool	%Q0.2
13	手爪夹紧电磁阀	Bool	%Q0.3
14	气缸下降电磁阀	Bool	%Q0.4
15	绿色指示灯	Bool	%Q0.5
16	复位指示灯	Bool	%Q0.6

图 6-24　气动搬运单元变量表

入元件和 7 个输出元件。

任务 6：编写梯形图

根据顺序功能图编写的梯形图如图 6-25 所示，共包含 22 段程序。程序段 1 和程序段 2 为系统初始化程序。程序段 3 和程序段 4 为复位程序，当按下复位按钮 I0.1 时，步 M3.1 变为活动步，步 M3.0 变为不活动步，电磁阀线圈 1Y1 和 2Y1 通电，无杆气缸 A 向左移动，手指气缸 B 的手爪张开。程序段 5 为系统启动程序，分为手动启动和自动循环两种模式，当系统复位完成，3 个气缸均处于起始位置时，按下启动按钮 I0.0，系统启动运行。如果处于自动循环模式，当无杆气缸 A 左移到极限位置时，开始自动循环。程序段 6~程序段 20 为气缸动作程序，使气缸按照"下降→手爪夹紧→上升→右移→下降→手爪张开→上升→左移"的流程进行动作。程序段 21 为循环判断程序，当选择手动模式或自动模式且有停止信号时跳转到步 M3.1 执行；当选择自动模式且无停止信号时跳转到步 M3.2 执行。

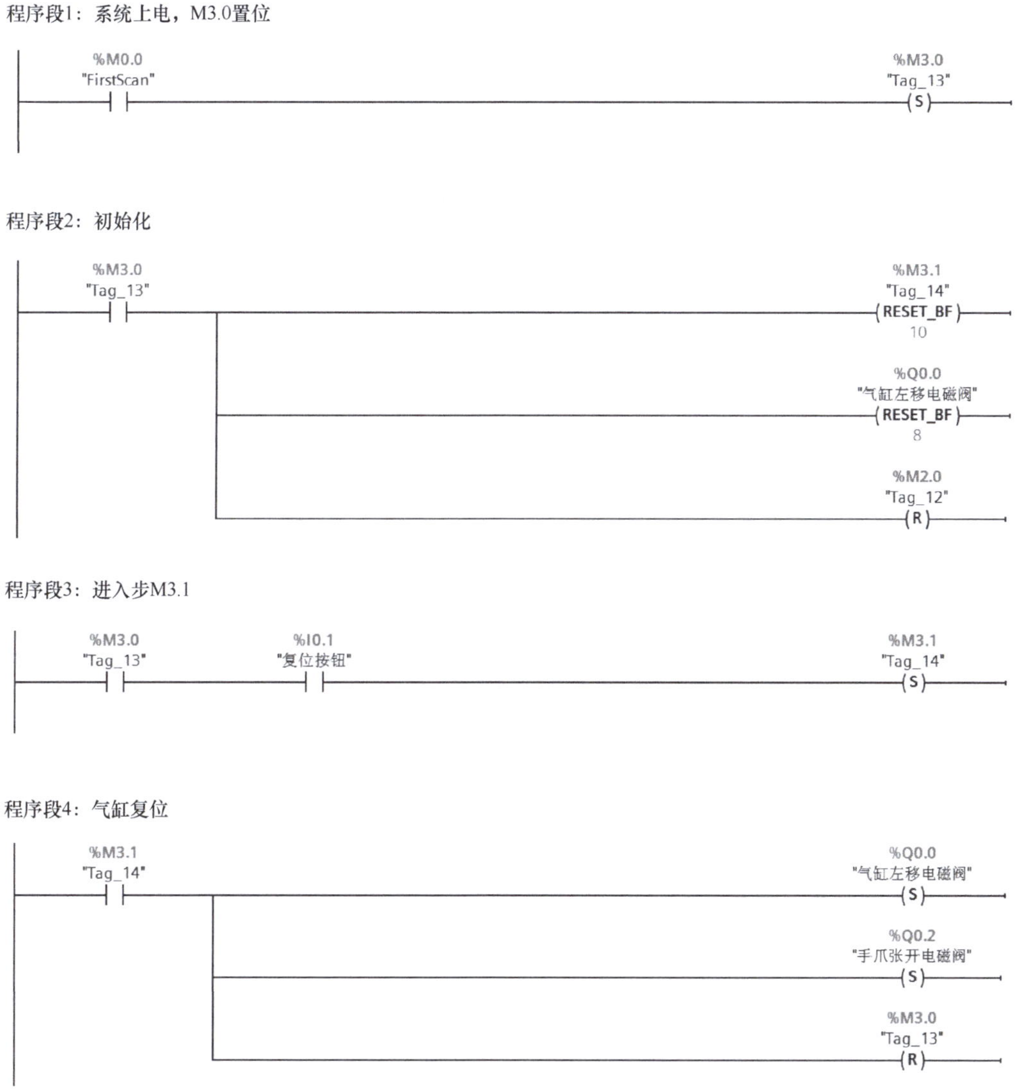

程序段1：系统上电，M3.0置位

程序段2：初始化

程序段3：进入步M3.1

程序段4：气缸复位

图 6-25 气动搬运单元梯形图

程序段5：系统启动

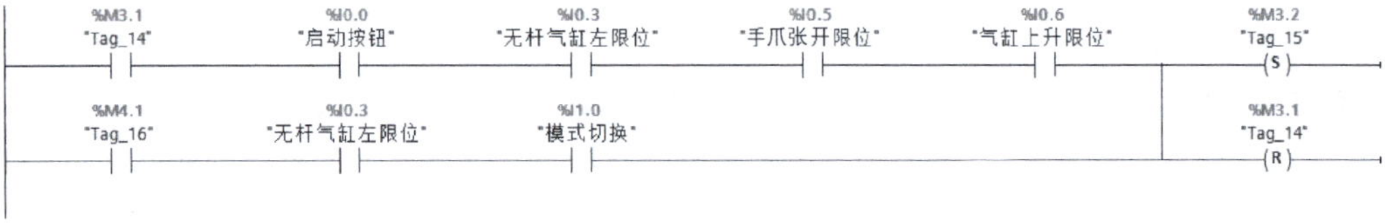

```
  %M3.1        %I0.0          %I0.3          %I0.5         %I0.6         %M3.2
 "Tag_14"    "启动按钮"   "无杆气缸左限位" "手爪张开限位" "气缸上升限位"  "Tag_15"
 ──┤├─────────┤├─────────────┤├─────────────┤├────────────┤├───────────(S)──

  %M4.1         %I0.3         %I1.0                                   %M3.1
 "Tag_16"  "无杆气缸左限位"  "模式切换"                                "Tag_14"
 ──┤├─────────┤├─────────────┤├───────────────────────────────────────(R)──
```

程序段6：气缸下降

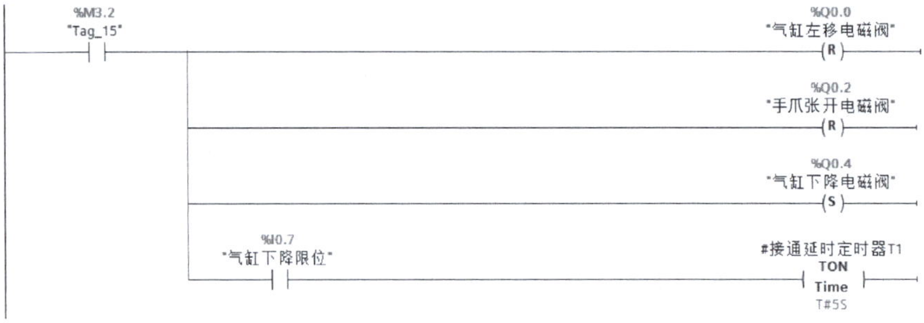

```
  %M3.2                                                              %Q0.0
 "Tag_15"                                                      "气缸左移电磁阀"
 ──┤├──────┬─────────────────────────────────────────────────────(R)──
           │                                                         %Q0.2
           │                                                    "手爪张开电磁阀"
           ├─────────────────────────────────────────────────────(R)──
           │                                                         %Q0.4
           │                                                    "气缸下降电磁阀"
           ├─────────────────────────────────────────────────────(S)──
           │   %I0.7                                         #接通延时定时器T1
           │  "气缸下降限位"                                        TON
           └────┤├───────────────────────────────────────────────── Time
                                                                    T#5S
```

程序段7：延时进入步M3.3

```
  %M3.2    #接通延时定时器T1.Q                                       %M3.2
 "Tag_15"                                                           "Tag_15"
 ──┤├──────────┤├─────────────────────────────────────────────────(R)──
                                                                    %M3.3
                                                                   "Tag_17"
                                                                 ───(S)──
```

程序段8：手爪夹紧

```
  %M3.3                                                              %Q0.3
 "Tag_17"                                                      "手爪夹紧电磁阀"
 ──┤├─────────────────────────────────────────────────────────────(S)──
                                                               #接通延时定时器T2
                                                                     TON
                                                                    Time
                                                                    T#5S
```

程序段9：延时进入步M3.4

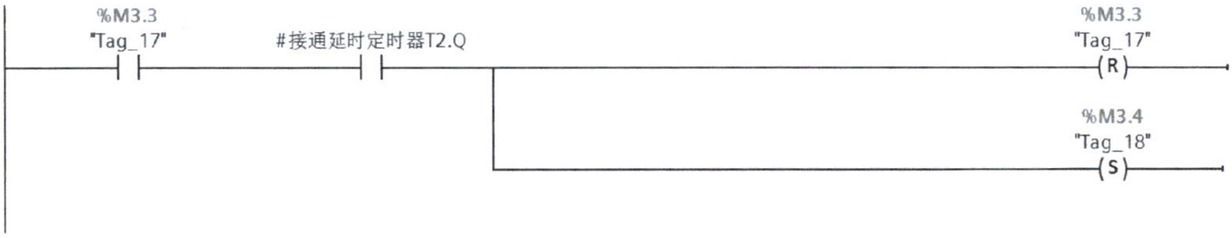

```
  %M3.3    #接通延时定时器T2.Q                                       %M3.3
 "Tag_17"                                                           "Tag_17"
 ──┤├──────────┤├─────────────────────────────────────────────────(R)──
                                                                    %M3.4
                                                                   "Tag_18"
                                                                 ───(S)──
```

程序段10：气缸上升

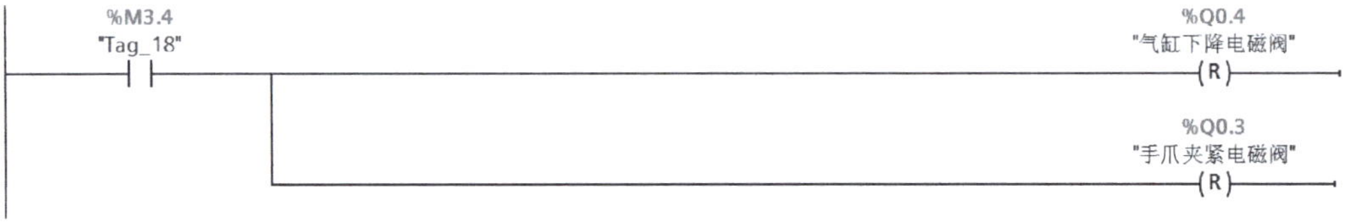

```
  %M3.4                                                              %Q0.4
 "Tag_18"                                                      "气缸下降电磁阀"
 ──┤├─────────────────────────────────────────────────────────────(R)──
                                                                    %Q0.3
                                                               "手爪夹紧电磁阀"
                                                                 ───(R)──
```

图 6-25　气动搬运单元梯形图（续）

项目六　气动搬运单元控制系统设计

程序段11：进入步M3.5

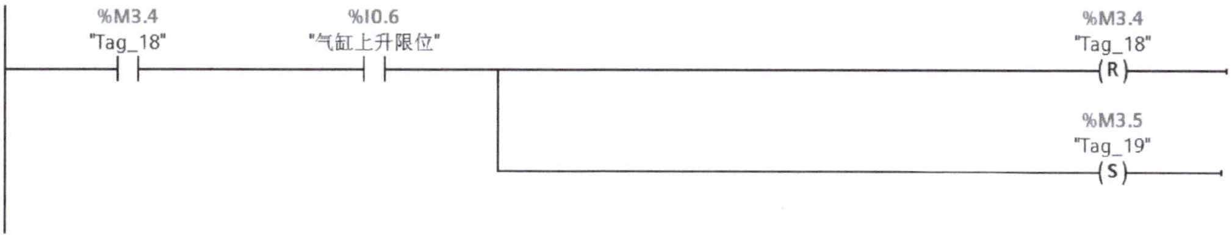

```
    %M3.4        %I0.6                                              %M3.4
   "Tag_18"   "气缸上升限位"                                        "Tag_18"
─────┤ ├─────────┤ ├──────────┬──────────────────────────────────────( R )──
                                │                                    %M3.5
                                │                                   "Tag_19"
                                └──────────────────────────────────────( S )──
```

程序段12：气缸右移

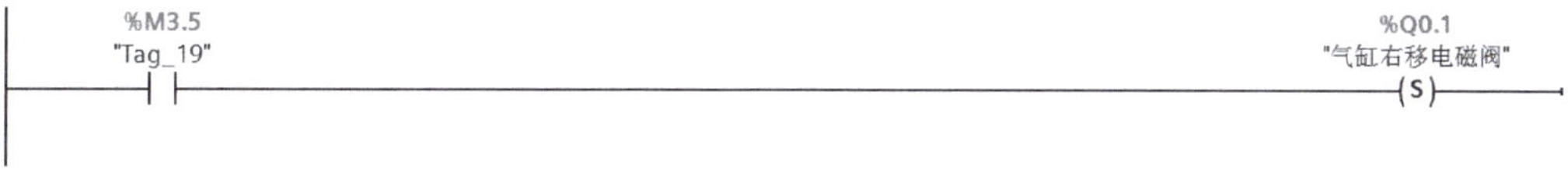

```
    %M3.5                                                            %Q0.1
   "Tag_19"                                                      "气缸右移电磁阀"
─────┤ ├────────────────────────────────────────────────────────────( S )──
```

程序段13：进入步M3.6

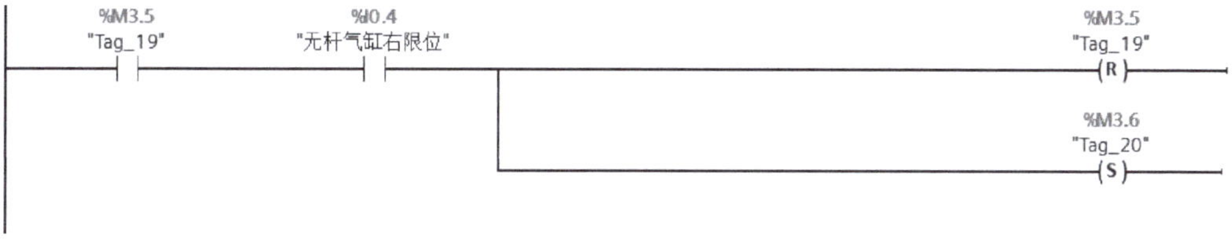

```
    %M3.5        %I0.4                                              %M3.5
   "Tag_19"   "无杆气缸右限位"                                      "Tag_19"
─────┤ ├─────────┤ ├──────────┬──────────────────────────────────────( R )──
                                │                                    %M3.6
                                │                                   "Tag_20"
                                └──────────────────────────────────────( S )──
```

程序段14：气缸下降

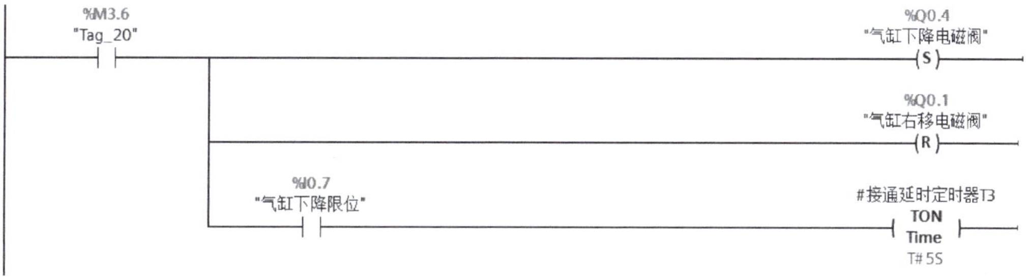

```
    %M3.6                                                            %Q0.4
   "Tag_20"                                                      "气缸下降电磁阀"
─────┤ ├────────────────────────┬───────────────────────────────────( S )──
                                 │                                   %Q0.1
                                 │                                "气缸右移电磁阀"
                                 ├───────────────────────────────────( R )──
                                 │    %I0.7                       #接通延时定时器T3
                                 │ "气缸下降限位"                        TON
                                 └──────┤ ├─────────────────────────Time
                                                                    T#5S
```

程序段15：延时进入步M3.7

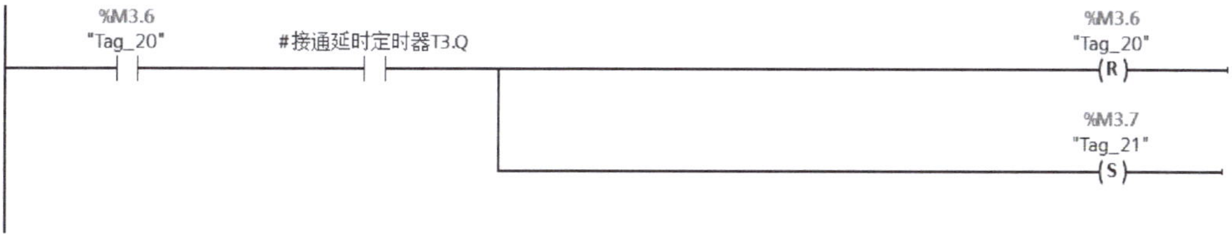

```
    %M3.6     #接通延时定时器T3.Q                                     %M3.6
   "Tag_20"                                                         "Tag_20"
─────┤ ├─────────┤ ├──────────┬──────────────────────────────────────( R )──
                                │                                    %M3.7
                                │                                   "Tag_21"
                                └──────────────────────────────────────( S )──
```

程序段16：手爪张开

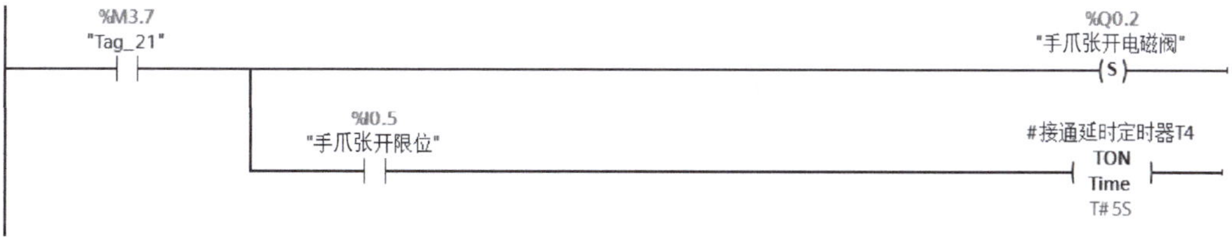

```
    %M3.7                                                            %Q0.2
   "Tag_21"                                                      "手爪张开电磁阀"
─────┤ ├────────────────────────┬───────────────────────────────────( S )──
                                 │    %I0.5                       #接通延时定时器T4
                                 │ "手爪张开限位"                        TON
                                 └──────┤ ├─────────────────────────Time
                                                                    T#5S
```

图 6-25　气动搬运单元梯形图（续）

程序段17：延时进入步M4.0

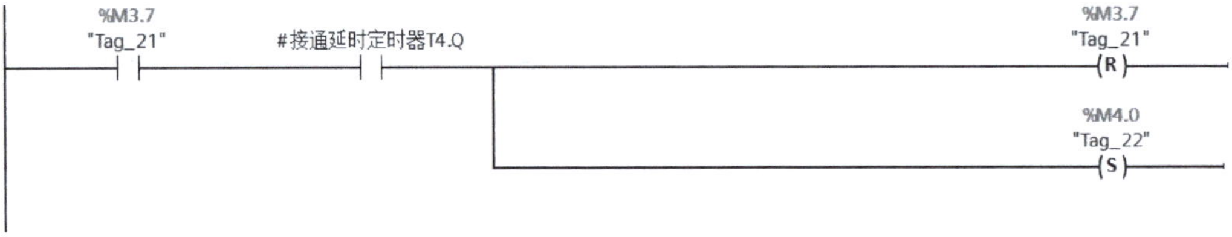

```
    %M3.7         #接通延时定时器T4.Q                            %M3.7
   "Tag_21"                                                    "Tag_21"
    ──┤├──────────┤├─────────────┬──────────────────────────────( R )──
                                 │                              %M4.0
                                 │                             "Tag_22"
                                 └──────────────────────────────( S )──
```

程序段18：气缸上升

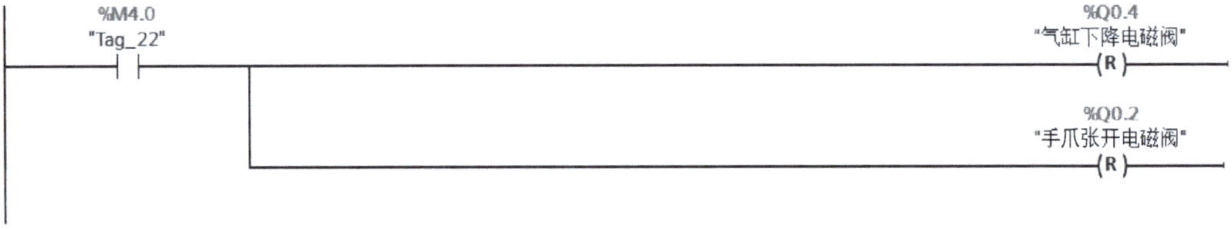

```
    %M4.0                                                       %Q0.4
   "Tag_22"                                                "气缸下降电磁阀"
    ──┤├──────────┬──────────────────────────────────────────────( R )──
                  │                                             %Q0.2
                  │                                        "手爪张开电磁阀"
                  └──────────────────────────────────────────────( R )──
```

程序段19：进入步M4.1

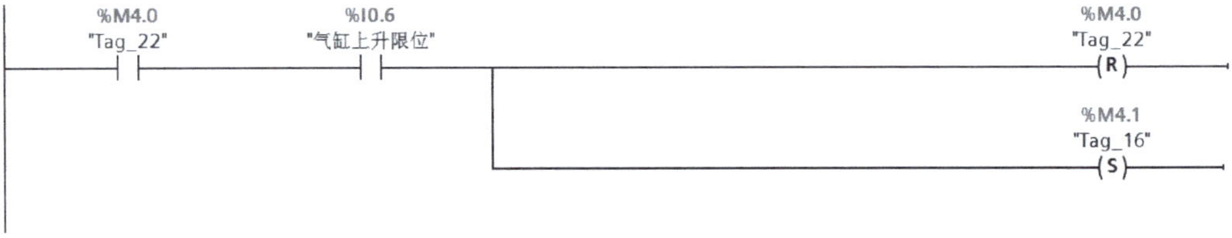

```
    %M4.0          %I0.6                                       %M4.0
   "Tag_22"     "气缸上升限位"                                   "Tag_22"
    ──┤├──────────┤├─────────────┬──────────────────────────────( R )──
                                 │                              %M4.1
                                 │                             "Tag_16"
                                 └──────────────────────────────( S )──
```

程序段20：气缸左移

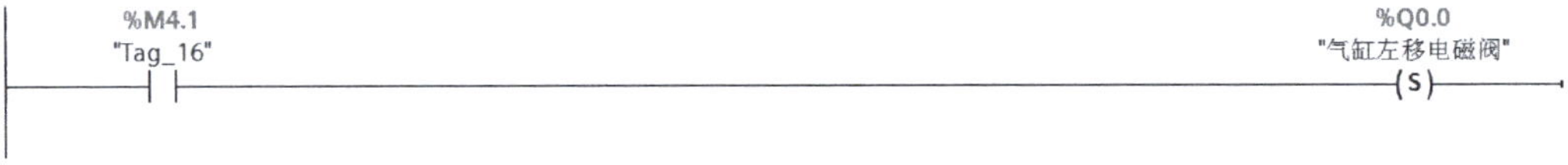

```
    %M4.1                                                       %Q0.0
   "Tag_16"                                                "气缸左移电磁阀"
    ──┤├─────────────────────────────────────────────────────────( S )──
```

程序段21：循环判断程序

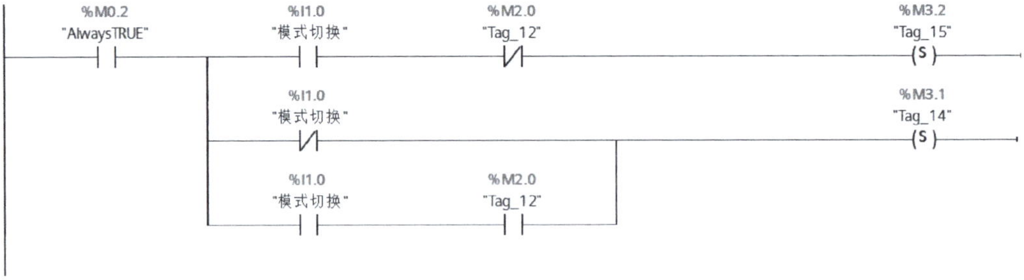

```
    %M0.2          %I1.0           %M2.0                       %M3.2
 "AlwaysTRUE"   "模式切换"        "Tag_12"                    "Tag_15"
    ──┤├──────────┤├──────────────┤/├────────────────────────────( S )──
                   %I1.0                                        %M3.1
                 "模式切换"                                    "Tag_14"
                  ──┤/├──────────┬──────────────────────────────( S )──
                   %I1.0           %M2.0                         │
                 "模式切换"       "Tag_12"                        │
                  ──┤├───────────┤├─────────────────────────────┘
```

程序段22：停止信号状态位M2.0状态控制

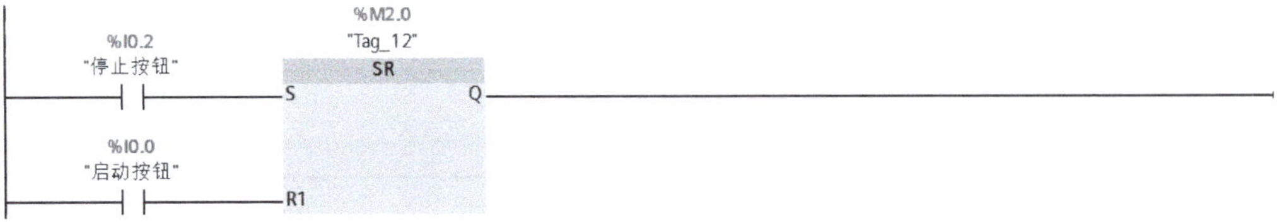

```
                        %M2.0
    %I0.2              "Tag_12"
  "停止按钮"             SR
   ──┤├──────────────S        Q ─────────────────────────────────
    %I0.0
  "启动按钮"
   ──┤├──────────────R1
```

图 6-25 气动搬运单元梯形图（续）

任务 7：仿真调试

生成监控表，添加需要监控的数据，修改变量的值，观察各变量的变化情况，查看仿真运行结果是否与控制要求拟实现的结果一致，如果不一致需进行修改完善。仿真过程中，记录出现的问题和解决措施。

出现的问题：

___

解决措施：

___

任务 8：技术文档整理

按照项目需求，整理出项目技术文档，主要包括控制工艺要求、I/O 地址分配表、电气原理图和梯形图程序等。

六、项目复盘

本项目是编程方法的学习，首先通过三相异步电动机的起保停电路和正反转控制电路，让学生掌握经验设计法的思路和方法，并总结出其优缺点，从而引入顺序控制设计法，并以气动搬运单元为载体，重点学习顺序控制设计法的思路和顺序功能图。

1. 经验设计法

1）经验设计法在典型电路的基础上根据要求对电路进行完善优化，在将电路图转换为梯形图时，控制电路中的电气元件和梯形图中的元件之间是什么关系？

___

2）经验设计法的思路是什么？

___

3）经验设计法适用于什么场景？

___

2. 顺序功能图

1）顺序功能图是顺序控制设计法的基础，顺序功能图由_____、_____、_____、_____和_____等基本元素构成。

2）顺序功能图有 3 种基本结构，分别是_____、_____和_____。

3）绘制顺序功能图时有哪些注意事项？

___

3. 顺序控制设计法

1）顺序控制设计法是用_____控制_____，再用它们控制_____。

2）步在进行转换时，需要将代表步的存储器的位进行置位或者复位，常用的方法有_____和_____。

4. 总结归纳

通过气动搬运单元控制系统项目的设计和实施，对所学、所获进行归纳总结。

七、知识拓展

知识点 1：程序控制操作指令

知识点 2：日期和时间指令

八、思考与练习

1）简述梯形图经验设计法的特点及适用范围。
2）S7-1200 PLC 是否支持顺序功能图语言？
3）对于不支持顺序功能图语言的 PLC，如何应用顺序功能图进行编程？
4）在顺序功能图中，某一步又可分为几个子步，请说明使用子步的优势是什么。
5）转换实现时应完成的两个操作是什么？
6）绘制顺序功能图时的注意事项有哪些？
7）根据顺序功能图编写梯形图程序的基本方法或者思路是什么？
8）简述使用置位/复位指令实现顺序控制程序设计的思路。

项目七

电动机组的起停控制系统设计

一、项目引入

1. 项目描述

在工程实践中,经常会遇到电动机组的起停控制,在一些特殊工作场合,还会要求对多台电动机进行顺序起动、逆序停止控制。三相异步电动机起动时电流较大,一般是额定电流的 4~7 倍,故对于功率较大的电动机,应采用减压起动方式,其中星-三角减压起动是常用的起动方法之一。

2. 控制要求

1)某电动机组共有 3 台电动机,每台电动机都要求实现星-三角减压起动。

2)起动时,按下起动按钮,1 号电动机起动,10s 后 2 号电动机起动,又 10s 后 3 号电动机起动。

3)停止时,按下停止按钮,逆序停止,即 3 号电动机先停止,10s 后 2 号电动机停止,又 10s 后 1 号电动机停止。

4)任何一台电动机,控制电源的接触器和星形联结接触器接通电源 6s 后,星形联结接触器断电,1s 后三角形联结接触器接通。

二、学习目标

1)掌握模块化和结构化编程的思路与方法,能够根据控制要求正确选择编程方法。

2)能够熟练生成并调用功能(FC)和功能块(FB)。

3)在调用定时器指令、计数器指令及 FB 时能熟练应用多重背景,减少调用过程中产生的背景 DB。

4)在教师的引导下完成电动机组起停控制系统硬件和软件的设计。

5)能正确应用 S7-PLCSIM 软件对程序进行仿真调试。

6)培养学生勤学苦练,为理想百折不挠的精神。

7)培养学生勇敢面对挫折、战胜困难的勇气。

三、项目任务

1)定时器指令和计数器指令多重背景的应用。

2)FB 的多重背景的应用。

3)分析电动机组的起停控制要求,进行电气控制系统硬件电路设计。

4）编写电动机组的起停控制程序。
5）用 S7-PLCSIM 软件对程序进行仿真调试。
6）完成技术文档整理。

四、知识获取

知识点 1：编程方法

S7-1200 PLC 提供了线性化编程、模块化编程和结构化编程 3 种编程方法，如图 7-1 所示。

7-1 编程方法

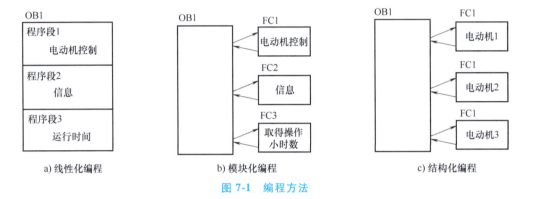

图 7-1 编程方法

1. 线性化编程

线性化编程的特点是程序结构简单，不涉及功能块、功能、数据块、局部变量和中断等较复杂的概念，不带分支，一个程序块包含了系统的所有指令，如图 7-1a 所示。由于所有的指令都在组织块 OB1 中，即使程序中的某些代码在大多数时候并不需要执行，但在循环扫描工作方式下每个扫描周期都要扫描执行所有的指令，CPU 因此额外增加了不必要的负担，CPU 运行效率低。此外，如果需要多次执行相同或类似的操作，需要重复编写相同或类似的程序。

由于其程序结构不清晰，会造成管理和调试的不便，建议在编写大型程序时避免采用线性化编程方法。

2. 模块化编程

模块化编程将程序根据功能分为不同的块，每个块中包含完成某部分任务的功能指令。组织块 OB1 中的指令决定块的调用和执行，被调用的块执行结束后，返回到 OB1 中继续执行后面的指令，其过程如图 7-1b 所示。模块化编程中 OB1 起着主程序的作用，功能（FC）或功能块（FB）控制着不同的过程任务，如电动机控制、信息及取得操作小时数等，相当于主程序的子程序。

模块化编程中，被调用块和调用块之间没有数据交换，控制任务被分成不同的块，易于几个人同时编程，以及程序的调试和故障的查找。由于 OB1 根据条件只有在需要时才调用相关的块，因此每次循环中不是所有的块都执行，CPU 的利用效率得到了提高。

3. 结构化编程

结构化编程将过程要求类似或相关的任务归类，形成通用的解决方案，在相应的块中编程，即创建可以重复使用的通用代码，以供 OB1 或其他块调用。通用代码在编程时采用形式参数，可以通过不同的实际参数调用相同的代码。结构化编程如图 7-1c 所示。

在结构化编程中，被调用块和调用块之间有数据交换，需要对数据进行管理。结构化编程必须对系统功能进行合理分析、分解和综合，因此对编程设计人员的要求较高。

结构化编程的特点如下：各单个块的创建和测试可以相互独立地进行。通过使用参数，可将块设计得十分灵活。例如可以创建一个钻孔程序块，其坐标和钻孔深度可以通过参数进行修改。块可以根据需要在不同的地方以不同的参数数据记录并进行调用。在预先设计的库中，能够提供用于特殊任务的"可重用"块。

知识点 2：S7-1200 PLC 的用户程序结构

1. 用户程序中的块

S7-1200 PLC 的编程采用块的概念，即将程序分解为独立的、自成体系的各个部件，块类似于子程序。采用块的概念便于大规模程序的设计和理解，也可以设计标准化的块程序进行重复调用，程序结构清晰明了，修改方便，调试简单。S7-1200 PLC 提供了多种类型的块，见表 7-1。其中 OB、FB、FC 都包含程序，统称为代码块。代码块的个数在程序中没有限制，但是会受到存储器容量的限制。

7-2　S7-1200 PLC 的用户程序结构

表 7-1　用户程序中的块

块	简要描述
组织块（OB）	操作系统与用户程序的接口，决定用户程序的结构
功能（FC）	用户编写的包含经常使用的功能的子程序，没有专用的背景 DB
功能块（FB）	用户编写的包含经常使用的功能的子程序，有专用的背景 DB
背景数据块（背景 DB）	用于保存 FB 的输入变量、输出变量和静态变量，其数据在编译时自动生成
全局数据块（全局 DB）	存储用户数据的数据区域，供所有的代码块共享

（1）组织块

组织块（Organization Block，OB）是操作系统与用户程序的接口，由操作系统调用，用于控制用户程序循环扫描和中断程序的执行、PLC 的启动和错误处理等。

每个 OB 必须有一个唯一的 OB 编号，123 之前的某些编号是保留的，其他 OB 编号必须大于或等于 123。

CPU 中特定的事件触发 OB 的执行。OB 不能相互调用，也不能被 FC 和 FB 调用。只有启动事件（如诊断中断或时间间隔）可以启动 OB 的执行。CPU 按优先等级处理 OB，即先执行优先级较高的 OB，然后执行优先级较低的 OB。最低优先级为 1（对应主程序循环），最高优先级为 27（对应时间错误中断）。

（2）功能

功能（Function，FC）是一种不带存储区的代码块。FC 类似于子程序，仅在被其他程序调用时才执行此程序。用户可以将不同的任务编写到不同的 FC 中，同一 FC 可以在不同的地方被多次调用，因此简化了对重复发生的功能的编程。

由于 FC 没有自己的存储区，所以必须为其指定实际参数，不能给 FC 的局部数据分配初始值。同样由于 FC 没有自己的存储区，在执行结束后，其临时变量中的数据就会丢失。可以用全局数据块或 M 存储区来存储那些在功能执行结束后需要保存的数据。

(3) 功能块

功能块（FB）与FC一样，类似于子程序，但FB是带存储区的块，背景DB作为存储区分配给FB。传递给FB的参数和静态变量都保存在背景DB中，临时变量则保存在本地数据堆栈中。当FB执行结束时，存在背景DB中的数据不会丢失。但是，存在本地数据堆栈中的数据将丢失。

在编写调用FB的程序时，必须指定背景DB的编号，调用时背景DB会被自动打开。可以在用户程序中或通过人机界面接口访问这些背景数据。一个FB可以有多个背景DB，使FB用于不同的被控对象，称为多重背景DB。

(4) 数据块

数据块（Data Block，DB）是用于存放执行用户程序时所需要的变量数据的数据区。DB与临时数据不同，当代码块执行结束时或DB关闭时，DB中的数据不会被覆盖。

2. 块的调用

块的调用即子程序调用，调用者可以是OB、FB及FC等，被调用的块可以是除OB之外的代码块。调用FB时需要指定背景DB。

被调用的代码块又可以调用别的代码块，这种调用称为嵌套调用，如图7-2所示。从程序循环OB或启动OB开始嵌套调用，嵌套深度为16；从中断OB开始嵌套调用，嵌套深度为6。

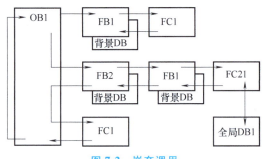

图7-2 嵌套调用

当一个代码块调用另一个代码块时，CPU会执行被调用代码块中的程序代码。执行完被调用代码块后，CPU会继续执行该代码块调用之后的指令。

OB1调用了FB1，FB1又调用了FC1，则创建代码块的顺序是，先创建FC1，然后创建FB1及其背景DB，也就是说，在编程时要保证被调用的代码块已经存在。

知识点3：DB的使用

1. DB的功能

DB用于保存程序执行期间产生的数据。这些数据以变量的形式存储，通过存储地址和数据类型来确保数据的唯一性。与代码块相比，DB仅包含变量声明，不包含任何程序段或指令。

7-3 DB的使用

用户程序以位、字节、字或双字的形式访问DB中的数据，也可以使用符号或绝对地址来访问。如果启用了块属性"优化的块访问"，则不能用绝对地址访问DB和代码块的接口区中的临时局部数据。

2. DB的类型

根据使用方法不同，DB分为全局DB（也称共享DB）和背景DB。

全局DB不能分配给代码块，但可以从任何代码块访问全局DB的值。全局DB仅包含静态变量，其结构可以任意定义。在DB的声明表中，可以声明在全局DB中要使用的数据元素。

背景DB可直接分配给FB，作为FB的"私有存储器"，且仅在所分配的FB中使用。背景DB的结构不能任意定义，它取决于FB的接口声明。该背景DB只包含在该处已声明的块参数和变量。但是，可以在背景DB中定义实例特定的值，例如声明变量的起始值。

3. 创建全局 DB

在"程序块"中双击打开"添加新块"对话框,选择"数据块",在名称文本框中输入 DB 的名称,类型选择"全局 DB",编号选择"自动"分配,如图 7-3 所示。

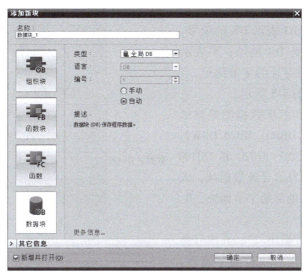

图 7-3 "添加新块"对话框

单击"确定"按钮,则可以打开新建的 DB,DB 声明表的结构如图 7-4 所示,其显示会因块类型和访问方式的不同而不同。

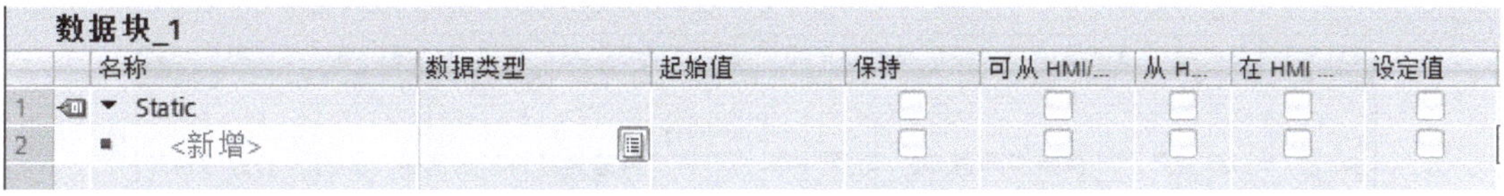

图 7-4 DB 声明表的结构

DB 也需要下载到 PLC 中,可单击工具栏中的"下载"按钮进行下载,也可以通过选中项目树中的 PLC 设备统一下载。使用全局 DB 中的区域进行数据的存取时,一定要先在全局 DB 中正确地给变量命名,特别是数据类型要匹配。

单击工具栏中的"全部监视"按钮,可以在线监视 DB 中变量的当前值。

4. 访问 DB

访问 DB 中的数据值有两种方式:可优化访问的 DB 和可标准访问的 DB。

可优化访问的 DB 没有固定的定义结构。在声明中,仅为数据元素分配一个符号名称,而不分配在块中的固定地址。可通过符号名访问这些块中的数据值。通过符号名访问数据的方式也称为符号寻址。ARRAY 数据块中始终启用"优化的块访问"(Optimized block access)属性。

可标准访问的 DB 具有固定的结构。数据元素在声明中分配了一个符号名称,并且在块中有固定地址。通过符号名称或地址,可访问该块中的各种数据值。通过绝对地址访问数据的方式也称为绝对地址寻址。可标准访问的 DB 数量取决于 WORD 的限值。即 DB 的标准访问通常占用一个或多个 WORD(16 位)大小。必要时,系统将在编译过程中为 DB 自动添加变量，从而确保该块占用下一个 WORD 空间。ARRAY 数据块不可能进行标准访问。

DB 位数据的绝对地址寻址格式如 DB1. DBX4. 1，其中 DB1 表示 DB 的编号，DBX 中的 DB 表示寻址 DB 地址，X 表示寻址位数据，4 表示位寻址的字节地址，1 表示寻址的位数，如图 7-5 所示。

图 7-5　DB 位数据的绝对地址寻址

数据块字节、字和双字数据的绝对地址寻址格式如：DB10. DBB0，DB20. DBW2，DB100. DBD6，其中 DB10、DB20 和 DB100 表示数据块编号，DB 表示寻址数据块，末端的 0、2、6 表示寻址的起始字节地址，B、W、D 表示寻址宽度。

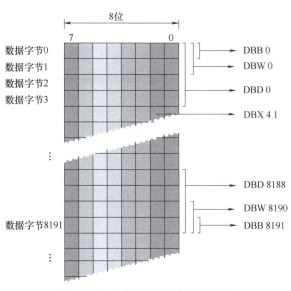

图 7-6 所示为“数据块_2”，其编号为 DB10，且取消了“优化的块访问”属性，因此在 DB 的列中多了“偏移量”项，“偏移量”是指为数据指定了绝对地址。例如“自动”的偏移量为 0. 1，表示 Bool 型变量“自动”的绝对地址为 DB10. DBX0. 1，“移动距离”的偏移量为 2. 0，表示该符号变量的起始位为 2. 0，由于“移动距离”的数据类型为 Real，数据长度为双字，所以其绝对地址为 DB10. DBD2。同样，“高度”的绝对地址为 DB10. DBW6。

项目438 ▸ PLC_1 [CPU 1214C DC/DC/DC] ▸ 程序块 ▸ 数据块_2 [DB10]

保持实际值　快照　将快照值复制到起始值中　将起始值加

数据块_2

	名称	数据类型	偏移量	起始值	保持	可从 HMI/...	从 H...	在 HMI ...	设定值
1	▼ Static				☐	☐	☐	☐	☐
2	手动	Bool	0.0	false	☐	☑	☑	☑	☐
3	自动	Bool	0.1	false	☐	☑	☑	☑	☐
4	光电开关1	Bool	0.2	false	☐	☑	☑	☑	☐
5	光电开关2	Bool	0.3	false	☐	☑	☑	☑	☐
6	接触器1	Bool	0.4	false	☐	☑	☑	☑	☐
7	接触器2	Bool	0.5	false	☐	☑	☑	☑	☐
8	移动距离	Real	2.0	0.0	☐	☑	☑	☑	☐
9	高度	Int	6.0	0	☐	☑	☑	☑	☐

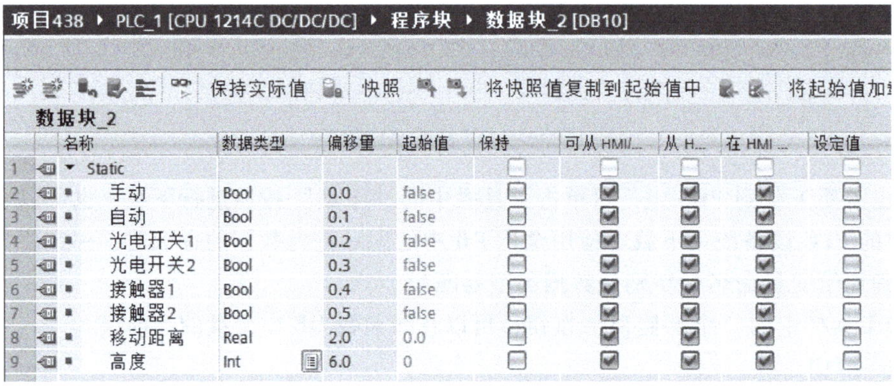

图 7-6　数据块_2［DB10］

知识点 4：FC 的生成与调用

1. 生成 FC

打开 TIA Portal 的项目视图，新建一个名称为“功能 FC”的项目。CPU 模块的型号选择 CPU 1214C DC/DC/DC。

7-4　FC 的生成与调用

打开项目视图中的文件夹“PLC_1”→“程序块”，双击其中的“添加新块”，打开“添加新块”对话框，单击“函数”按钮，FC 默认编号为 1，语言为 LAD，设置 FC 的名称为“圆柱体体积计算”，如图 7-7 所示。

项目七　电动机组的起停控制系统设计

图 7-7　"添加新块"对话框

2. 定义 FC 的局部变量

生成 FC 后,可以在项目树的文件夹"PLC_1"→"程序块"中看到新生成的"圆柱体体积计算 [FC1]",如图 7-8 所示。双击"圆柱体体积计算 [FC1]",打开程序编辑窗口。

图 7-8　圆柱体体积计算 [FC1]

程序编辑窗口的最上面有"块接口"的水平分隔条,通过水平分隔条上面的 ▲ 和 ▼ 按钮可以隐藏或显示接口区(Interface)。分隔条上面是 FC 的接口区,下面是程序编辑区,拉动分隔条可以调整接口区和程序编辑区的大小。

在接口区可以生成局部变量,但是这些局部变量只能在它所在的块中使用,且均为符号寻址。块的局部变量的名称由字符(可为汉字)、下划线和数字组成,在编程时若引用这些变量,系统将自动在变量的名称前面加上标识符#(全局变量使用双引号,绝对地址前加%)。

FC 中的局部变量如下:

139

1) Input（输入参数）：用于接收调用 FC 的块提供的输入数据。

2) Output（输出参数）：用于将程序执行结果返回给调用它的块。

3) InOut（输入/输出参数）：程序能通过 InOut 读取外部数据，也可以通过它将数据写入外部的存储区。一般在执行子程序时，先将外部数据读入，在执行有关指令后，再将其数据改写。

4) Return（返回值）：Return 中自动生成的返回值"圆柱体体积计算"与 FC 的名称相同，属于输出参数，其值返回给调用它的块。返回值默认的数据类型为 Void。

FC 还有两种局部数据：

1) Temp（临时变量）：即用于存储临时中间结果的变量。对于在执行块时临时使用的数据，每次调用块之后，它们可能被同一优先级中后面调用的块的临时数据覆盖。调用 FC 和 FB 时，首先应该初始化它的临时数据（写入数值），然后再使用，简称为"先赋值后使用"。

2) Constant（常量）：即在块中使用并且带有声明的符号名的常量。

这里在名称为 FC1 的 FC 中实现圆柱体体积的计算，输入"圆柱体直径"和"圆柱体高度"会计算出"圆柱体体积"。

下面生成上述 FC 的局部变量。

1) 在 Input 列表中生成变量"圆柱体直径""圆柱体高度"，数据类型选择 Real。

2) 在 Output 列表中生成变量"圆柱体体积"，数据类型选择 Real。

3) 在 Temp 列表中生成变量"圆柱体半径"和"圆柱体底面积"，数据类型选择 Real。

4) 在 Constant 列表中生成变量"π"，默认值为 3.14，数据类型选择 Real。

3. 编写 FC 程序

在 FC1 的程序编辑区按控制要求输入用户程序，双击变量输入区域，打开下拉菜单，在下拉菜单中选择在接口区已经定义过的变量。FC 中的局部变量又称为形式参数。调用时，需要将实际参数赋值给形式参数才能完成控制逻辑。圆柱体体积计算程序如图 7-9 所示。

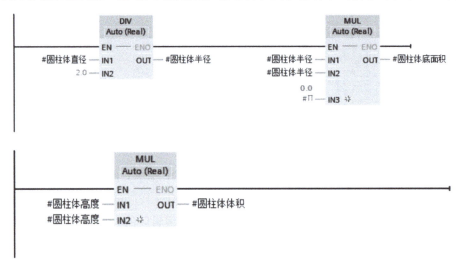

图 7-9 圆柱体体积计算程序

此外，在 FC 中也可以使用绝对地址或符号地址进行编程，即在 FC 中不使用局部变量，但这样一来程序将无法重复使用。通常，使用形式参数编程比较灵活，使用方便，特别是对于重复功能的编程来说，仅需要在调用时改变实际参数即可，便于用户阅读及程序维护。

4. 在 OB1 中调用 FC1

在变量表中生成调用 FC1 时需要的 4 个变量，如图 7-10 所示。

图 7-10　变量表

双击打开 Main［OB1］程序编辑视窗，将项目树中的 FC1 拖拽至程序段 1 的水平线上，形成一个 FC1 功能框，如图 7-11 所示。FC1 功能框中左边的参数是在 FC1 的接口区中定义的输入参数和输入/输出参数，右边是输出参数。

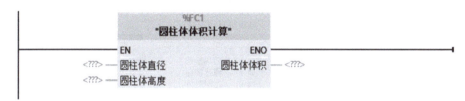

图 7-11　FC1 功能框

5. 程序调试

将项目下载到目标 PLC，将 CPU 切换至 RUN 模式。打开 OB1 的程序编辑视窗，单击工具栏中的"程序状态监控"按钮，启用监视。用鼠标右键单击 FC1 程序块，选择"打开并监视"，监视当前调用的 FC1 的执行情况。

也可以通过仿真来调试程序。选中项目树中的"PLC_1"，单击工具栏中的"开始仿真"按钮，出现 S7-PLCSIM 的精简视图。将程序下载到仿真 PLC，进入 RUN 模式。选中"圆柱体直径"，再单击鼠标右键，将其值修改为 3.0，用同样的方法将"圆柱体高度"修改为 2.6，再将 M1.0 的值修改为 1，让 M1.0 导通，计算出的值保存在 MD108 中，如图 7-12 所示。FC1 中变量的值在 M1.0 断开之后就会丢失。

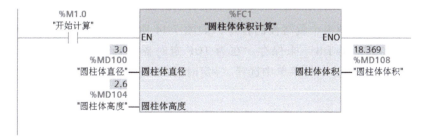

图 7-12　程序调试

其他代码块调用 FC 时，需要为每个形式参数指定实际参数。实际参数在方框的外面，与它对应的形式参数应具有相同的数据类型。赋值给形式参数时，可以采用变量表和全局 DB 中定义的符号地址或绝对地址，也可以调用 FC 的局部变量。TIA Portal 会自动在程序中的全局变量的符号地址两边添加双引号。给形式参数赋值时，开关量的输入既可以采用触点形式，也可以直接输入地址。

知识点 5：FB 的生成与调用

1. 生成 FB

打开 TIA Portal 的项目视图，新建一个名称为"功能块 FB"的项目。CPU 模块的型号选择 CPU 1214C DC/DC/DC。

7-5　FB 的生成与调用

打开项目视图中的文件夹"PLC_1"→"程序块"，双击其中的"添加新块"，打开"添加新块"对话框，单击"函数块"按钮，FB 默认编号为 1，语言为 LAD。设置 FB 的名称为"电动机制动控制"，单击"确定"按钮，生成 FB1。在程序块的"属性"中去掉 FB1"优化的块访问"属性。

这里的控制任务是：按下起动按钮，电动机运行并自锁；按下停止按钮，电动机断电，制动器开始工作，在规定的时间后制动器停止工作。

2. 定义 FB 的局部变量

打开 FB1，在 FB1 的接口区定义局部变量，如图 7-13 所示。FB 中有 Static（静态变量），它不参与参数传递，用于存储中间过程值，可被其他程序块访问。

根据控制任务要求，控制程序中需要加入定时器指令。定时器和计数器指令实际上也是 FB，在 FB 中调用这些指令时，如果为其指定固定的单个背景 DB，则当 FB 被多次调用时，

电动机制动控制				
名称		数据类型	偏移量	默认值
1　Input				
2　　起动按钮		Bool	0.0	false
3　　停止按钮		Bool	0.1	false
4　　定时时间		Time	2.0	T#0ms
5　Output				
6　　制动器		Bool	6.0	false
7　InOut				
8　　接触器		Bool	8.0	false
9　Static				
10　　定时器DB		IEC_TIMER	10.0	
11　Temp				
12　　<新增>				
13　Constant				

图 7-13　FB1 的接口区

定时器、计数器指令的背景 DB 会被同时用于多处，程序运行时将会出错。为了解决这一问题，可在接口区定义数据类型为"IEC_TIMER"的静态变量，用它给定时器指令提供背景 DB，那么每次调用 FB 时，在 FB 不同的背景 DB 中，都有独立的背景 DB 为调用 FB 中的定时器或计数器指令提供背景数据，不会发生混乱。

3. 编写 FB 程序

在 FB1 的程序编辑视窗中编写控制程序，如图 7-14 所示。在本程序中，TOF 定时器的参数用静态变量"定时器 DB"来保存。在为 TOF 定时器选择背景 DB 时，选择"多重实例"，并在接口参数的名称下拉菜单中选择"#定时器 DB"。

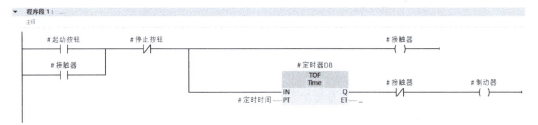

图 7-14　控制程序

生成 FB 的输入、输出参数和静态变量时，它们会被自动指定一个默认值，可以修改这些默认值。变量的默认值会被传送给 FB 的背景 DB，作为同一个变量的初始值。

可以在背景 DB 中修改变量的初始值。在调用 FB 时，没有指定实际参数的形式参数会使用背景 DB 中的初始值。

4. 在 OB1 中调用 FB1

在变量表中生成调用 FB1 使用的符号地址。在 OB1 的程序编辑视窗中，将项目树中的 FB1 拖拽至右边的程序段 1 的水平线上，松开鼠标时，会弹出"调用选项"对话框，需要输入 FB1 背景 DB 的名称，这里采用默认名称，单击"确定"按钮后，则在"程序块"下自动生成 FB1 的背景 DB"电动机制动控制_DB"，如图 7-15 所示。为各形式参数指定实际参数时，可以使用变量表或全局 DB 中定义的符号地址，也可以使用绝对地址。

图 7-15 FB1 的背景 DB

在 OB1 中调用两次 FB1（第二次调用也要为 FB1 指定背景 DB），分别控制两套设备，并将输入/输出实际参数赋给形式参数。调用程序及赋值如图 7-16 所示。

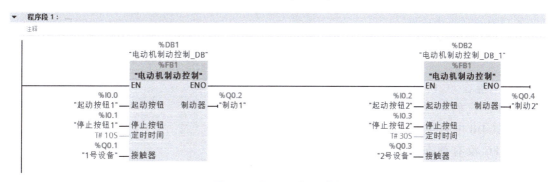

图 7-16 调用程序及赋值

5. S7-PLCSIM 仿真调试

选中项目树中的"PLC_1"，单击工具栏中的"开始仿真"按钮，打开 S7-PLCSIM，将程序下载到仿真 PLC，并使其进入 RUN 模式。单击 S7-PLCSIM 右上角的"切换"图标，将 S7-PLCSIM 从精简视图切换到项目视图。在 S7-PLCSIM 的项目视图中打开项目树中的"SIM 表格_1"，在表中手动生成需要仿真的 I/O 点条目，也可在"SIM 表格_1"的编辑栏空白处单击鼠标右键，选择"加载项目标签"，从而加载项目的全部标签，如图 7-17 所示。

接下来进行运行仿真，首先单击标签，则在"SIM 表格_1"的下方出现虚拟按钮"起动按钮 1"，如图 7-18 所示。单击该按钮，观察"监视/修改值"中的变量状态，然后单击虚拟按钮"停止按钮 1"，观察变量状态。接下来可按控制顺序依次对 2 号设备进行仿真，观察相关变量的状态。也可同时在程序段中监视程序的执行，观察各变量状态。

FB 的背景 DB 中的变量就是对应的 FB 接口区中的 Input、Output、InOut 参数和静态变量。双击打开该背景 DB，可以看到其中的数据与 FB1 接口区的数据是一致的。FB 的上述数据因为用背景 DB 保存，在 FB 执行完后也不会丢失，可供下次执行时使用，其他代码块也

名称	地址	显示格式	监视/修改值
"电动机制动控制_DB".起动按钮	%DB1.DBX0.0	布尔型	FALSE
"电动机制动控制_DB".停止按钮	%DB1.DBX0.1	布尔型	FALSE
"电动机制动控制_DB".定时时间	%DB1.DBD2	时间	T#10S
"电动机制动控制_DB".制动器	%DB1.DBX6.0	布尔型	FALSE
"电动机制动控制_DB".接触器	%DB1.DBX8.0	布尔型	FALSE
"电动机制动控制_DB".定时器DB.PT	%DB1.DBD14	时间	T#0MS
"电动机制动控制_DB".定时器DB.ET	%DB1.DBD18	时间	T#0MS
"电动机制动控制_DB".定时器DB.IN	%DB1.DBX22.1	布尔型	FALSE
"电动机制动控制_DB".定时器DB.Q	%DB1.DBX22.2	布尔型	FALSE
"电动机制动控制_DB_1".起动按钮	%DB2.DBX0.0	布尔型	FALSE
"电动机制动控制_DB_1".停止按钮	%DB2.DBX0.1	布尔型	FALSE
"电动机制动控制_DB_1".定时时间	%DB2.DBD2	时间	T#30S
"电动机制动控制_DB_1".制动器	%DB2.DBX6.0	布尔型	FALSE
"电动机制动控制_DB_1".接触器	%DB2.DBX8.0	布尔型	FALSE
"电动机制动控制_DB_1".定时器DB.PT	%DB2.DBD14	时间	T#0MS
"电动机制动控制_DB_1".定时器DB.ET	%DB2.DBD18	时间	T#0MS
"电动机制动控制_DB_1".定时器DB.IN	%DB2.DBX22.1	布尔型	FALSE
"电动机制动控制_DB_1".定时器DB.Q	%DB2.DBX22.2	布尔型	FALSE
"起动按钮1":P	%I0.0:P	布尔型	FALSE
"停止按钮1":P	%I0.1:P	布尔型	FALSE
"起动按钮2":P	%I0.2:P	布尔型	FALSE
"停止按钮2":P	%I0.3:P	布尔型	FALSE
"1号设备"	%Q0.1	布尔型	FALSE
"制动1"	%Q0.2	布尔型	FALSE
"2号设备"	%Q0.3	布尔型	FALSE
"制动2"	%Q0.4	布尔型	FALSE

图 7-17　SIM 表格_1

可以访问背景 DB 中的数据。

6. FC 和 FB 的区别

1）FB 有背景 DB，FC 没有背景 DB。

2）只能在 FC 内部访问它的局部变量，其他代码块或 HMI 可以访问 FB 的背景 DB 中的变量。

3）FC 没有静态变量，FB 有保存在背景 DB 中的静态变量。

FC 如果有执行完后需要保存的数据，只能存储在全局变量中（如全局 DB 和 M 区），但这样会影响 FC 的可移植性。如果 FC 或 FB 的内部不使用全局变量，只使用局部变量，则不需要做任何修改，就可以将块移植到其他项目。如果代码块有执行完后需要保存的数据，应该使用 FB。

名称	地址	显示格式	监视/修改值
"电动机制动控制_DB".起动按钮	%DB1.DBX0.0	布尔型	FALSE
"电动机制动控制_DB".停止按钮	%DB1.DBX0.1	布尔型	FALSE
"电动机制动控制_DB".定时时间	%DB1.DBD2	时间	T#10S
"电动机制动控制_DB".制动器	%DB1.DBX6.0	布尔型	FALSE
"电动机制动控制_DB".接触器	%DB1.DBX8.0	布尔型	TRUE
"电动机制动控制_DB".定时器DB.PT	%DB1.DBD14	时间	T#10S
"电动机制动控制_DB".定时器DB.ET	%DB1.DBD18	时间	T#0MS
"电动机制动控制_DB".定时器DB.IN	%DB1.DBX22.1	布尔型	TRUE
"电动机制动控制_DB".定时器DB.Q	%DB1.DBX22.2	布尔型	TRUE
"电动机制动控制_DB_1".起动按钮	%DB2.DBX0.0	布尔型	FALSE
"电动机制动控制_DB_1".停止按钮	%DB2.DBX0.1	布尔型	FALSE
"电动机制动控制_DB_1".定时时间	%DB2.DBD2	时间	T#30S
"电动机制动控制_DB_1".制动器	%DB2.DBX6.0	布尔型	FALSE
"电动机制动控制_DB_1".接触器	%DB2.DBX8.0	布尔型	TRUE
"电动机制动控制_DB_1".定时器DB.PT	%DB2.DBD14	时间	T#30S
"电动机制动控制_DB_1".定时器DB.ET	%DB2.DBD18	时间	T#0MS
"电动机制动控制_DB_1".定时器DB.IN	%DB2.DBX22.1	布尔型	TRUE
"电动机制动控制_DB_1".定时器DB.Q	%DB2.DBX22.2	布尔型	TRUE
"起动按钮1":P	%I0.0:P	布尔型	FALSE
"停止按钮1":P	%I0.1:P	布尔型	FALSE
"起动按钮2":P	%I0.2:P	布尔型	FALSE
"停止按钮2":P	%I0.3:P	布尔型	FALSE
"1号设备"	%Q0.1	布尔型	TRUE
"制动1"	%Q0.2	布尔型	FALSE
"2号设备"	%Q0.3	布尔型	TRUE
"制动2"	%Q0.4	布尔型	FALSE

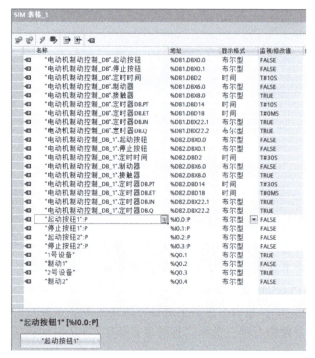

图 7-18　运行仿真

4）FB 的局部变量（不包含 Temp）有默认值（初始值），FC 的局部变量没有初始值。在调用 FB 时，如果没有设置某些输入、输出参数的实际参数，将使用背景 DB 中的初始值。调用 FC 时应给所有的形式参数指定实际参数。

5）FB 的输出参数值不仅与来自外部的输入参数有关，还与静态数据保存的内部状态数据有关。FC 因为没有静态数据，相同的输入参数会产生相同的执行结果。

> 学思践悟

FC 和 FB 在功能方面既有相似之处，又有不同之处，在针对不同的问题时，采用不同的解决方案可以达到较好的效果。但是对于初学者的困难在于无法正确选择并使用 FC 和 FB，应该通过勤学苦练，熟练掌握二者的本质与区别，达到熟练应用的目的。

知识点 6：多重背景 DB

FB 的调用称为实例，实例使用的数据存储在背景 DB 中。当 FB 调用一个高级 FB 时，无须为被调用的块创建单独的背景 DB，被调用的 FB 可将实例数据保存在调用 FB 的背景 DB 中，这种块调用又称为多重实例。这样，可将实例数据集中在一个块中，并通过程序中的少数背景 DB 进行获取，这种背景 DB 称为多重背景 DB。

7-6 多重背景的应用

1. 定时器和计数器指令的多重背景

每次调用定时器和计数器指令时，都需要指定一个背景 DB。如果多次调用就会产生大量的背景 DB，可以采用多重背景的方法解决这一问题，即在 FB 的接口区定义数据类型为 IEC_TIMER 或 IEC_COUNTER 的静态变量，用这些静态变量来提供定时器和计数器指令的背景数据。

2. FB 的多重背景

每调用一次 FB，就需要生成 1 个背景 DB，FB 调用较多时，就会生成多个背景 DB。也可以通过多重背景的方法减少产生的背景 DB 数量。

五、项目实施

任务 1：定时器和计数器多重背景的应用

有 3 台电动机，按下起动按钮，1 号电动机开始运行，10s 后 2 号电动机开始运行，再过 10s 后 3 号电动机开始运行。停机顺序与起动顺序刚好相反，即按下停止按钮后，3 号电动机停止运行，10s 后 2 号电动机停止运行，再过 10s 后 1 号电动机停止运行。

打开项目视图，生成一个名为"多重背景"的新项目，添加 CPU 1214C。打开项目树中的文件夹"PLC_1"→"程序块"，生成名为"电动机顺序控制"的 FB，即 FB1，去掉"优化的块访问"属性。

打开 FB1，在接口区生成如图 7-19 所示的局部变量。

在程序中需要多次调用定时器指令，为了减少产生背景 DB 的数量，采用多重背景的方法，在 FB1 的接口区生成 4 个数据类型为 IEC_TIMER 的静态变量。

FB1 的程序如图 7-20 所示，将定时器指令拖拽到程序区时，会出现"调用选项"对话框。单击选项中的"多重背景"，用选框选中列表中对应的变量，用 FB1 的静态变量为定时器提供背景数据。

电动机顺序控制				
	名称	数据类型	偏移量	默认值
1	▼ Input			
2	起动	Bool	0.0	false
3	停止	Bool	0.1	false
4	▼ Output			
5	1号电动机运行	Bool	2.0	false
6	2号电动机运行	Bool	2.1	false
7	3号电动机运行	Bool	2.2	false
8	▼ InOut			
9	起动停止信号	Bool	4.0	false
10	▼ Static			
11	▶ 通电延时10	IEC_TIMER	6.0	
12	▶ 通电延时20	IEC_TIMER	22.0	
13	▶ 断电延时10	IEC_TIMER	38.0	
14	▶ 断电延时20	IEC_TIMER	54.0	
15	<新增>			
16	▼ Temp			
17	<新增>			
18	▼ Constant			
19	<新增>			

图 7-19 FB1 的局部变量

程序段1：

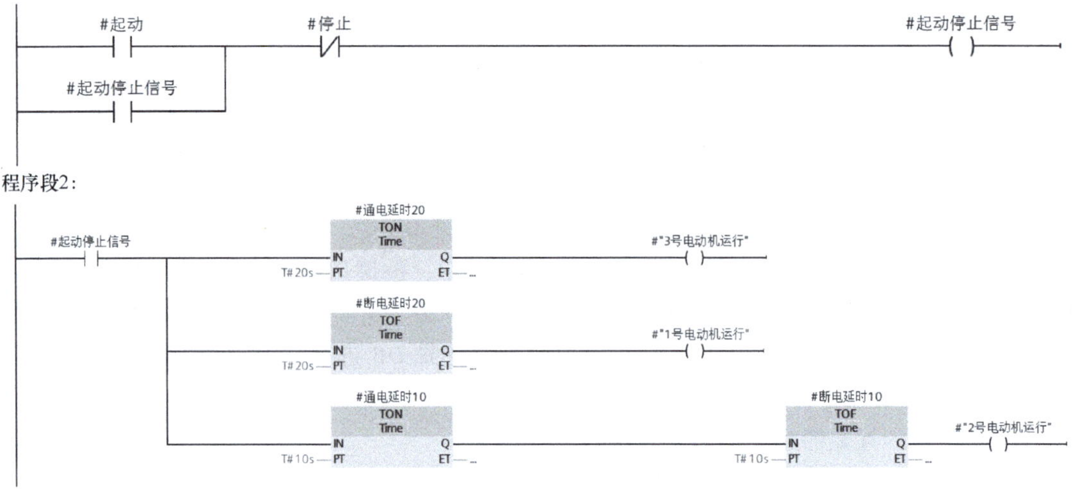

程序段2：

图7-20　FB1的程序

在OB1中调用FB1，如图7-21所示，产生的背景DB为"电动机顺序控制_DB [DB1]"。

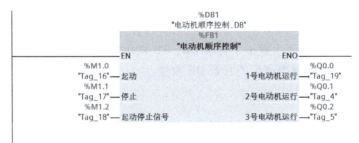

图7-21　在OB1中调用FB1

将用户程序下载到CPU，将CPU切换到RUN模式。在"电动机顺序控制_DB"中监视数据的变化，如图7-22所示。也可以在线监视FB1内部程序的执行情况。

图7-22　监视数据的变化

项目七　电动机组的起停控制系统设计

任务 2：FB 的多重背景

在知识点 6 中介绍过，每调用一次 FB，就需要生成 1 个背景 DB，FB 调用次数较多时，就会生成多个背景 DB。可以通过多重背景的方法减少产生的背景 DB 数量。具体操作如下：

（1）生成 FB5

打开知识点 5 中的"功能块 FB"项目，添加名称为"多台电动机制动控制"的 FB，即 FB5。

（2）定义 FB5 的局部变量

在 FB5 接口区生成数据类型为"电动机制动控制"的静态变量"1 号电动机"~"4 号电动机"。每个静态变量内部的输入参数、输出参数等局部变量自动生成，与"电动机制动控制［FB1］"的相同，如图 7-23 所示。

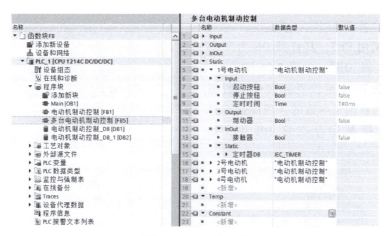

图 7-23　FB5 接口区

（3）在 FB5 中调用 FB1

在 FB5 中调用 FB1 时，会出现"调用选项"对话框，如图 7-24 所示。单击"多重实例"，在列表中选择"1 号电动机"，用 FB5 的静态变量"1 号电动机"为"电动机制动控制"的 FB1 提供背景数据。用同样的方法，调用 4 次 FB1。

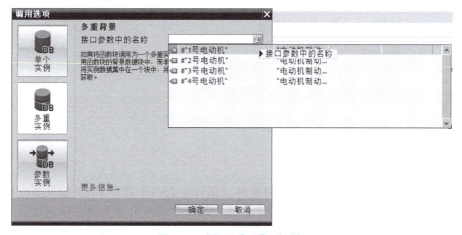

图 7-24　"调用选项"对话框

147

图 7-25 所示为"1 号电动机"和"2 号电动机"调用 FB1 的程序。

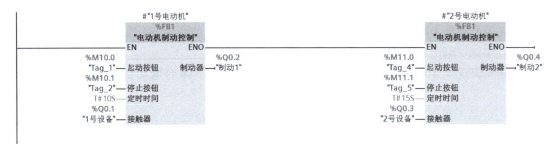

图 7-25 "1 号电动机"和"2 号电动机"调用 FB1 的程序

也可以在 OB1 中为 FB1 进行赋值,这样做可增加程序的灵活性。

(4) 在 OB1 中调用 FB5

在 OB1 中调用 FB5,其背景 DB 为"多台电动机制动控制_DB",如图 7-26 所示。

双击该背景 DB,可以看到其中的数据与 FB5 接口区的数据是一致的。程序运行过程中所有的数据都保存在该 DB 中,如图 7-27 所示。

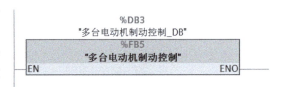

图 7-26 "多台电动机制动控制_DB"

	多台电动机制动控制_DB			
	名称	数据类型	起始值	监视值
1	Input			
2	Output			
3	InOut			
4	▼ Static			
5	▼ 1号电动机	"电动机制动控制"		
6	▼ Input			
7	起动按钮	Bool	false	FALSE
8	停止按钮	Bool	false	FALSE
9	定时时间	Time	T#0ms	T#5S
10	▼ Output			
11	制动器	Bool	false	FALSE
12	▼ InOut			
13	接触器	Bool	false	FALSE
14	▼ Static			
15	▼ 定时器DB	IEC_TIMER		
16	PT	Time	T#0ms	T#5S
17	ET	Time	T#0ms	T#5S
18	IN	Bool	false	FALSE
19	Q	Bool	false	FALSE
20	▶ 2号电动机	"电动机制动控制"		
21	▶ 3号电动机	"电动机制动控制"		
22	▶ 4号电动机	"电动机制动控制"		

图 7-27 多台电动机制动控制的数据监视

学思践悟

每次调用定时器、计数器指令以及 FB 时,都会生成一个背景 DB。如果多次调用,会产生大量的 DB,造成程序编写和管理的不方便,可以采用多重背景的方法解决。人生是一个不断发现问题、分析问题、解决问题的过程,问题推动着人生不断向前发展。问题是一切成长的开始,也是智慧的开端。

项目七 电动机组的起停控制系统设计

爱迪生是伟大的发明家,但在他的人生路途中难题重重。小时候,他学习成绩不好,被学校开除了,但是他的母亲不放弃他,在家里教他学习;长大后,他喜欢科学发明,在火车上做实验惹了祸,被车长打成了左耳失聪,但是他并没有退缩,仍坚持着科学实验。发明电灯时,他尝试了六千多种材料都不能做成灯丝,但他仍不放弃,继续尝试并最终发明了白炽灯。试想,假如爱迪生在面对身体残疾、发明不顺利等难题时,没有积极面对,他的成功从何而来?正是由于他在面对人生难题时的"不抛弃,不放弃"才使他成了有名的发明家,为人类的进步做出了重要贡献。

孟子认为:故天将降大任于斯人也,必先苦其心志,劳其筋骨,饿其体肤,空乏其身,行拂乱其所为,所以动心忍性,曾益其所不能。也就是说要想成人必先吃苦。在面对人生的种种不如意时,应当持有一种积极的态度,并积极寻求解决途径,然后问题才会迎刃而解。

任务 3:电动机组起停控制系统的硬件设计

1)根据控制要求分析其输入和输出元件,完成 I/O 地址分配,见表 7-2。

表 7-2 项目七的 I/O 地址分配表

	输入				输出		
序号	地址	符号	设备名称	序号	地址	符号	设备名称
1	I0.0	SB1	起动按钮	1	Q0.0	KM11	电源线圈 1
2	I0.1	SB2	停止按钮	2	Q0.1	KM12	星形线圈 1
3				3	Q0.2	KM13	三角形线圈 1
4				4	Q0.3	KM21	电源线圈 2
5				5	Q0.4	KM22	星形线圈 2
6				6	Q0.5	KM23	三角形线圈 2
7				7	Q0.6	KM31	电源线圈 3
8				8	Q0.7	KM32	星形线圈 3
9				9	Q1.0	KM33	三角形线圈 3

2)完成电动机组起停控制系统的 I/O 接线图。

电动机组 I/O 接线图如图 7-28 所示。

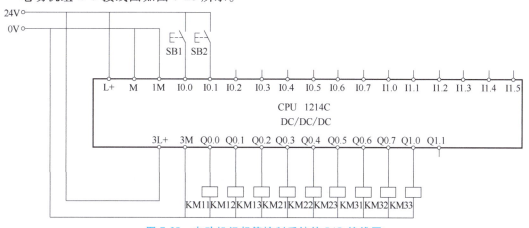

图 7-28 电动机组起停控制系统的 I/O 接线图

149

任务 4：电动机组起停控制系统的软件设计

1. FB1 设计

（1）接口参数

添加“星-三角减压起动”FB，即 FB1，打开接口区，定义接口变量，输入（Input）变量包括起动（start）、停止（stop），输出（Output）变量包括星形线圈 KM2、三角形线圈 KM3，输入输出（InOut）变量包括电源线圈 KM1、两个定时器（time1 和 time2），如图 7-29 所示。

星-三角减压起动

	名称	数据类型	默认值
1	▼ Input		
2	▪ start	Bool	false
3	▪ stop	Bool	false
4	▼ Output		
5	▪ KM2	Bool	false
6	▪ KM3	Bool	false
7	▼ InOut		
8	▪ KM1	Bool	false
9	▼ Static		
10	▪ ▸ time1	IEC_TIMER	
11	▪ ▸ time2	IEC_TIMER	
12	▼ Temp		
13	▪ temp2	Bool	
14	▪ temp3	Bool	
15	▼ Constant		

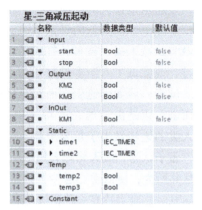

图 7-29　FB1 接口区

（2）FB1 梯形图

程序段 1 的功能是接通电源线圈，程序段 2~程序段 4 的功能是用两个接通延时定时器控制星形线圈和三角形线圈，程序段 5 的功能是断开电源线圈。程序的执行过程如下：按下起动按钮，电源线圈和星形线圈通电，6s 后星形线圈断电，再过 1s 后，三角形线圈通电，实现电动机组的三角形联结运行，如图 7-30 所示。

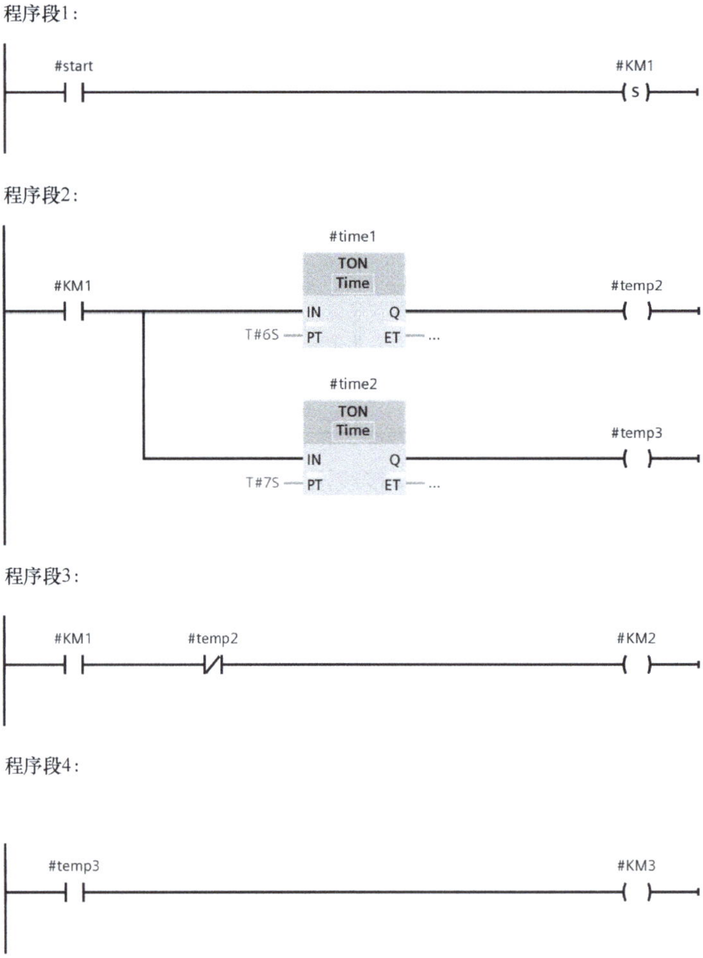

图 7-30　FB1 梯形图

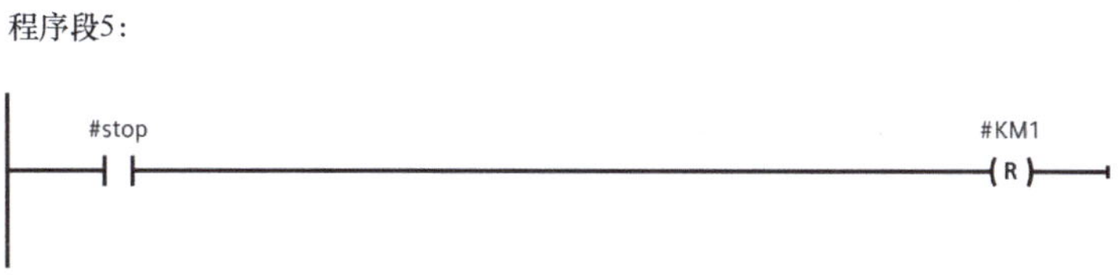

程序段5:

```
  #stop                                    #KM1
───┤ ├──────────────────────────────────────( R )
```

图 7-30 FB1 梯形图（续）

2. 主程序设计
（1）变量的定义
在变量表中定义主程序变量，如图 7-31 所示。

	名称	数据类型	地址
1	起动按钮	Bool	%I0.0
2	停止按钮	Bool	%I0.1
3	电源线圈1	Bool	%Q0.0
4	星形线圈1	Bool	%Q0.1
5	三角形线圈1	Bool	%Q0.2
6	电源线圈2	Bool	%Q0.3
7	星形线圈2	Bool	%Q0.4
8	三角形线圈2	Bool	%Q0.5
9	电源线圈3	Bool	%Q0.6
10	星形线圈3	Bool	%Q0.7
11	三角形线圈3	Bool	%Q1.0

图 7-31 主程序变量

（2）梯形图
在 OB1 中编写梯形图程序，如图 7-32 所示。

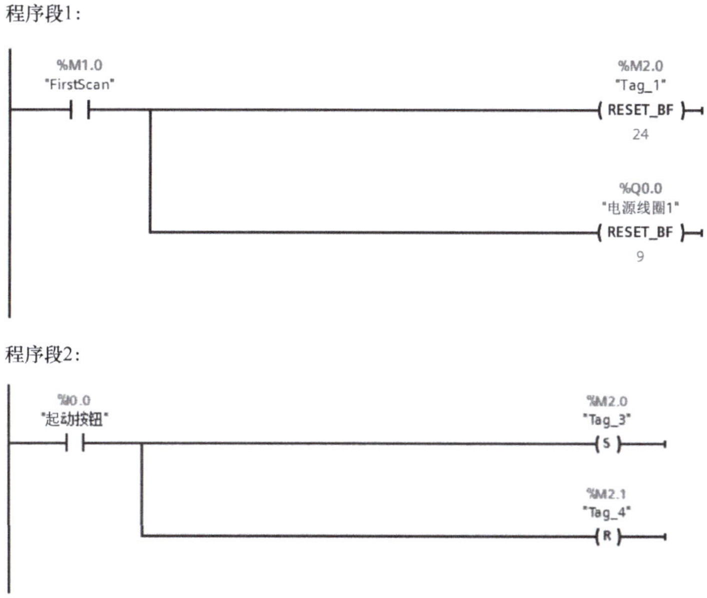

程序段1:

```
  %M1.0                                    %M2.0
"FirstScan"                                "Tag_1"
───┤ ├──────────────┬──────────────────( RESET_BF )
                    │                        24
                    │                      %Q0.0
                    │                    "电源线圈1"
                    └──────────────────( RESET_BF )
                                             9
```

程序段2:

```
  %I0.0                                    %M2.0
"起动按钮"                                  "Tag_3"
───┤ ├──────────────┬──────────────────────( S )
                    │                      %M2.1
                    │                     "Tag_4"
                    └──────────────────────( R )
```

图 7-32 主程序梯形图

机床电气与PLC控制技术

程序段3:

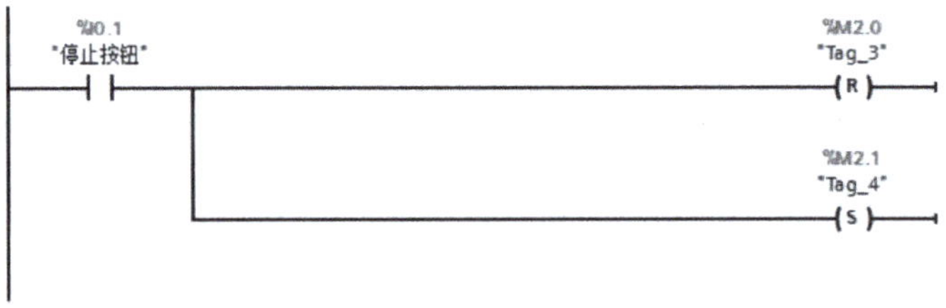

```
  %I0.1                                    %M2.0
"停止按钮"                                   "Tag_3"
   ─┤├──────────────────────────────────────( R )──

                                            %M2.1
                                            "Tag_4"
                                           ──( S )──
```

程序段4:

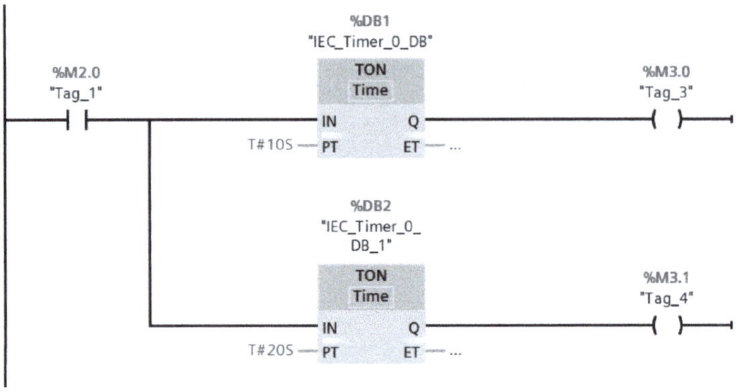

```
                      %DB1
                   "IEC_Timer_0_DB"
   %M2.0              TON                   %M3.0
   "Tag_1"            Time                   "Tag_3"
   ─┤├──────────── IN       Q ──────────────( )──
              T#10S─ PT      ET ──...

                      %DB2
                   "IEC_Timer_0_
                       DB_1"
                       TON                   %M3.1
                       Time                  "Tag_4"
              ──────IN       Q ──────────────( )──
              T#20S─ PT      ET ──...
```

程序段5:

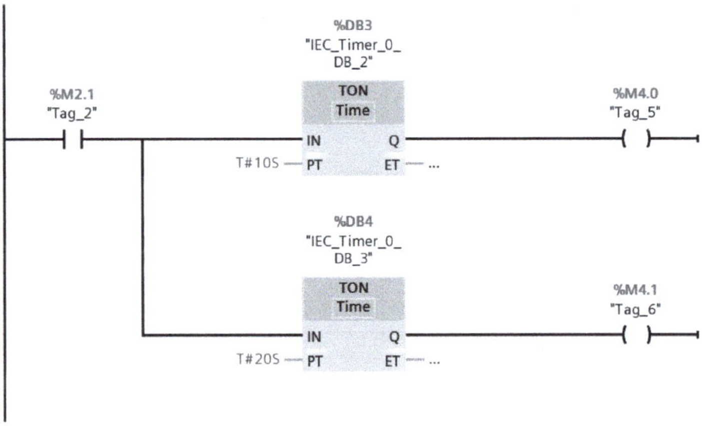

```
                      %DB3
                   "IEC_Timer_0_
                       DB_2"
   %M2.1               TON                   %M4.0
   "Tag_2"             Time                  "Tag_5"
   ─┤├──────────── IN       Q ──────────────( )──
              T#10S─ PT      ET ──...

                      %DB4
                   "IEC_Timer_0_
                       DB_3"
                       TON                   %M4.1
                       Time                  "Tag_6"
              ──────IN       Q ──────────────( )──
              T#20S─ PT      ET ──...
```

程序段6:

```
                  %DB5
              "星-三角减压起动_DB"
                  %FB1
              ┌─────────────┐
              │ EN      ENO │
   %M2.0      │             │       %Q0.1
   "Tag_1"───┤start         ├─KM2──"星形线圈1"
   %M4.1      │             │       %Q0.2
   "Tag_6"───┤stop          ├─KM3──"三角形线圈1"
   %Q0.0      │             │
  "电源线圈1"─┤KM1           │
              └─────────────┘
```

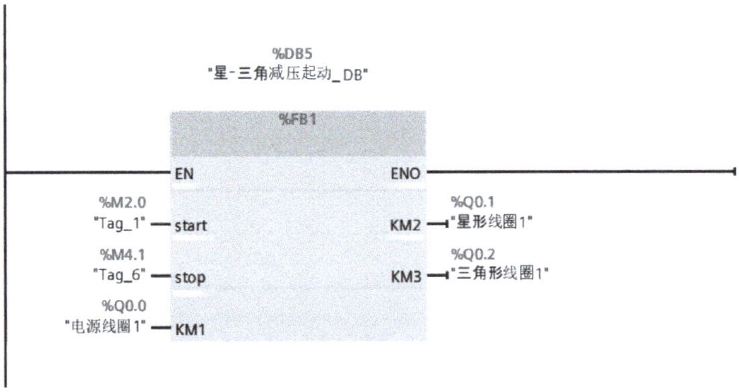

图 7-32　主程序梯形图（续）

程序段7：

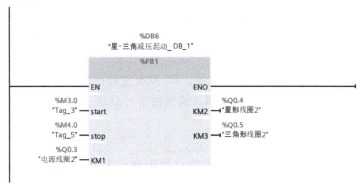

程序段8：

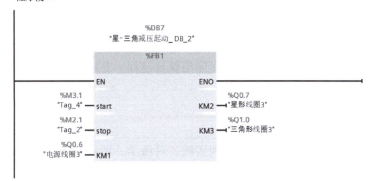

图 7-32 主程序梯形图（续）

（3）仿真调试

生成监控表，将变量表中的所有变量添加到监控表中，同时创建强制表，将起动按钮 I0.0 和停止按钮 I0.1 添加到强制表中。将起动按钮 I0.0 的值修改为 1 时，观察各线圈的变化情况。查看仿真运行结果是否与控制要求拟实现的结果一致，如果不一致需进行修改完善。仿真过程中，记录出现的问题和解决措施。

出现的问题：

解决措施：

任务 5：技术文档整理

按照项目需求，整理出项目技术文档，主要包括控制工艺要求、I/O 地址分配表、电气原理图和梯形图程序等。

六、项目复盘

本项目以电动机组的起停控制系统为载体，学习了 S7-1200 PLC 的用户程序结构，包括

DB、FC 和 FB，并采用 FB 作为解决该问题的主要手段。

1）DB 与其他存储区的功能类似，用于存储程序执行期间产生的数据。根据使用方法不同，DB 分为_____和_____。访问 DB 中的数据值有两种方式，分别是_____和_____。

2）FC 是一种不带"存储区"的代码块，FC 没有它自己的存储区。FB 是带"存储器"的块，背景 DB 作为"存储器"分配给 FB。请通过学习总结二者在使用上的区别：

_____
_____

3）定时器、计数器指令及 FB 在调用的过程中会产生背景 DB，多次调用会产生多个 DB，不便于程序的管理，也会造成存储空间的浪费。为了解决此问题，可采用多重背景 DB，请总结多重背景的使用方法。

_____
_____

4）根据已完成的电动机组起停控制程序的设计过程，总结使用 FC 和 FB 编写程序时的基本步骤。

_____
_____

5）通过电动机组起停控制系统设计和实施，对所学、所获进行归纳总结。

_____
_____

七、知识拓展

知识点：组织块在程序中的应用

八、思考与练习

1）FC 的程序编辑窗口由接口区和程序编辑区组成，接口区在编程中起什么作用？

2）FC 在编程时既可以使用接口区定义的局部变量，也可以使用全局变量，二者的区别是什么？

3）编写 FC 的程序时，若使用形式参数，调用时需要给形式参数指定实际参数，请说明什么是形式参数，什么是实际参数，二者的区别是什么。

4）调用 FB 时，会产生一个和 FB 的名称一致的背景 DB，请说明该背景 DB 的作用。

5）能否删除或修改背景 DB 中的变量？如果确实需要删除或者修改，应该怎么解决？

6）如果 OB1 中已经调用完 FB1，又在 FB1 中对程序进行了修改，则在 OB1 中被调用的 FB1 的方框、字符或背景 DB 将变成红色，此时应该怎么处理？

7）简述调用定时器、计数器指令和调用 FB 时使用多重背景有什么不同？

项目八

智能制造生产线通信程序设计

一、项目引入

某智能制造生产线如图 8-1 所示,由自动化立体仓库与堆垛机单元、工业机器人上下料数控加工单元(包括数控车床和加工中心)、工业机器人雕刻单元(由雕刻机器人和雕刻工作台组成)、工业机器人装配单元(由装配机器人和装配工作台组成)、自动化输送线单元、系统信息集成管理单元、RFID 识别和 CCD 工业视觉检测单元、AGV 运载机器人输送单元共 8 个单元组成。

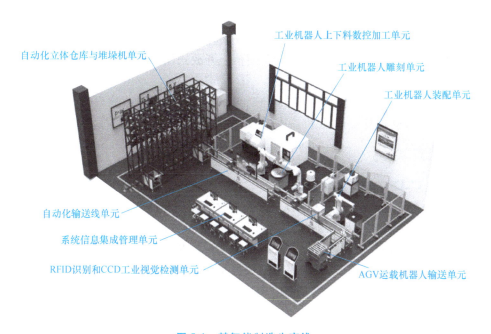

图 8-1 某智能制造生产线

自动化立体仓库与堆垛机单元由成品仓库、原料仓库、堆垛机、单元控制柜 4 部分组成;堆垛机从仓库取料放入自动化输送线,工业机器人抓取圆棒料放入数控车床加工为圆形工件,抓取方形底座放入加工中心加工,抓取加工完的工件放回托盘;装配机器人用来抓取合格的圆形工件和方形底座,把二者组装好后再放回托盘;雕刻机器人用来给数控车床加工完成的圆形工件进行雕刻,装配件由输送线和 AGV 运载机器人运送到成品仓库。

在该智能制造生产线中,控制器是核心,它将车床、机器人、立体仓库及 MES 等设备连接并形成网络，使各设备之间协同工作。

二、学习目标

1）熟悉各种通信方式的基础知识及特点。
2）熟悉常用通信方式的通信指令。
3）掌握 PLC 与变频器、PLC 与工业机器人之间的常用通信方法。
4）能根据通信设备的情况，正确配置工业机器人、数控设备、PLC 等设备之间的通信方式。
5）能根据控制功能要求，设置各设备的通信参数。
6）能根据流程和工艺要求，编写设备间的通信程序。
7）能利用仿真软件等手段进行通信测试。
8）能利用软件或工具，分析设备间的通信故障并予以排除。
9）培养学生探究学习与终身学习的能力。

三、项目任务

1）熟悉串行通信和以太网通信的基础知识。
2）分析智能制造生产线，明确各设备之间的通信方式。
3）完成 S7-1200 PLC 与变频器之间进行 Modbus-RTU 通信的程序设计。
4）完成两台 S7-1200 PLC 之间进行 S7 通信、开放式用户通信和 Modbus TCP 通信的程序设计并进行测试。
5）完成 S7-1200 PLC 与 G120 变频器进行 PROFINET 通信的程序设计。
6）完成 S7-1200 PLC 与 ABB 机器人之间的 PROFINET 通信的程序设计。

四、知识获取

知识点 1：S7-1200 PLC 的串行通信

串行通信是指 PLC 与仪器仪表等设备之间通过数据信号线连接，并按位传输数据的一种通信方式。串行通信是以二进制位为单位的数据传输方式，每次只传送一位，最多只需要两根传输线即可完成数据传送。串行通信是目前工业上常用且经济的通信方式，主要用于数据量小、实时性要求不高的场合。PLC 通过串行通信可以连接扫描仪、打印机、称重仪和变频器等设备，如图 8-2 所示。

8-1 串行通信的基础知识

1. 串行通信的分类

（1）单工、半双工和全双工通信

串行通信按照数据流的方向分为单工、半双工和全双工三种方式，如图 8-3 所示。数据只能单向传送的为单工，数据能双向传送但不能同时双向传送的称为半双工，数据能同时双向传送的称为全双工。

（2）同步通信和异步通信

同步通信广泛应用于位置编码器和控制器之间，它以

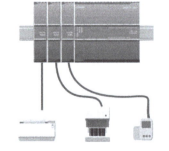

图 8-2　S7-1200 PLC 的串行通信

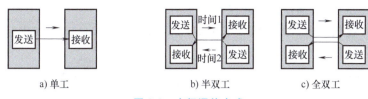

图 8-3 串行通信方式

帧为数据传输单位,字符之间没有间隙,也没有起始位和停止位。为保证接收端能正确区分数据流,收发双方必须建立起同步的时钟。

异步通信以字符为数据传输单位,在传输开始时,组成这个字符的各个数据位被连续发送,接收端通过检测字符中的起始位和停止位来判断接收到的字符。

S7-1200 PLC 的串行通信采用异步通信传输方式,每个字符由 1 个起始位、7 个或 8 个数据位、1 个奇偶校验位或无校验位、1 个停止位组成,传输时间取决于 S7-1200 PLC 通信模块端口的波特率设置。

2. 串行通信的接口

按电气标准分类,串行通信的接口包括 RS-232 和 RS-485。RS-232 接口是 PLC 与仪器仪表等设备的一种串行通信接口方式,它以全双工方式工作,需要发送线、接收线和地线 3 条线。RS-232 只能实现点对点的通信方式,逻辑"1"的电平为 $-15 \sim -5V$,逻辑"0"的电平为 $5 \sim 15V$,通常 RS-232 接口以 9 针 D 型接头的形式出现,其接线如图 8-4 所示。

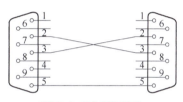

图 8-4 RS-232 接线

RS-485 接口也是 PLC 与仪器仪表等设备的一种串行通信接口方式,它采用两线制,组成的是半双工通信网络。在 RS-485 通信网络中,一般采用的是主从通信方式,即一个主站带多个从站,RS-485 采用差分信号,$-6 \sim -2V$ 表示"0",$2 \sim 6V$ 表示"1"。其网络如图 8-5 所示,RS-485 需要在总线电缆的始端和末端并联终端电阻,终端电阻阻值为 120Ω。

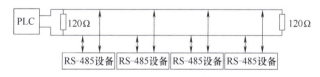

图 8-5 RS-485 网络

RS-232 与 RS-485 接口的区别如下:

1)从电气特性上,RS-485 接口的信号电平比 RS-232 接口的信号电平低,不易损坏接口电路。

2)从接线上,RS-232 是三线制,RS-485 是两线制。

3)从传输距离上,RS-232 的传输距离为 $15 \sim 20m$,RS-485 的传输距离可以达到 1000m 以上。

4)从传输方式上,RS-232 是全双工传输,RS-485 是半双工传输。

5)从协议层上,RS-232 一般针对点对点通信使用,而 RS-485 支持总线形式的通信,即一个主站带多个从站,建议不超过 32 个从站。

3. S7-1200 PLC 串口通信模块和通信板

S7-1200 PLC 提供了串口通信模块 CM1241 和通信板 CB1241 来实现串行通信。S7-1200 PLC 有两种串口通信模块（CM1241 RS232、CM1241 RS422/485）和一种通信板（CB1241 RS485），如图 8-6 所示。

S7-1200 PLC 的串口通信模块和通信板有以下特点：端口与内部电路隔离、支持点对点协议、通过通信处理器指令编程、具有诊断 LED（仅 CM1241）、通过模块上的 LED 指示灯显示发送和接收活动、均由 CPU 背板总线 DC 5V 供电，不必连接外部电源。

a) 串口通信模块　　　　b) 通信板

图 8-6 串口通信模块和通信板

S7-1200 PLC 的串口通信模块和通信板支持相同的波特率、校验方式和接收缓冲区。但串口通信模块和通信板类型不同，支持的流控制方式、通信距离等也存在差异。S7-1200 PLC 的串口通信模块和通信板技术规范见表 8-1。

表 8-1　S7-1200 PLC 的串口通信模块和通信板技术规范

类型	CM1241 RS232	CM1241 RS422/485	CB1241 RS485
订货号	6ES7 241-1AH32-0XB0	6ES7 241-1CH32-0XB0	6ES7 241-1CH30-1XB0
通信口类型	RS-232（全双工）	RS-422/485	RS-485（2线制半双工）
流控制	硬件流控、软件流控	软件流控（仅 RS-422）	不支持
通信距离（屏蔽）	约为 10m	约为 1000m（取决于波特率）	
波特率	300b/s、600b/s、1.2kb/s、2.4kb/s、4.8kb/s、9.6kb/s（默认值）、19.2kb/s、38.4kb/s、57.6kb/s、76.8kb/s、115.2kb/s		
奇偶校验	无奇偶校验（默认）、偶校验、奇校验、传号（奇偶校验位始终设为 1）、空号（奇偶校验位始终设为 0）		

4. 串口通信模块支持的通信协议

S7-1200 PLC 串口通信模块和通信板根据类型不同，分别支持自由口 ASCII、Modbus-RTU 和 USS 通信协议，见表 8-2。

表 8-2　支持的通信协议

类型	CM1241 RS232	CM1241 RS422/485	CB1241 RS485
自由口 ASCII	√	√	√
Modbus-RTU	√	√	√
USS	×	√	√

注："√"表示支持，"×"表示不支持。

知识点 2：S7-1200 PLC 的 Modbus-RTU 通信

Modbus-RTU 是一种单主站的主从通信模式，主站发送数据请求报文帧，从站回复应答数据报文帧。Modbus-RTU 网络上只能有一个主站存在，主站在网络上没有地址，每个从站必须有唯一的地址，从站的地址范围为 0~247，其中 0 为广播地址，用于将消息广播到所有 Modbus-RTU 从站。

串口通信模块 CM1241 RS232 和 CM1241 RS422/485 均支持 Modbus-RTU，可作为 Modbus-RTU 主站或从站与支持 Modbus-RTU 的第三方设备通信。作为 Modbus-RTU 主站运行的 PLC 能够在 Modbus-RTU 从站中通过通信连接读取和写入数据。作为 Modbus-RTU 从站运行的 PLC 允许与之连接的 Modbus-RTU 主站读取并写入数据。

Modbus-RTU 主从站之间的数据交换是通过功能码来控制的。有些功能码对位操作，有些功能码对字操作。S7-1200 PLC 用作 Modbus-RTU 主站或从站时支持的 Modbus-RTU 地址和功能码见表 8-3。

表 8-3 Modbus-RTU 地址和功能码

Modbus-RTU 地址	读写	功能码	说明
00001~09999	读	1	读取单个/多个开关量输出线圈状态
	写	5	写单个开关量输出线圈
	写	15	写多个开关量输出线圈
10001~19999	读	2	读取单个/多个开关量输入触点状态
	写	—	不支持
30001~39999	读	4	读取单个/多个模拟量输入通道数据
	写	—	不支持
40001~49999	读	3	读取单个/多个保持寄存器数据
	写	6	写单个保持寄存器数据
	写	16	写多个保持寄存器数据

使用 S7-1200 PLC 串口通信模块进行 Modbus-RTU 通信时，先调用 Modbus_Comm_Load 指令来设置通信端口参数，然后调用 Modbus_Master 或 Modbus_Slave 指令作为主站或从站与支持 Modbus-RTU 的第三方设备通信。

1）Modbus_Comm_Load 指令用于配置 Modbus-RTU 通信端口的参数，指令如图 8-7 所示，将该指令放入程序时会自动分配背景 DB。

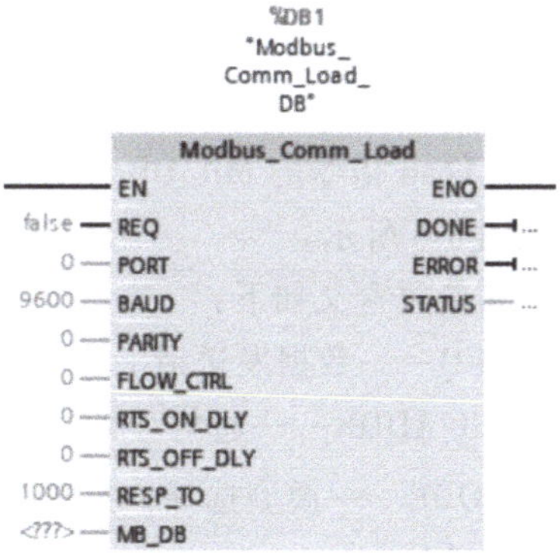

其参数含义如下：

REQ——在上升沿执行指令。

PORT——通信端口硬件标识符。安装并组态 CM 或 CB 通信设备之后，通信端口硬件标识符将出现在 PORT 功能框连接的参数助手下拉列表中。分配的 CM 或 CB 端口值为设备配置属性"硬件标识符"。端口符号名称在变量表的"系统常量"选项卡中分配。

图 8-7 Modbus_Comm_Load 指令

BAUD——通信端口的波特率。

PARITY——奇偶校验选择。0 为无，1 为奇校验，2 为偶校验。

FLOW_CTRL——流控制选择。0（默认）为无流控制，1 为 RTS 始终为 ON 的硬件流控制（不适用于 RS-485 端口），2 为带 RTS 切换的硬件流控制。

RTS_ON_DLY——RTS 接通延迟选择。

0	从"RTS 激活"到发送帧的第一个字符之前无延迟
1~65535	从"RTS 激活"到发送帧的第一个字符之前的延迟（以毫秒表示，不适用于 RS-422/485 端口）。不论选择 FLOW_CTRL 为何，都会使用 RTS 延迟

RTS_OFF_DLY——RTS 关断延迟选择。

0	从传送上一个字符到"RTS 未激活"之前无延迟
1~65535	从传送上一个字符到"RTS 未激活"之前的延迟（以毫秒表示，不适用于 RS-422/485 端口）。不论选择 FLOW_CTRL 为何，都会使用 RTS 延迟

RESP_TO——设定从站对主站的响应超出时间。取值范围为 5~65535ms，如果从站在此时间段内未响应，Modbus_Master 指令将重复请求，或者在指定数量的重试请求后取消请求并提示错误。

MB_DB——对 Modbus_Master 或 Modbus_Slave 指令的背景 DB 的引用。MB_DB 参数必须与 Modbus_Master 或 Modbus_Slave 指令的 MB_DB 参数相连（静态，因此在指令中不可见）。

DONE——通信完成状态。如果上一个请求已完成并且没有错误，则 DONE 位将变为 TRUE 并保持一个扫描周期的时间。

ERROR——错误状态。上一个请求因错误而终止后，ERROR 位将保持为 TRUE 一个扫描周期的时间。STATUS 参数中的错误代码值仅在 ERROR 为 TRUE 的一个扫描周期内有效。

STATUS——错误代码。

2）S7-1200 PLC 的串口通信模块作为 Modbus-RTU 主站与一个或多个 Modbus-RTU 从站设备进行通信时，需要调用 Modbus_Master 指令。将 Modbus_Master 指令拖入程序时，会自动为其创建背景 DB。指定 Modbus_Comm_Load 指令的 MB_DB 参数时将使用该背景 DB，指令如图 8-8 所示。

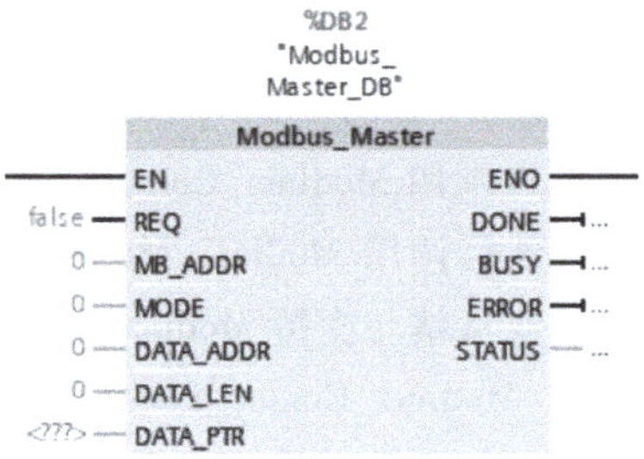

其参数含义如下：

REQ——数据发送请求信号，边沿信号触发。

图 8-8 Modbus_Master 指令

MB_ADDR——通信对象 Modbus-RTU 从站的地址。

MODE——模型选择，指定请求类型（读、写或诊断）。

DATA_ADDR——从站中的 Modbus-RTU 起始地址，指定在 Modbus-RTU 从站中访问的数据的起始地址。MODE 和 Modbus-RTU 地址一起确定实际 Modbus-RTU 消息中使用的功能代码。

DATA_LEN——数据长度，指定请求中要访问的位数或字数。

DATA_PTR——用来存取 Modbus-RTU 通信数据的本地 DB 的 M 或 DB 地址。多次调用 Modbus_Master 指令时，可使用不同的 DB，也可以各自使用同一个 DB 的不同地址区域。

BUSY——0 表示无 Modbus_Master 操作正在进行；1 表示 Modbus_Master 操作正在进行。

3）Modbus_Slave 指令。S7-1200 PLC 串口通信模块作为 Modbus-RTU 从站，用于响应 Modbus-RTU 主站的请求，且需要调用 Modbus_Slave 指令，指令如图 8-9 所示。远程 Modbus-RTU 主站发出请求时，从站会通过执行 Modbus_Slave 指令进行响应。在程序中插入 Modbus_Slave 指令时，会自动为其创建背景 DB，在为 Modbus_Comm_Load 指令指定 MB_DB 参数时也会使用此 Modbus_Slave_DB 名称。

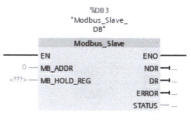

图 8-9　Modbus_Slave 指令

其参数含义如下：

MB_ADDR——此通信端口作为 Modbus-RTU 从站的地址。

MB_HOLD_REG——保持寄存器 DB 的地址，可以是 M 存储器或 DB。

NDR——新数据就绪。0 表示无新数据，1 表示 Modbus-RTU 主站已写入新数据。

DR——读取数据。0 表示无数据读取，1 表示 Modbus-RTU 主站已读取数据。

4）Modbus-RTU 通信的注意事项。

① 在调用 Modbus_Master 或 Modbus_Slave 指令之前，必须调用 Modbus_Comm_Load 指令来设置通信端口的参数。

② 如果一个通信端口作为从站与另一个主站通信，则其不能调用 Modbus_Master 指令作为主站，同时 Modbus_Slave 指令只能调用一次。

③ 如果一个通信端口作为主站与另一个从站通信，则其不能调用 Modbus_Slave 指令作为从站。同时 Modbus_Master 指令可调用多次，并且要使用相同的背景 DB。

知识点 3：S7-1200 PLC 的以太网通信

S7-1200 PLC 除了传统的串口通信功能外，还具有以太网通信功能，使用 S7-1200 PLC 作为控制器构建网络结构，便于实现系统的网络集成。S7-1200 PLC 的 CPU 模块集成一个或者两个 PROFINET 通信接口，支持以太网和基于 TCP/IP 的通信标准，可以实现 S7-1200 PLC 与编程设备、HMI 以及其他 PLC 之间的通信。这个 PROFINET 物理接口支持 10Mbit/s、100Mbit/s 的 RJ-45 接口，且支持电缆交叉自适应。

8-2　S7-1200 PLC 的以太网通信

1. S7-1200 PLC 的 CPU 模块的 PROFINET 接口网络连接方法

（1）直接连接法

当一个 S7-1200 PLC 的 CPU 模块与一台编程设备、HMI 或是另一个 CPU 模块通信时，使用的是直接连接法。直接连接法不需要使用交换机，用网线直接连接两台设备即可，如图 8-10 所示。

（2）网络连接法

当多台通信设备进行通信时，即通信设备数量超过两台时，使用的是网络连接法。多台通信设备的网络连接需要使用以太网交换机来实现，如图 8-11 所示。可以使用导轨安装西门子 CSM1277 以太网交换机连接其他 CPU 模块及 HMI 设备。CSM1277 以太网交换机即插即用，使用前不用进行任何设置。CPU 1215C 和 CPU 1217C 具有内置的双端口以太网交换机。

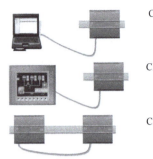

CPU 模块连接到编程设备

CPU 模块连接到HMI

CPU 模块连接到另一个CPU模块

图 8-10 直接连接法

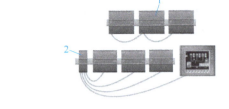

图 8-11 网络连接法

1—CPU 1215C 2—CSM1277 以太网交换机

2. PROFINET 接口支持的通信协议

S7-1200 CPU 模块的 PROFINET 接口支持开放式用户通信、Web 服务器、Modbus TCP 协议和 S7 通信。开放式用户通信支持以下通信协议及服务：TCP（传输控制协议）、ISO on TCP（RFC1006）、UDP（用户数据报协议）、DHCP（动态主机配置协议）、SNMP（简单网络管理协议）、DCP（发现和基本配置协议）、LLDP（链路层发现协议）。

知识点 4：S7 通信

S7 通信是西门子 S7 系列 PLC 基于 MPI、PROFIBUS 和以太网的一种优化的通信协议，它是面向连接的协议，在进行数据交换前必须与通信伙伴建立连接。面向连接的协议具有较高的安全性，S7 通信属于西门子私有协议。S7 通信服务集成在 S7 控制器中，采用客户端-服务器原则。S7 连接属于静态连接，可以与同一个通信伙伴建立多个连接，同一时刻可以访问的通信伙伴的数据量取决于 CPU 的连接资源。

8-3 S7 通信

基于连接的通信分为单向连接和双向连接，S7-1200 PLC 仅支持 S7 单向连接。单向连接中的客户机是向服务器请求服务的设备，客户机调用 PUT/GET 通信指令来读、写服务器的存储区。服务器是通信中的被动方，不用编写服务器的 S7 通信程序。因为客户机可以读、写服务器的存储区，所以单向连接实际上可以双向传输数据。

1. 通信指令

（1）GET 指令

GET 指令的功能是从远程伙伴 CPU 处读取数据，指令如图 8-12 所示。

图 8-12 GET 指令

GET 指令引脚参数说明见表 8-4。

表 8-4 GET 指令引脚参数说明

引脚参数	数据类型	说明
REQ	BOOL	在上升沿时激活该指令
ID	WORD	用于指定与伙伴 CPU 连接的寻址参数

(续)

引脚参数	数据类型	说明
ADDR_1	REMOTE	指向伙伴 CPU 上待读取区域的指针 指针 REMOTE 访问某个 DB 时，必须始终指定该 DB 示例：P#DB10.DBX5.0 BYTE 10
RD_1	VARIANT	指向本地 CPU 上用于输入已读数据的区域的指针
NDR	BOOL	状态参数： 0 为作业尚未开始或仍在运行 1 为作业已成功完成
ERROR	BOOL	错误位（0：无错误；1：出错）
STATUS	WORD	指令的错误代码

（2）PUT 指令

PUT 指令的功能是将数据写入一个远程 CPU，指令如图 8-13 所示。

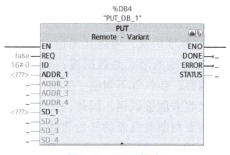

图 8-13　PUT 指令

PUT 指令引脚参数说明见表 8-5。

表 8-5　PUT 指令引脚参数说明

引脚参数	数据类型	说明
REQ	BOOL	在上升沿时激活该指令
ID	WORD	用于指定与伙伴 CPU 连接的寻址参数
ADDR_1	REMOTE	指向伙伴 CPU 上待读取区域的指针 指针 REMOTE 访问某个 DB 时，必须始终指定该 DB 示例：P#DB10.DBX20.0 BYTE 10
SD_1	VARIANT	指向本地 CPU 上包含要发送数据的区域的指针
DONE	BOOL	状态参数： 0 为作业未启动，或者仍在执行之中 1 为作业已执行，且无任何错误
ERROR	BOOL	错误位（0：无错误；1：出错）
STATUS	WORD	指令的错误代码

2. S7 通信的注意事项

S7-1200 PLC 的 CPU 使用 PUT/GET 指令读写伙伴 CPU 的数据时，需要注意以下几点：

1）如果伙伴 CPU 为 S7-1200 PLC 的 CPU，则需要在伙伴 CPU 属性的"防护与安全"设置中激活"允许来自远程对象的 PUT/GET 通信访问"。

2）伙伴 CPU 的待读写区域不支持优化访问的数据区。

3）PUT/GET 指令中的参数 ID 需要与 S7 连接属性中的本地 ID 一致。

4）PUT/GET 指令的最大可传送数据长度为 212/222B，通信数据区数量的增加并不能增加通信数据长度。

知识点 5：开放式用户通信

1. 功能描述

开放式用户通信（OUC）指通过 S7-1200 PLC 集成的 PN/IE 接口进行的程序控制通信，这种通信可以使用各种不同的连接类型。开放式用户通信的主要特点是：在所传送的数据结构方面具有高度的灵活性，允许 CPU 与任何通信设备进行开放式数据交换，前提是这些设备支持该集成接口可用的连接类型。因为此通信仅由用户程序中的指令进行控制，所以可建立和终止事件驱动型连接。在运行期间，也可以通过用户程序修改连接。

8-4 开放式用户通信

开放式用户通信有以下通信连接方式：

1）TCP 是由 RFC793 描述的标准协议，可以在通信对象之间建立稳定、安全的服务连接。如果数据用 TCP 来传输，则传输的形式是数据流，没有传输长度及信息帧的起始、结束信息。在以数据流的方式传输时，接收方不知道一条信息的结束和下一条信息的开始，发送方需要确定信息的结构，让接收方能够识别。因此，发送数据的长度最好是固定的。如果数据长度发生变化，在接收区需要判断数据流的开始和结束位置，比较烦琐，并且需要考虑发送和接收的时序问题。

由于 TCP 与硬件紧密相关，因此它是一种高效的通信协议，适用于中等大小或较大的数据量（最多 8192B）。TCP 为应用带来了很多便利，比如错误恢复、流控制、可靠性，这些是由传输的报文头确定的是一种面向连接的协议，可以非常灵活地用于只支持 TCP 的第三方系统，且有路由功能。TCP 只能应用静态数据长度的传输，其发送的数据报文会被确认，使用的端口号对应用程序寻址。大多数用户应用协议都使用 TCP，由于使用 SEND/RECEIVE 编程接口的缘故，需要对数据管理进行编程。

2）ISO 传输协议的最大优势是通过数据包来进行数据传输。由于网络的增加，ISO 传输协议不支持路由功能的劣势会逐渐显现。为了应对日益增加的网络节点，西门子在 ISO 传输协议的基础上增加了 TCP/IP 的功能，新的协议对扩展的 RFC1006 "ISO on top of TCP"进行了注释（RFC 即 Request For Comments），因此被称为"ISO-on-TCP"。ISO-on-TCP 在 TCP/IP 中定义了 ISO 传输的属性，位于 ISO-OSI 参考模型的第 4 层，其默认的数据传输端口为 102。

ISO 传输协议是与硬件关系紧密的高效通信协议，适用于中等大小或较大的数据量（最多 8192B）。与 TCP 相比，消息提供了数据结束标识符，并且是面向消息的。ISO 传输协议有路由功能，可用于 WAN，并可用于实现动态长度数据传输。由于使用 SEND/RECEIVE 编程接口的缘故，ISO 传输协议需要对数据管理进行编程。通过传输服务访问点，TCP 允许有多个连接访问单个 IP 地址，借助 RFC1006 和 TSAP，可唯一标识与同一个 IP 地址建立通信的端点连接。

3) UDP 是面向消息的协议,它在接收端检测消息的结束,并向用户指出属于该消息的数据。这意味着在通过 UDP 连接传送数据时,应传送关于消息长度和结束的信息。该通信连接属于 ISO-OSI 模型第 4 层,支持简单数据传输,且数据无须确认。

UDP 可用的子网类型为工业以太网(TCP/IP),可在两个节点之间进行非安全性的相关数据域传输。S7 用户程序中的接口为 SEND/RECEIVE。

S7-1200 PLC 通过集成的以太网接口进行开放式用户通信连接,通过调用发送指令(TSEND_C)和接收指令(TRCV_C)进行数据交换。通信方式为双边通信,因此在两台 S7-1200 PLC 进行开放式以太网通信时,TSEND_C 指令和 TRCV_C 指令必须成对出现。

2. 通信指令

TIA Portal 软件为 S7-1200 PLC 提供了两套 OUC 通信指令,如图 8-14 所示,其中 TSEND_C 和 TRCV_C 为带有自动连接管理功能的指令,其余为不带自动连接管理功能的指令。

(1) TSEND_C 指令

TSEND_C 指令的功能是建立连接并发送数据,如图 8-15 所示。

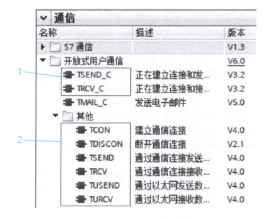

图 8-14　OUC 通信指令
1—带有自动连接管理功能的指令
2—不带自动连接管理功能的指令

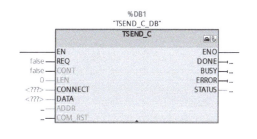

图 8-15　TSEND_C 指令

TSEND_C 指令的引脚参数说明见表 8-6。

表 8-6　TSEND_C 指令的引脚参数说明

引脚参数	数据类型	说明
REQ	BOOL	在上升沿启动发送作业
CONT	BOOL	控制通信连接,0 为断开通信连接,1 为建立并保持通信连接
LEN	UDINT	要发送的最大字节数。如果在 DATA 参数中使用具有优化访问权限的发送区,LEN 参数值必须为 0
CONNECT	VARIANT	指向连接描述结构的指针 对于 TCP 或 UDP,使用 TCON_IP_v4 数据类型 对于 ISO-on-TCP,使用 TCON_IP_RFC 数据类型
DATA	VARIANT	指向发送区的指针,该发送区包含要发送数据的地址和长度。传送结构时,发送端和接收端的结构必须相同

(续)

引脚参数	数据类型	说明
ADDR	VARIANT	该参数为隐藏参数,只在 UDP 通信中使用,用于定义通信伙伴的地址信息(IP 地址和端口号),其数据类型为 TADDR_Param。可以通过添加一个数据类型为 TADDR_Param 的 DB 创建该参数
COM_RST	BOOL	重置连接: 0 为不相关,1 为重置现有连接。COM_RST 参数通过 TSEND_C 指令进行求值后将被复位,因此不应静态互连
DONE	BOOL	状态参数: 0 为发送作业尚未启动或仍在进行;1 为发送作业已成功执行
BUSY	BOOL	状态参数: 0 为发送作业尚未启动或已完成;1 为发送作业正在进行
ERROR	BOOL	状态参数(0 为无错误;1 为出错)
STATUS	WORD	错误代码

(2) TRCV_C 指令

TRCV_C 指令的功能是建立连接并接收数据,如图 8-16 所示。

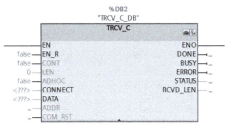

图 8-16 TRCV_C 指令

TRCV_C 指令的引脚参数说明见表 8-7。

表 8-7 TRCV_C 指令的引脚参数说明

引脚参数	数据类型	说明
EN_R	BOOL	启用接收功能
CONT	BOOL	控制通信连接 0 为断开通信连接;1 为建立通信连接并在接收数据后保持该连接
LEN	UDINT	要接收数据的最大长度。如果在 DATA 参数中使用具有优化访问权限的接收区,LEN 参数值必须为 0
ADHOC	BOOL	可选参数(隐藏),TCP 选项使用 Ad-Hoc 模式
CONNECT	VARIANT	指向连接描述的指针 对于 TCP 或 UDP,使用 TCON_IP_v4 数据类型 对于 ISO-on-TCP,使用 TCON_IP_RFC 数据类型
DATA	VARIANT	指向接收区的指针。传送结构时,发送端和接收端的结构必须相同

（续）

引脚参数	数据类型	说明
ADDR	VARIANT	该参数为隐藏参数，只在 UDP 通信中使用，用于定义通信伙伴的地址信息（IP 地址和端口号），其数据类型为 TADDR_Param。可以通过添加一个数据类型为 TADDR_Param 的 DB 创建该参数
COM_RST	BOOL	重置连接： 0 为不相关，1 为重置现有连接。COM_RST 参数通过 TRCV_C 指令进行求值后将被复位，因此不应静态互连
RCVD_LEN	UDINT	实际接收到的数据量（以字节为单位）

3. 连接建立

对于开放式用户通信，两个通信伙伴都必须具有用来建立和终止连接的指令。其中一个通信伙伴通过 TSEND、TUSEND 或 TSEND_C 指令发送数据，而另一个通信伙伴则通过 TRCV、TURCV 或 TRCV_C 指令接收数据。其中一个通信伙伴作为主动方启动连接建立过程，另一个通信伙伴通过作为被动方启动连接建立过程来进行响应。如果通信双方都初始化了各自的连接建立，则完全建立了通信连接。

4. 连接组态

可以指定通过参数分配使用具有 TCON_Param、TCON_IP_v4 或 TCON_IP_RFC 结构的连接描述 DB 建立连接，具体操作如下：

1）手动创建、分配参数并直接写入指令。

2）通过连接组态。

在连接组态中，可指定以下信息：

1）连接伙伴。

2）连接类型。

3）连接 ID。

4）连接描述 DB。

5）与所选连接类型对应的地址详细信息。

知识点 6：Modbus TCP 通信

8-5 Modbus TCP 通信

Modbus TCP 通信是施耐德公司于 1996 年推出的基于以太网 TCP/IP 的 Modbus 协议，简称 Modbus TCP。该通信结合了以太网物理网络和 TCP/IP 网络标准，采用包含 Modbus 应用协议数据的报文传输方式。Modbus TCP 是一个标准的网络通信协议，它使用 CPU 上的 PROFINET 连接器进行 TCP/IP 通信，不需要额外的通信硬件模块。Modbus TCP 使用开放式用户通信连接作为通信路径，在通信时将占用 S7-1200 PLC 的开放式用户通信连接资源，并通过调用 Modbus TCP 客户端（MB_CLIENT）指令和服务器（MB_SERVER）指令进行数据交换，即 Modbus TCP 通信需要用到 MB_CLIENT 和 MB_SERVER 两个指令。

1. 通信指令

（1）MB_CLIENT 指令

MB_CLIENT 指令可以在客户端和服务器之间建立连接，发送 Modbus 请求，接收响应并控制 Modbus TCP 客户端的连接终端,指令如图 8-17 所示。使用该指令时,无需其他任何硬件模块。指令被拖拽到程序工作区中时将自动分配背景 DB,背景 DB 的名称可自行修改,编号也可以手动或自动分配。

MB_CLIENT 指令的引脚参数说明见表 8-8。

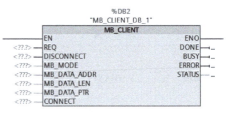

图 8-17 MB_CLIENT 指令

表 8-8 MB_CLIENT 指令的引脚参数说明

引脚参数	数据类型	说明
REQ	BOOL	与服务器之间的通信请求 REQ=TRUE,请求与 Modbus TCP 服务器通信
DISCONNECT	BOOL	通过该参数,可以控制与 Modbus TCP 服务器建立和终止连接 0 为建立与指定 IP 地址和端口号的通信连接 1 为断开通信连接
MB_MODE	USINT	选择请求模式(0 为读取;1 为写入)
MB_DATA_ADDR	UDINT	要访问的 Modbus TCP 服务器数据的起始地址
MB_DATA_LEN	UINT	数据长度,即访问数据的位数或字数
MB_DATA_PTR	VARIANT	指向数据缓冲区的指针,用于缓存从 Modbus TCP 服务器接收的数据或将发送到 Modbus TCP 服务器的数据。指针必须引用未进行优化的全局 DB
CONNECT	VARIANT	指向连接描述结构的指针。引用包含数据类型为 TCON_IP_v4 的连接参数的 DB 结构
DONE	BOOL	最后一个作业完成,立即将输出参数 DONE 的位置位为 1
BUSY	BOOL	0 为无正在处理的作业;1 为作业正在处理中
ERROR	BOOL	错误位(0 为无错误;1 为出错)
STATUS	WORD	指令的错误代码

(2)MB_SERVER 指令

MB_SERVER 指令用于将 S7-1200 PLC 作为 Modbus TCP 服务器,使得 S7-1200 PLC 可以通过以太网与 Modbus TCP 客户端进行通信。MB_SERVER 指令将处理 Modbus TCP 客户端的连接请求、接收和处理 Modbus 请求,并发送 Modbus 应答报文。MB_SERVER 指令如图 8-18 所示。

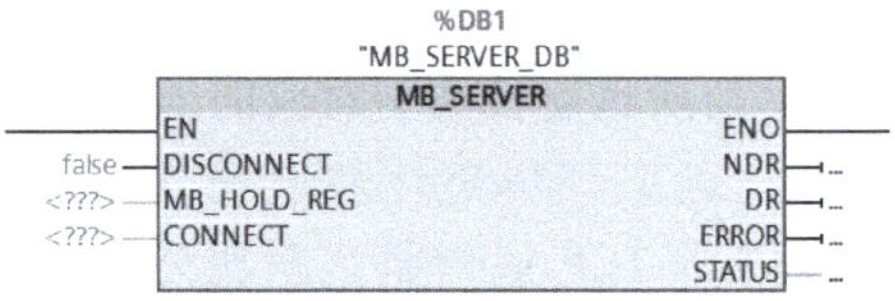

图 8-18 MB_SERVER 指令

MB_SERVER 指令的引脚参数说明见表 8-9。

表 8-9 MB_SERVER 指令的引脚参数说明

引脚参数	数据类型	说明
DISCONNECT	BOOL	建立与一个伙伴模块的被动连接 0 为在无通信连接时建立被动连接;1 为终止连接初始化
MB_HOLD_REG	VARIANT	指向 MB_SERVER 指令中 Modbus 保持性寄存器的指针。将具有标准访问权限的全局 DB 用作保持性寄存器。保持性寄存器包含 Modbus TCP 客户端可通过 Modbus 功能 3(读取)、6(写入)和 16(多次写入)访问的值

（续）

引脚参数	数据类型	说明
CONNECT	VARIANT	指向连接描述结构的指针，引用包含数据类型为 TCON_IP_v4 的连接参数的 DB 结构
NDR	BOOL	“New Data Ready”： 0 为无新数据；1 为从 Modbus TCP 客户端写入新数据
DR	BOOL	“Data Read” 0 为未读取数据；1 为从 Modbus TCP 客户端读取数据

2. TCON_IP_v4 结构

CONNECT 是指向连接描述结构的指针，数据类型为 TCON_IP_v4，TCON_IP_v4 的数据结构如图 8-19 所示。

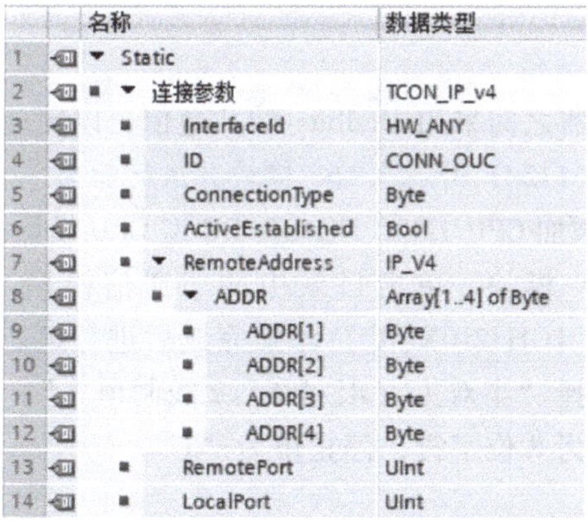

	名称	数据类型
1	▼ Static	
2	▼ 连接参数	TCON_IP_v4
3	InterfaceId	HW_ANY
4	ID	CONN_OUC
5	ConnectionType	Byte
6	ActiveEstablished	Bool
7	▼ RemoteAddress	IP_V4
8	▼ ADDR	Array[1..4] of Byte
9	ADDR[1]	Byte
10	ADDR[2]	Byte
11	ADDR[3]	Byte
12	ADDR[4]	Byte
13	RemotePort	UInt
14	LocalPort	UInt

图 8-19　TCON_IP_v4 的数据结构

S7-1200 PLC 的 V4.0 和更高版本的 CPU 模块可通过带有与 TCON_IP_v4 结构相符的连接描述 DB 为 TCP 和 UDP 通信连接进行参数分配。TCON_IP_v4 的固定数据结构包含了建立连接时所需的全部参数，见表 8-10。

表 8-10　TCON_IP_v4 的固定数据结构

字节	参数	数据类型	起始值	说明
0~1	Interface id	HW_ANY	64	本地接口的硬件标识符(取值范围:0~65535)
2~3	ID	CONN_OUC	1	引用该连接(取值范围:1~4095) 对于 TSEND_C、TRCV_C 或 TCON 指令,必须在 ID 中指定该参数的值
4	ConnectionType	BYTE	11	连接类型,TCP 连接默认为 16#0B
5	ActiveEstablished	BOOL	TRUE	连接建立类型的标识符: FALSE 为被动连接建立 TRUE 为主动连接建立
6~9	RemoteAddress	BYTE 类型的 ARRAY[1..4]	—	伙伴端点的 IP 地址,例如 192.168.0.1 为:ADDR[1]=192,ADDR[2]=168,ADDR[3]=0,ADDR[4]=1
10~11	RemotePort	UINT	2000	远程连接伙伴的端口地址(取值范围:1~49151)
12~13	LocalPort	UINT	2000	本地连接伙伴的端口地址(取值范围:1~49151)

学思践悟

在制造强国背景下，我国制造业数字化、网络化和智能化发展正在加速推进，对设备之间的通信要求越来越高，需要通信的设备也多种多样，本项目只介绍了几种典型设备之间的通信，在工作中还应根据需要进行其他设备通信的自学，因此要具有探究学习与终身学习的能力。

当前，我国发展仍然处于重要战略机遇期，但机遇和挑战都有新的发展变化。面对新形势，只有通过不懈学习，学以明道，才能科学分析形势，看清变局本质，把握发展大势，更好推动工作。

五、项目实施

任务1：Modbus-RTU 通信

S7-1200 PLC 与某变频器之间采用 Modbus-RTU 通信，以实现电动机的起停与速度控制。

1. 添加 CPU 模块和 CM1241 RS422/485 模块并进行组态

创建新项目，在项目中添加 CPU 1214C DC/DC/DC 型 CPU 模块，IP 地址设置为 192.168.0.1。添加 CM 1241（RS422/485）模块，单击目录中的"通信模块"→"点到点"→"CM 1241（RS422/485）"→"6ES7 241-1CH32-0XB0"。添加完成后进行组态，如图 8-20 所示，协议选择"自由口"，操作模式选择"半双工（RS-485）2 线制模式"，波特率为"19.2kbps"，奇偶校验选择"无"，数据位为 8 位字符，停止位为"1"。

2. 创建通信 DB

在程序块中创建伺服控制数据块，取消"优化的块访问"属性，创建数据发送和接收区，如图 8-21 所示。

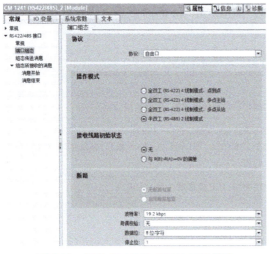

图 8-20　组态 CM1241 RS422/485 模块　　　图 8-21　伺服控制数据块

3. 编写通信程序

通信程序如图 8-22 所示，它由 2 个程序段组成。程序段 1 为通信端口参数的设置，硬件标识符为 270，波特率为 19200，MB_DB 需要在添加 Modbus_Master 指令后再填写。程序段 2 使用了两个 Modbus_Master 指令，分别进行读和写操作。把端口组态状态作为 Modbus_Master 指令启动的条件，STATUS 的值为 16#7000 时表示块空闲。

程序段1：

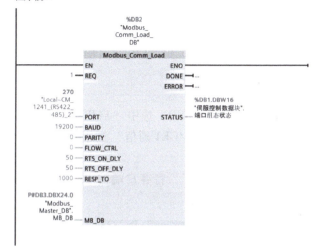

程序段2：

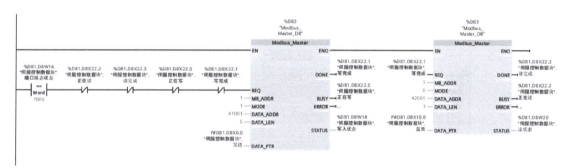

图 8-22　Modbus-RTU 通信程序

注意：

程序编写完成后需要在 Modbus_Comm_Load_DB 的背景 DB 中将 MODE 的起始值修改为 4，如图 8-23 所示。该静态变量用于描述 PtP 模块的工作模式，有效的工作模式如下：

1）0 = 全双工（RS-232）。

2）1 = 全双工（RS-422）4 线制模式，点对点。

3）2 = 全双工（RS-422）4 线制模式，多点主站，CM PtP（ET 200SP）。

4）3 = 全双工（RS-422）4 线制模式，多点从站，CM PtP（ET 200SP）。

5）4 = 半双工（RS-485）2 线制模式。

图 8-23　Modbus_Comm_Load_DB 的背景 DB

任务 2：两台 S7-1200 PLC 进行 S7 通信

两台 S7-1200 PLC 进行 S7 通信，一台作为客户端，一台作为服务器。将服务器的 MW100～MW108 中的数据读取到客户端的 DB10.DBW0～DB10.DBW8 中；客户端将 DB10.DBW9～DB10.DBW18 中的数据写到服务器的 MW200～MW208 中。

1. 组态客户端 CPU 模块

在项目中添加客户端 CPU 模块，IP 地址设置为 192.168.0.1，选中"启用时钟存储器字节"复选框。

2. 组态服务器 CPU 模块

在项目中添加服务器 CPU 模块，IP 地址设置为 192.168.0.2，选中"启用时钟存储器字节"复选框。在连接机制中选中"允许来自远程对象的 PUT/GET 通信"复选框。

3. 组态 S7 连接

使用网络视图，在"连接"的下拉列表中选择"S7 连接"，将客户端的 PROFINET 通信口和服务器的 PROFINET 通信口进行连接，如图 8-24 所示。

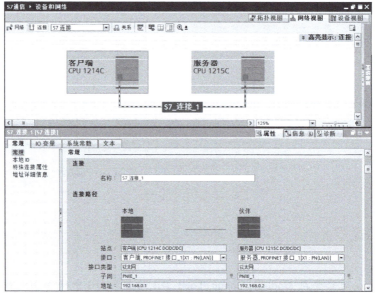

图 8-24　组态 S7 连接

选中"S7_连接_1"，可以看到 S7 连接的常规属性。再选中巡视窗口的"特殊连接属性"，并选中"主动建立连接"复选框。在选中"地址详细信息"时，可以看到通信双方默认的 TSAP（传输服务访问点）。单击网络视图右边竖条上向左的小三角形按钮，打开弹出的视图中的"连接"选项卡，可以看到生成的 S7 连接的详细信息，连接 ID 为 16#100，如图 8-25 所示。

图 8-25　生成的 S7 连接的详细信息

4. 创建接收和发送数据区

在客户端创建 DB，即 DB10，取消"优化的块访问"属性。创建 5 个字的数组用于存放接收的数据，同时创建 5 个字的数组用于存储要发送的数据，如图 8-26 所示。

5. 编写程序

编写的 S7 通信程序如图 8-27 所示，它由 2 个程序段组成，分别为读和写程序。

图 8-26　客户端 DB

程序段1：

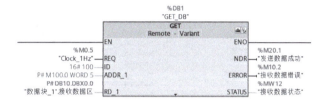

程序段2：

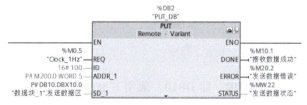

图 8-27　S7 通信程序

REQ 引脚为时钟存储器 M0.5，在上升沿时指令执行。ID 引脚为连接 ID，要与连接配置保持一致，为 16#100。ADDR_1 引脚为发送到通信伙伴数据区的地址（或从通信伙伴数据区读取数据的地址）。RD_1 引脚为本地接收数据区（或本地发送数据地址）。

6. 程序测试

程序编译后，下载到 S7-1200 PLC，通过监控表监控通信数据，如图 8-28 所示。

任务 3：两台 S7-1200 PLC 之间的开放式用户通信

两台 S7-1200 PLC 进行开放式用户通信，PLC_1 将 DB10 中的 5 个数据发送到 PLC_2 的 DB100 中。

1. 组态客户端 CPU 模块和服务器 CPU 模块

在项目中添加 CPU 1214C DC/DC/DC 型 CPU 模块，名称为 PLC_1，IP 地址设置为 192.168.0.1，作为客户端；添加 CPU 1215C DC/DC/DC 型 CPU 模块，名称为 PLC_2，IP 地址设置为 192.168.0.2，作为服务器，选中两个 CPU 模块的"启用时钟存储器字节"复选框。

2. 创建网络连接

在网络视图中，选中 PLC_1 的 PROFINET 通信接口，然后拖拽出一条线到 PLC_2 的

S7通信 ▸ 客户端 [CPU 1214C DC/DC/DC] ▸ 监控与强制表 ▸ 监控表_1

	名称	地址	显示格式	监视值	修改值
1	"数据块_1".接收数据区[0]	%DB10.DBW0	十六进制	16#1921	
2	"数据块_1".接收数据区[1]	%DB10.DBW2	十六进制	16#1937	
3	"数据块_1".接收数据区[2]	%DB10.DBW4	十六进制	16#1949	
4	"数据块_1".接收数据区[3]	%DB10.DBW6	十六进制	16#1978	
5	"数据块_1".接收数据区[4]	%DB10.DBW8	十六进制	16#2022	
6	"数据块_1".发送数据区[0]	%DB10.DBW10	十六进制	16#1111	16#1111
7	"数据块_1".发送数据区[1]	%DB10.DBW12	十六进制	16#0321	16#0321
8	"数据块_1".发送数据区[2]	%DB10.DBW14	十六进制	16#0123	16#0123
9	"数据块_1".发送数据区[3]	%DB10.DBW16	十六进制	16#0132	16#0132
10	"数据块_1".发送数据区[4]	%DB10.DBW18	十六...	16#2022	16#2022

S7通信 ▸ 服务器 [CPU 1215C DC/DC/DC] ▸ 监控与强制表 ▸ 监控表_1

	名称	地址	显示格式	监视值	修改值
1		%MW100	十六进制	16#1921	16#1921
2		%MW102	十六进制	16#1937	16#1937
3		%MW104	十六进制	16#1949	16#1949
4		%MW106	十六进制	16#1978	16#1978
5		%MW108	十六进制	16#2022	16#2022
6		%MW200	十六进制	16#1111	
7		%MW202	十六进制	16#0321	
8		%MW204	十六进制	16#0123	
9		%MW206	十六进制	16#0132	
10		%MW208	十六进制	16#2022	
11		<添加>			

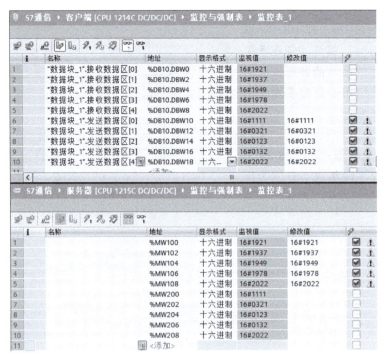

图 8-28　S7 通信监控表

PROFINET 通信接口上，松开鼠标左键，建立连接。

3. 编写客户端程序

（1）创建数据发送区

在 PLC_1 中创建 DB，即 DB10，取消“优化的块访问”属性。在 DB 中创建一个数据类型为 WORD 的数组，该数组包含 5 个元素，用于存储 PLC_1 中待发送的数据，如图 8-29 所示。

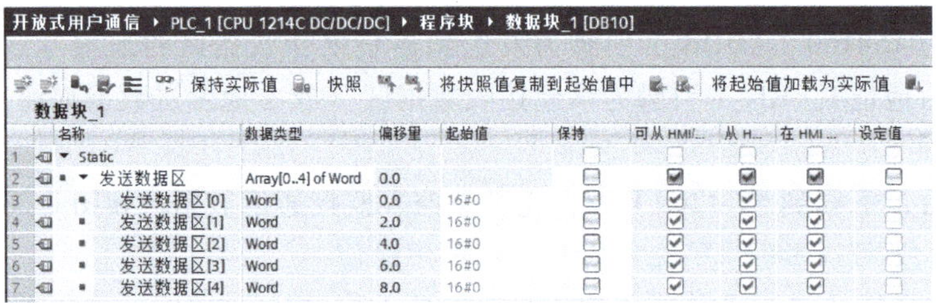

开放式用户通信 ▸ PLC_1 [CPU 1214C DC/DC/DC] ▸ 程序块 ▸ 数据块_1 [DB10]

数据块_1

	名称	数据类型	偏移量	起始值
1	▼ Static			
2	▼ 发送数据区	Array[0..4] of Word	0.0	
3	发送数据区[0]	Word	0.0	16#0
4	发送数据区[1]	Word	2.0	16#0
5	发送数据区[2]	Word	4.0	16#0
6	发送数据区[3]	Word	6.0	16#0
7	发送数据区[4]	Word	8.0	16#0

图 8-29　客户端的 DB10

（2）组态 TSEND_C 指令的连接参数

将 TSEND_C 指令添加到程序中，自动生成背景 DB。选中指令的任意部分，在其巡视窗口中，选择“属性”→“组态”选项卡，对连接参数进行组态，如图 8-30 所示。在伙伴端选择 PLC_2 作为通信伙伴，在连接数据中新建连接描述 DB，连接 ID 默认为 1，连接类型选择 TCP。

（3）完成客户端程序的编写

客户端程序如图 8-31 所示。

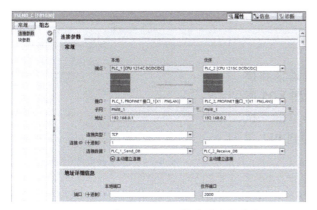

图 8-30　组态 TSEND_C 指令的连接参数

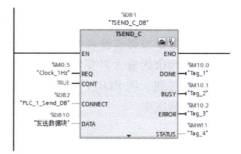

图 8-31　客户端程序

通过时钟脉冲指令 M0.5 触发程序，CONT 设置为 1，表示始终处于建立并保持通信连接的状态。"PLC_1_Send_DB"是通过组态创建的 DB。

4. 编写服务器程序

（1）创建数据接收区

在 PLC_2 中创建 DB，即 DB100，取消"优化的块访问"属性。在 DB 中创建一个数据类型为 WORD 的数组，该数组包含 5 个元素，用于存储接收到的数据，如图 8-32 所示。

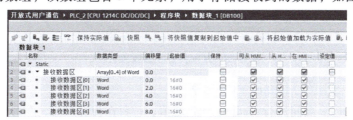

图 8-32　服务器的 DB100

（2）组态 TRCV_C 指令的连接参数

将 TRCV_C 指令添加到程序中，自动生成背景 DB。选中指令的任意部分，在其巡视窗口中，选择"属性"→"组态"选项卡，对连接参数进行组态，如图 8-33 所示。

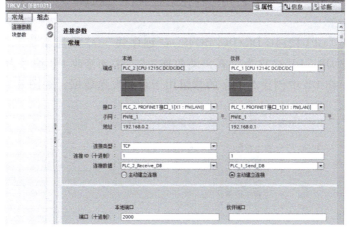

图 8-33　组态 TRCV_C 指令的连接参数

(3) 完成服务器程序的编写

服务器程序如图 8-34 所示。

图 8-34 服务器程序

5. 程序测试

将程序下载到 S7-1200 PLC 中，将发送区和接收区的变量添加到监控表中进行监控，如图 8-35 所示。在修改值列输入需要修改的数值，并单击“执行一次”按钮，则 PLC_1 中的数据即传送到 PLC_2 的数据接收区中。

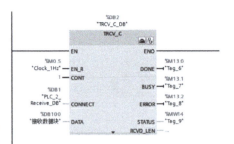

开放式用户通信练习 ▸ PLC_1 [CPU 1214C DC/DC/DC] ▸ 监控与强制表 ▸ 监控表_1

i	名称	地址	显示格式	监视值	修改值
1	"数据块_1".数据发送区[0]	%DB10.DBW0	十六进制	16#1234	16#1234
2	"数据块_1".数据发送区[1]	%DB10.DBW2	十六进制	16#2345	16#2345
3	"数据块_1".数据发送区[2]	%DB10.DBW4	十六进制	16#2023	16#2023
4	"数据块_1".数据发送区[3]	%DB10.DBW6	十六进制	16#1569	16#1569
5	"数据块_1".数据发送...	%DB10.DBW8	十六...	16#2022	16#2022
6		<添加>			

开放式用户通信练习 ▸ PLC_2 [CPU 1215C DC/DC/DC] ▸ 监控与强制表 ▸ 监控表_1

i	名称	地址	显示格式	监视值	修改值
1	"数据块_1".接收数据区[0]	%DB100.DBW0	十六进制	16#1234	
2	"数据块_1".接收数据区[1]	%DB100.DBW2	十六进制	16#2345	
3	"数据块_1".接收数据区[2]	%DB100.DBW4	十六进制	16#2023	
4	"数据块_1".接收数据区[3]	%DB100.DBW6	十六进制	16#1569	
5	"数据块_1".接收数据区[4]	%DB100.DBW8	十六进制	16#2022	

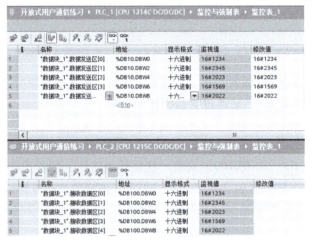

图 8-35 数据发送和接收监控表

任务 4：PLC 之间的 Modbus TCP 通信

两台 S7-1200 PLC 之间进行 Modbus TCP 通信，一台作为客户端，一台作为服务器。读取服务器中 DB100. DBW0~DB100. DBW4 的数据，存储到客户端的 DB10. DBW0~DB10. DBW4 中。

8-6 Modbus TCP 通信应用示例

1. 组态客户端 CPU 模块

在项目中添加 CPU 1214C DC/DC/DC 型 CPU 模块，名称为 PLC_1，IP 地址设置为 192. 168. 0. 1，选中“启用时钟存储器字节”复选框。

2. 创建接收数据区

选择“PLC_1［CPU1214C DC/DC/DC］”→“程序块”→“添加新块”，然后选择“数据块（DB）”来创建 DB，DB 名称为“客户端数据块”，手动修改 DB 编号为 10。取消“优化的块访问”属性，在 DB 中创建 5 个字的数组用于存储发送数据，如图 8-36 所示。

客户端数据块

	名称	数据类型	偏移量	起始值
1	▼ Static			
2	▪ ▼ 接收数据区	Array[0..4] of Word	0.0	
3	▪ 接收数据区[0]	Word	0.0	16#0
4	▪ 接收数据区[1]	Word	2.0	16#0
5	▪ 接收数据区[2]	Word	4.0	16#0
6	▪ 接收数据区[3]	Word	6.0	16#0
7	▪ 接收数据区[4]	Word	8.0	16#0
8	▪ <新增>			

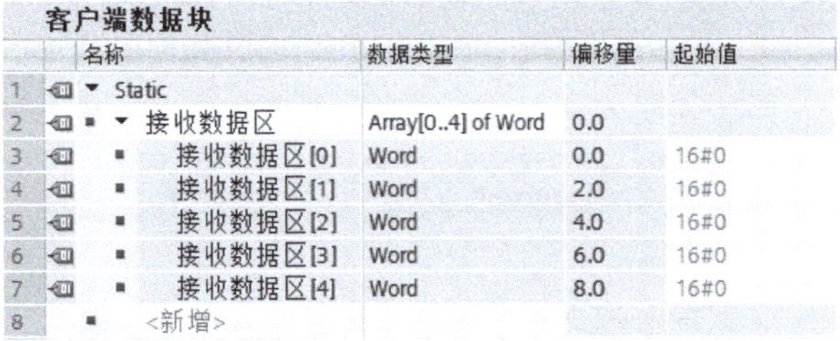

图 8-36 “客户端数据块” DB

3. 创建 MB_CLIENT 指令的连接描述 DB

添加新块，选择"数据块（DB）"来创建 DB，DB 名称为"数据连接"，手动修改 DB 编号为 20，添加变量"连接参数"，数据类型为 TCON_IP_v4，如图 8-37 所示。

通信连接			
	名称	数据类型	起始值
1	▼ Static		
2	■ ▼ 连接参数	TCON_IP_v4	
3	■ InterfaceId	HW_ANY	64
4	■ ID	CONN_OUC	1
5	■ ConnectionType	Byte	11
6	■ ActiveEstablished	Bool	1
7	■ ▼ RemoteAddress	IP_V4	
8	■ ▼ ADDR	Array[1..4] of Byte	
9	■ ADDR[1]	Byte	192
10	■ ADDR[2]	Byte	168
11	■ ADDR[3]	Byte	0
12	■ ADDR[4]	Byte	2
13	■ RemotePort	UInt	502
14	■ LocalPort	UInt	0

图 8-37 "通信连接" DB

4. 编写客户端程序

编写客户端程序，如图 8-38 所示。当 M0.5 上升沿有效时，客户端将读取服务器中的数据。DISCONNECT 的值为 0 表示与服务器建立连接；MB_MODE 的值为 0 表示读取服务器中的值，MB_DATA_LEN 的值为 5 表示读取的数据长度为 5，MB_DATA_PTR 表示将读取的值存储在 DB10 中从 DW0 开始的连续 5 个字中。

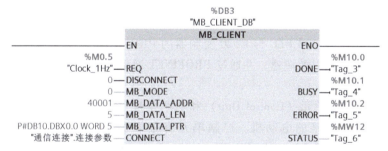

图 8-38 编写的客户端程序

5. 组态服务器 CPU 模块

在项目中添加 CPU 1215C DC/DC/DC 型 CPU 模块，名称为 PLC_2，IP 地址设置为 192.168.0.100，选中"启用时钟存储器字节"复选框，与客户端进行连接，网络连接如图 8-39 所示。

6. 创建发送数据区

在服务器中创建 DB，DB 名称为"服务器端数据块"，手动修改 DB 编号为 100，取消"优化的块访问"属性，创建 5 个字的数组用于存储要发送的数据，如图 8-40 所示。

7. 创建 MB_SERVER 指令的连接描述 DB

在服务器中创建 DB，DB 名称为"通信连接"，手动修改 DB 编号为 110。添加变量"连接参数"，数据类型为 TCON_IP_v4，如图 8-41 所示。

图 8-39　网络连接　　　　　图 8-40　服务器的"服务器端数据块"DB

8. 编写服务器程序

编写服务器程序，如图 8-42 所示。服务器将 Modbus 地址 40001~40005 的数据写入 DB100.DBW0~DB100.DBW4 中。

图 8-41　服务器的"通信连接"DB　　　　　图 8-42　编写的服务器程序

任务 5：S7-1200 PLC 与 G120 变频器的 PROFINET 通信

本任务主要介绍 S7-1200 PLC 与 G120 变频器的 PROFINET 通信，通过 PROFINET 通信控制 G120 变频器的起停以及调速，并通过 PROFINET 通信的 PZD 过程通道读取 G120 变频器的状态及转速信息。

G120 变频器由控制单元（Control Unit）和功率模块（Power Module）组成。控制单元用来控制并监测与其连接的电动机。控制单元有很多类型，可以通过不同的现场总线（Modbus-RTU、PROFIBUS-DP、PROFINET、USS、Ethernet、DeviceNet 等）与上层控制器（PLC）进行通信。功率模块用来为电动机和控制模块提供电能，实现电能的整流与逆变功能，其铭牌上有额定电压、额定电流等技术数据。

1. TIA Portal 硬件组态

1）在 TIA Portal 中创建一个项目，并添加 CPU 1212C，在属性中将其 IP 地址设置为 192.168.0.1，设备名称修改为 1200PLC。

2）添加 G120 变频器并分配主站接口，完成与 I/O 控制器的网络连接，如图 8-43 所示，将"SINAMICS G120 CU250S-2 DP Vector V4.7"站点拖拽到 PROFINET 网络上，分配其 DP 地址为 10。

3）组态 G120 变频器的设备名称并分配 IP 地址。在变频器属性中将 IP 地址设置为 192.168.0.2，取消勾选"自动生成 PROFINET 设备名称"，将设备名称设置为 G120，如图 8-44 所示。

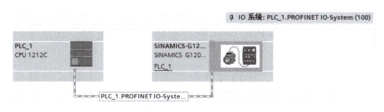

图 8-43　S7-1200 PLC 与 G120 变频器的网络连接

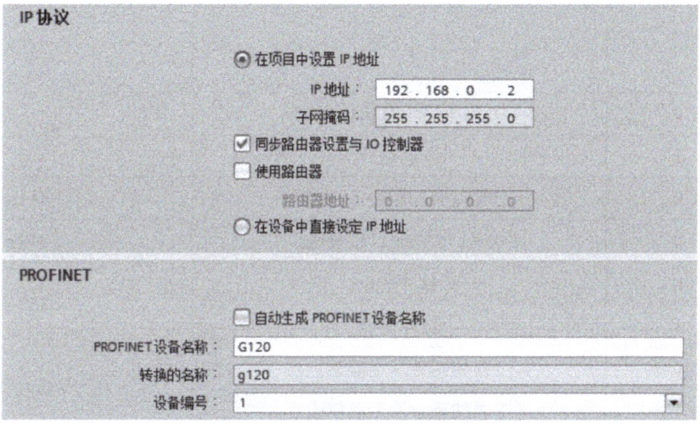

图 8-44　组态 G120 变频器的设备名称和 IP 地址

4）组态 G120 变频器的报文类型。在 G120 变频器设备概览中，将硬件目录中的"标准报文 1，PZD-2/2"添加到驱动器的插槽中作为报文。报文选择完成后，系统将自动为其分配 I/O 地址，如图 8-45 所示，默认地址为 IB68~IB71 和 QB64~QB67。

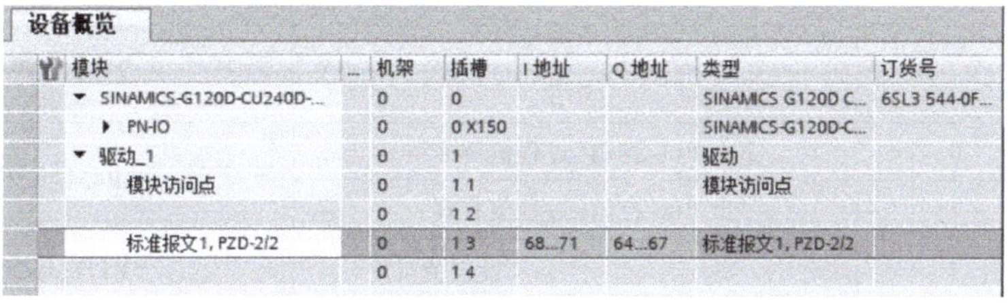

图 8-45　I/O 地址

5）保存编译并下载。

2. G120 变频器的报文

报文指在网络中交换与传输的数据单元，代表 PLC 和变频器之间通过通信进行的周期性数据交换。报文包含了将要发送的完整的数据信息，其长短不一致，长度不限且可变。PLC 通过控制字（报文中的字）来控制变频器。G120 变频器与外部设备通信时，使用的是 PZD 数据区，即 PZD 用于收发变频器与 PLC 的通信数据，PZD 数据区又称为过程通道。G120 变频器的报文有报文 1、报文 2、报文 3、报文 20 和报文 350 等。

本任务中选择标准报文 1，其结构如图 8-46 所示。

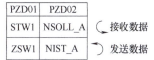

图 8-46　标准报文 1 的结构

STW 和 ZSW 均为 16 位无符号整数，NSOLL_A 和 NIST_A 为 16 位整数。控制字 STW1 和速度设定值（NSOLL_A）是由 PLC 发送给变频器的通信数据，状态字（ZSW1）和实际转速（NIST_A）由变频器反馈给 PLC。

控制字用于控制设备的起停，使用时将控制字拆分成 16 个位，分别 BICO 互联到变频器起停控制相关的参数。给定值用于给定速度、转矩等，以一个字或双字整体来使用。控制字结构和含义见表 8-11。

表 8-11　控制字结构和含义

控制字位	数值	含义		参数设置
		报文 20	其他报文	
0	0	OFF1 停车（P1121 斜坡）		P840 = r2090.0
	1	起动		
1	0	OFF2 停车（自由停车）		P844 = r2090.1
2	0	OFF3 停车（P1135 斜坡）		P848 = r2090.2
3	0	脉冲禁止		P852 = r2090.3
	1	脉冲使能		
4	0	斜坡函数发生器禁止		P1140 = r2090.4
	1	斜坡函数发生器使能		
5	0	斜坡函数发生器冻结		P1141 = r2090.5
	1	斜坡函数发生器开始		
6	0	设定值禁止		P1142 = r2090.6
	1	设定值使能		
7	1	上升沿故障复位		P2103 = r2090.7
8		未用		
9		未用		
10	0	不由 PLC 控制（过程值被冻结）		P854 = r2090.10
	1	由 PLC 控制（过程值有效）		
11	1	—	设定值反向	P1113 = r2090.11
12		未用		
13	1	—	MOP 升速	P1035 = r2090.13
14	1	—	MOP 降速	P1036 = r2090.14
15	1	CDS 位 0	未使用	P810 = r2090.15

常用的状态字如下：起动为 16#047F，停车为 16#047E，反转为 16#0C7F，故障复位为 16#04FE。

状态字与实际值是由变频器发送给 PLC 的通信数据。状态字用于指示变频器当前的运行状态，使用时将字拆分为 16 个位，每个位表示的意义取决于变频器对状态字的定义。实际值表示变频器当前的一些物理量的实际大小，如转速、电流、电压、频率和转矩等，以一个字或双字整体来使用。状态字的含义见表 8-12。

表 8-12 状态字的含义

状态字位	数值	含义		参数设置
		报文 20	其他报文	
0	1	接通就绪		P2080[0] = r899.0
1	1	运行就绪		P2080[1] = r899.1
2	1	运行使能		P2020[2] = r899.2
3	1	变频器故障		P2080[3] = r2139.3
4	0	OFF2 激活		P2080[4] = r899.4
5	0	OFF3 激活		P2080[5] = r899.5
6	1	禁止合闸		P2080[6] = r899.6
7	1	变频器报警		P2080[7] = r2139.7
8	0	设定值/实际值的偏差过大		P2080[8] = r2197.7
9	1	PZD（过程数据）控制		P2080[9] = r899.9
10	1	达到比较转速（P2141）		P2080[10] = r2199.1
11	0	达到转矩极限		P2080[11] = r1407.7
12	1	—	抱闸打开	P2080[12] = r899.12
13	0	电动机过载		P2080[13] = r2135.14
14	1	电动机正转		P2080[14] = r2197.3
15	0	显示 CDS 位 0 状态	变频器过载	P2080[15] = r836.0/ P2080[15] = r2135.15

3. 编写 PLC 程序

1）在 PLC 中建立变频器的控制字 DB"变频器"，如图 8-47 所示。

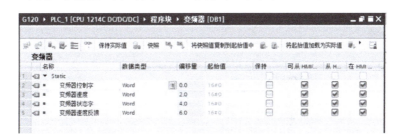

图 8-47 控制字 DB"变频器"

2）编写正反转控制程序。G120 变频器的标准报文 1（PZD 2/2）对应的 I 地址为 68~71，对应的 Q 地址为 64~67。结合标准报文 1 的内容，可知 IW68 代表变频器的状态字 ZSW1，IW70 代表变频器的转速实际值 NIST_A。QW64 代表变频器的 STW，QW66 代表变频器的 NSOLL_A 转速给定值，如图 8-48 所示。

给定值（显示值）M 与实际值 N 之间的关系为

$$N = P200X \times M / 16384$$

式中，P200X 为参考变量（参考变量表）。

程序段1:

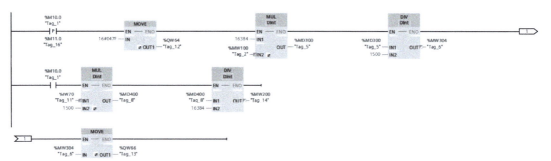

程序段2:

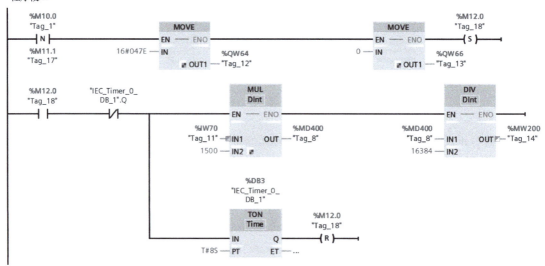

程序段3:

图 8-48　正反转控制程序

例如：P2000 中的参考转速为 1500r/min，如果想达到的转速（N）为 750r/min，则需要输入的设定值（M）为 750×16384/1500 = 8192。

3) 编辑 HMI 控制界面，设定控制字并反馈其控制状态。编辑的 HMI 控制界面如图 8-49 所示，可以设定电动机运行的转速，通过起动和停止按钮可以对电动机进行起动和停止控制，在运行参数栏可以显示电动机的输出转速、输出电流和输出电压等，在运行状态栏可以监控电动机的正转、反转及故障状态等。

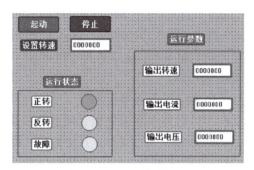

图 8-49　HMI 控制界面

任务 6：S7-1200 PLC 与 ABB 机器人之间的 PROFINET 通信

1. ABB 机器人的以太网通信

PROFINET 基于工业以太网技术，使用 TCP/IP 和 IT 标准，是一种实时以太网技术，它基于设备名称寻址，因此使用时需要给设备分配名称和 IP 地址。

ABB 机器人的 PROFINET 通信选项如下：

（1）887-2 PROFINET Controller/Device

该选项支持 ABB 机器人同时作为控制器/设备（Controller/Device），ABB 机器人不需要额外的硬件，可以直接使用控制器上的 LAN3 和 WAN 端口，如图 8-50 所示的 X5 和 X6 端口。

（2）887-3 PROFINET Device

该选项仅支持 ABB 机器人作为设备（Device），此时 ABB 机器人不需要额外的硬件。

（3）840-3 PROFINET Anybus Device

该选项支持 ABB 机器人作为设备（Device），此时 ABB 机器人需要额外的硬件 PROFINET Anybus Device，如图 8-51 所示的 DSQC688。

8-7　S7-1200 PLC 与 ABB 机器人之间的 PROFINET 通信

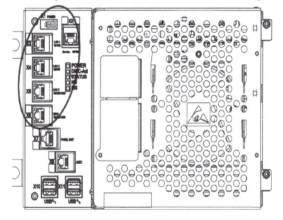

图 8-50　ABB 机器人的 PROFINET 端口

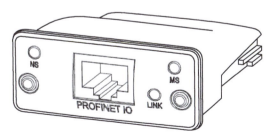

图 8-51　DSQC688

2. ABB 机器人通过 LAN3 和 WAN 端口进行 PROFINET 通信

用 S7-1200 PLC 作为 PROFINET 控制器，用 ABB 机器人作为 PROFINET 的 I/O 设备，如图 8-52 所示。

ABB 机器人需要有 888-2 PROFINET Controller/Device 或者 888-3 PROFINET Device 选项，才能通过 LAN3 和 WAN 端口进行 PROFINET 通信，如图 8-53 所示。

图 8-52　由 S7-1200 PLC 和 ABB 机器人组成的 PROFINET 网络

（1）ABB 机器人通信设置

在 ABB 机器人端需要设置的参数包括 IP 地址、设备名称和 I/O 字节数，具体步骤如下：

1）设置 IP 地址。

选择"控制面板"→"配置"→"Communication"→"IP Setting"→"PROFINET Network"，设置 IP 地址为 192.168.0.2，子网掩码为 255.255.255.0，Interface 选择"LAN3"，如图 8-54 所示，对应 ABB 机器人控制柜的端口 X5。

图 8-53　ABB 机器人通信选项

图 8-54　设置 IP 地址

2）设置设备名称。

选择"控制面板"→"配置"→"I/O"→"Industrial Network"→"PROFINET"→"PROFINET Station Name"，将其修改为"abbplc"，注意要与 PLC 中组态的名称一致，如图 8-55 所示。

3）设置 I/O 字节数。选择"控制面板"→"配置"→"I/O System"→"PROFINET Internal Device"→"PN_Internal_Device"，将"InputSize"和"OutputSize"修改为"8"，注意需要与 PLC 一致，如图 8-56 所示。

图 8-55　设置设备名称

图 8-56　设置 I/O 字节数

（2）创建 PROFIENT 的 I/O 信号

根据需要创建 ABB 机器人的 I/O 信号，表 8-13 定义了一个输入信号 di0，表 8-14 定义了一个输出信号 do0。

表 8-13　输入信号 di0

名称	设定值	说明
Name	di0	信号名称
Type of Signal	Digital Input	信号类型（数字输入信号）
Assigned to Device	PN_Internal_Device	分配的设备
Device Mapping	0	信号地址

表 8-14　输出信号 do0

名称	设定值	说明
Name	do0	信号名称
Type of Signal	Digital Output	信号类型（数字输出信号）
Assigned to Device	PN_Internal_Device	分配的设备
Device Mapping	0	信号地址

创建 PROFINET 的 I/O 信号的步骤如下：

1）输入信号 di0。双击"Signal"，单击"添加"，输入"di0"，双击"Type of Signal"，选择"Digital Input"，在"Assigned to Device"中选择"PN_Internal_Device"，将"Device Mapping"设为 0，如图 8-57 所示。随后可以继续设置输入信号 di1~di63。

2）输出信号 do0。双击"Signal"，单击"添加"，输入"do0"，双击"Type of Signal"，选择"Digital Output"，在"Assigned to Device"中选择"PN_Internal_ Device"，将"Device Mapping"设为 0，如图 8-58 所示。随后可以继续设置输出信号 do1~do63。

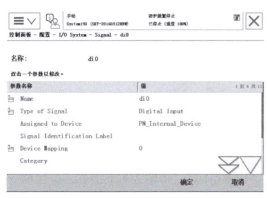

图 8-57　创建输入信号 di0

图 8-58　创建输出信号 do0

（3）PLC 配置

1）创建项目。

2）安装 GSDML 文件。当 TIA Portal 需要配置第三方设备进行 PROFINET 通信时（例如和 ABB 机器人通信），需要安装第三方设备的 GSDML 文件。

在项目视图中单击"选项",选择"管理通用站描述文件",查找 GSD 文件,选中 GSMDL-V2.1-ABB-Robotics-PNSW-Device-20111221.xml,单击"安装"按钮,将 ABB 机器人的 GSD 文件安装到 TIA Portal 中,如图 8-59 所示。

3)添加 PLC。单击"添加新设备",选择"控制器",注意订货号和版本号要与实际的 PLC 一致,单击"确定"按钮。

4)设置 PLC 的 IP 地址、设备名称。PLC 的 IP 地址设置为"192.168.0.1",名称为"plc_1"。

5)添加 ABB 机器人。在网络视图中,选择"其他现场设备",然后选择"PROFINET IO",再单击"I/O",再单击"ABB Robotics IRC5",选择"IRC5 PNIO-Device",将图标"IRC5 PNIO-Device"拖入网络视图中。在"属性"中设置"以太网地址"中的"IP 地址"为"192.168.0.2",PROFINET 设备名称设为"abbplc"。注意应与 ABB 机器人示教器设置的 IP 地址和 PROFINET 设备的名称"abbplc"相同,如图 8-60 所示。

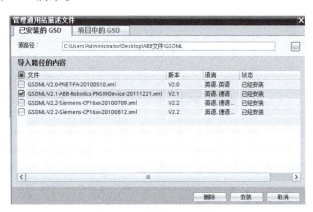

图 8-59 安装 GSD 文件

图 8-60 添加 ABB 机器人

(4)设置 ABB 机器人通信 I/O 信号

选择"设备视图",然后选择"目录"下的"DI 8 bytes",即输入 8 个字节,包含 64 个输入信号,与 ABB 机器人示教器设置的输出信号 do0~do63 对应。选择"目录"下的"DO 8 bytes",即输出 8 个字节,包含 64 个输出信号,与 ABB 机器人示教器设置的输入信号 di0~di63 对应,如图 8-61 所示。

(5)建立 PLC 与 ABB 机器人的 PROFINET 通信连接

用鼠标左键按住 PLC 的绿色 PROFINET 通信口,将其拖拽至"IRC5 PNIO-Device"的绿色 PROFINET 通信口上,即建立起 PLC 与 ABB 机器人的 PROFINET 通信连接,如图 8-62 所示。

图 8-61 设置 ABB 机器人通信 I/O 信号

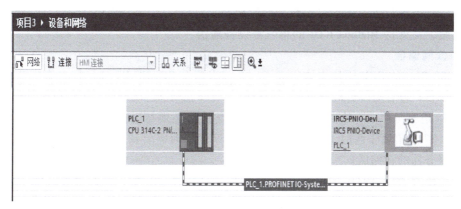

图 8-62 建立 PLC 与 ABB 机器人的 PROFINET 通信连接

ABB 机器人输出信号地址和 PLC 输入信号地址等效，ABB 机器人输入信号地址和 PLC 输出信号地址等效，见表 8-15。例如，ABB 机器人中 Device Mapping 中为 0 的输出信号 do0 与 PLC 中的 I256.0 信号等效，Device Mapping 中为 0 的输入信号 di0 与 PLC 中的 Q256.0 信号等效，所谓信号等效是指它们同时通断。

表 8-15 ABB 机器人与 PLC 信号地址

ABB 机器人输出信号地址	PLC 输入信号地址	ABB 机器人输入信号地址	PLC 输出信号地址
0~7	PIB256	0~7	PQB256
8~15	PIB257	8~15	PQB257
16~23	PIB258	16~23	PQB258
24~31	PIB259	24~31	PQB259
32~39	PIB260	32~39	PQB260
40~47	PIB261	40~47	PQB261
48~55	PIB262	48~55	PQB262
56~63	PIB263	56~63	PQB263

任务 7：技术文档整理

按照项目需求，整理出项目技术文档，主要包括控制工艺要求、I/O 地址分配表、电气原理图和梯形图程序等。

六、项目复盘

本项目以某智能制造生产线为载体,实现 S7-1200 PLC 与周围设备的数据通信,通信根据物理接口的不同分为串行通信和以太网通信。

1. 串行通信

串行通信是基于串行通信接口的通信方式,S7-1200 PLC 的 CPU 模块本体没有串行通信接口,在与其他设备进行串行通信时需要添加串口通信模块或通信板。S7-1200 PLC 有两种串口通信模块,分别是_____和_____。

两种串口通信模块支持的协议包括自由口 ASCII、Modbus-RTU 和 USS。本项目中应用了 Modbus-RTU 通信,这是一种单主站的主从通信模式,主站发送数据请求报文帧,从站回复应答数据报文帧。使用 S7-1200 PLC 的串通信模块进行 Modbus-RTU 通信时,先调用_____指令来设置通信端口参数,然后调用_____或_____指令作为主站或从站,与支持 Modbus-RTU 的第三方设备通信。

2. 以太网通信

S7-1200 PLC 的 CPU 模块本体集成了一个或者两个 PROFINET 通信接口来支持以太网通信,PROFINET 通信接口支持开放式用户通信、Web 服务器、Modbus TCP 和 S7 通信。

S7 通信是面向_____的协议,在进行数据交换前必须与通信伙伴建立连接,具有较高的安全性,S7 通信属于西门子私有协议。使用 S7 通信时需要调用_____和_____通信指令来读、写服务器的存储区。

开放式用户通信可使用 TCP、UDP 和 ISO on TCP 连接类型,该通信方式的主要特点是_____,通过调用_____指令和_____指令进行数据交换。

Modbus TCP 通信主要应用_____指令和_____指令。

3. 总结归纳

通过智能制造生产线通信程序设计,总结完成通信系统项目的步骤。

_____

_____

七、知识拓展

知识点 1:SIMATIC HMI 面板的组态与应用

知识点 2:画面对象的组态

知识点 3：PLC 与 HMI 的集成仿真

八、思考与练习

1）什么是串行通信？

2）串行通信按照传输数据的格式分为同步通信和异步通信两种方式，简述两种通信方式的区别。

3）在选项卡"通信"→"通信处理器"下有两类指令可用于串行通信，在使用时如何选择？

4）PORT 为通信端口的硬件标识符，如何确定通信端口的硬件标识符？

5）BAUD 为通信端口的波特率，如何确定波特率？

6）PARITY 为奇偶校验选择，包括无校验、奇校验和偶校验。奇偶校验在通信中的作用是什么？说明其工作原理。

7）MB_DB 是对 Modbus_Master 或 Modbus_Slave 指令的背景 DB 的引用，其作用是什么？

8）简述开放式用户通信的主要特点。

9）对于开放式用户通信，两个通信伙伴如何建立连接？

项目九

工业机器人第七轴运动控制程序设计

一、项目引入

1. 项目描述

随着制造强国战略的全面推进,工业机器人作为十大重点领域之一,广泛应用于工业生产。六轴工业机器人因运动范围小,工作空间有限,难以满足生产加工的需要,可通过增加第七轴来扩大工业机器人的工作范围。图 9-1 所示为某智能制造单元,其中的上下料机器人增加了第七轴,可以在水平方向移动。分别在立体料仓、数控车床和加工中心处设置机器人停留位置,确保工件在立体仓库、车床和铣床等位置传输。

工业机器人第七轴主要由底座、滑台、动力源和传动机构等组成。滑台通过直线导轨组安装在底座上,工

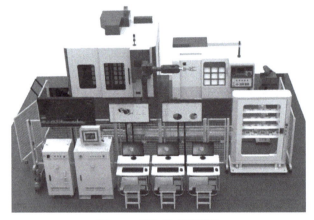

图 9-1 某智能制造单元

业机器人安装在滑台上,采用伺服电动机作为动力源,并采用齿轮-齿条、丝杠或者带传动等传动方式,动力源和传动机构之间安装有减速机。

2. 控制要求

1)工业机器人在工作过程中有 4 个停留位置,分别是加工中心、数控车床、立体仓库及原点。可以把工业机器人的运动过程简化为图 9-2 所示的模型,图中的 A 和 B 为极限位置,工业机器人的原点位于数控车床和立体仓库中间。

2)工业机器人在工作中需要配合机床开关门、卡盘夹紧松开和工件加工等动作。这里选用西门子的 S7-1200 PLC 作为控制中枢,根据输入输出信号实现各设备的有序调控和协调工作。

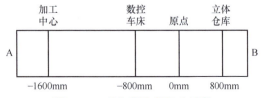

图 9-2 工业机器人的运动过程

3）工业机器人的水平运动分为手动和自动两种模式，手动模式时通过两个按钮分别控制工业机器人在两个方向的移动；自动模式时，按下起动按钮，如果工业机器人不在原点，则需要先回到原点。

4）工业机器人从立体仓库取料并将其放入数控车床，在加工完成后将工件送入加工中心，最后再将工件放回立体仓库，形成一个循环过程。

二、学习目标

1）能够根据控制要求正确选择 PLC 及相关电气元件的型号。
2）能在 TIA Portal 中正确组态脉冲发生器。
3）掌握工艺对象"轴"组态的基础知识并会正确组态。
4）会正确使用运动控制指令，掌握指令应用技巧。
5）能编写简单的运动控制系统的梯形图程序。
6）会正确使用控制面板来测试轴和驱动功能。
7）掌握使用 PTO 方式完成运动控制项目的步骤。
8）培养学生不怕困难的勇气和顽强拼搏的精神。
9）培养学生不畏艰难险阻，勇于战胜困难，锐意进取，自强不息的精神。

三、项目任务

1）分析工业机器人第七轴运动控制的要求，学习运动控制的基础知识。
2）完成工业机器人第七轴运动控制的硬件系统设计。
3）创建项目并完成工艺对象"轴"的组态。
4）编写工业机器人第七轴运动控制的 PLC 程序。
5）完成技术文档整理。

四、知识获取

知识点 1：S7-1200 PLC 运动控制功能及原理

运动控制（Motion Control，MC）是基于电动机的对机械运动部件位置、速度等进行的实时控制管理，可使机械运动部件按照预期的运动轨迹和规定的运动参数进行运动。S7-1200 PLC 的 CPU 模块兼具可编程序控制器的功能和通过脉冲接口控制步进电动机和伺服电动机运行的运动控制功能。其在运动控制中使用了轴的概念，通过对轴的组态（包括硬件接口、位置限制、机械特性及动态特性等）与相关指令块的组合使用，实现绝对位置、相对位置、点动、转速控制及自动寻找参考点等功能。

S7-1200 PLC 通过集成的或信号板上的硬件输出点输出一串占空比为 50% 的脉冲串（PTO）和方向信号至伺服驱动器（Servo Drive），伺服驱动器再将从 PLC 输入的给定值经过处理后输出到伺服电动机，控制伺服电动机加速/减速和移动到指定位置，如图 9-3 所示。

S7-1200 PLC 通过 PTO 控制步进电动机或伺服电动机时，驱动器每发送一个脉冲，电动机就会转动特定的角度，例如，如果将步进电动机设置为每转 1000 个脉冲，则每个脉冲会使步进电动机转动 0.36°，如图 9-4 所示。可以通过改变 PTO 频率来调节步进电动机或伺服电动机的旋转速度。

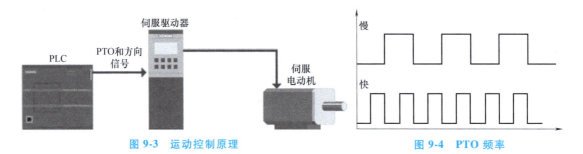

图 9-3 运动控制原理　　　　图 9-4 PTO 频率

学思践悟

步进电动机和伺服电动机是自动化行业中实现精确定位、精准运动的装置，也是工业机器人的"心脏"。目前，我国伺服电动机产业经过多年的发展，实现了从起步到全面扩展的发展态势，取得了长足进步。许多厂商的伺服驱动设备进入了产业化阶段，但对于高端伺服系统，我国仍处于研发阶段，与国外有一定的差距。但世上无难事，只要肯登攀，经过不懈的努力，相信在不久的将来，我国高端伺服系统会迎头赶上并超过国外产品。

只要有不怕困难的勇气，肯付出辛勤努力，困难总是可以克服的。学习也是如此，只要肯下决心去做，一步一个脚印，总会达到目标。

人生因奋斗而精彩，青春因拼搏而亮丽。每个青年都应该保持初生牛犊不怕虎，越是艰险越向前的刚健勇毅的精神，勇立时代潮头，争做时代先锋，坚持艰苦奋斗，不贪图安逸，不惧怕困难，不怨天尤人，依靠勤劳和汗水开辟人生之路。

知识点 2：S7-1200 PLC PTO 控制的轴资源

在 S7-1200 PLC 的 DC/DC/DC 型 CPU 模块上配备有用于直接控制驱动器的板载输出，对于具有继电器输出的 CPU 模块，由于继电器不支持所需的频率，因此无法通过 CPU 模块本体输出脉冲信号。如果要在这些 CPU 模块中使用 PTO 功能，必须安装具有数字量输出的信号板。

每个 V4 以上版本的 CPU 模块都可使用 4 个 PTO，也就是最多可以控制 4 个驱动器。不同 CPU 模块可控制驱动器的最大数目见表 9-1。

表 9-1　CPU 模块可控制驱动器的最大数目

CPU 模块型号		板载 I/O；未安装任何信号板		带信号板（2×DC 输出）		带信号板（4×DC 输出）	
		带方向	不带方向	带方向	不带方向	带方向	不带方向
CPU 1211C	DC/DC/DC	2	4	3	4	4	4
	AC/DC/RLY	0	0	1	2	2	4
	DC/DC/RLY	0	0	1	2	2	4
CPU 1212C	DC/DC/DC	3	4	3	4	4	4
	AC/DC/RLY	0	0	1	2	2	4
	DC/DC/RLY	0	0	1	2	2	4
CPU 1214C	DC/DC/DC	4	4	4	4	4	4
	AC/DC/RLY	0	0	1	2	2	4
	DC/DC/RLY	0	0	1	2	2	4

（续）

CPU 模块型号		板载 I/O；未安装任何信号板		带信号板（2×DC 输出）		带信号板（4×DC 输出）	
		带方向	不带方向	带方向	不带方向	带方向	不带方向
CPU 1215C	DC/DC/DC	4	4	4	4	4	4
	AC/DC/RLY	0	0	1	2	2	4
	DC/DC/RLY	0	0	1	2	2	4
CPU 1217C	DC/DC/DC	4	4	4	4	4	4

添加信号板并不会超过 CPU 模块的总资源限制数。对于 DC/DC/DC 型 CPU 模块，添加信号板可以把 PTO 功能移到信号板上，CPU 模块本体上的 DO 点可以空闲出来用于其他功能。而对于继电器输出的 CPU 模块，则必须通过添加信号板来扩展 PTO 功能，具有两个数字量输出的信号板可用于控制一台电动机的脉冲输出和方向输出。具有 4 个数字量输出的信号板可用于控制两台电动机的脉冲输出和方向输出。即不论使用板载 I/O、信号板 I/O 还是二者的组合，最多可以拥有 4 个脉冲发生器。

根据 CPU 模块的类型，DC/DC/DC 型 CPU 模块输出频率见表 9-2。

表 9-2　CPU 模块输出频率

CPU 模块型号	CPU 输入通道	脉冲和方向输出	A/B,正交,上/下和脉冲/方向
CPU 1211C	Qa.0~Qa.3	100kHz	100kHz
CPU 1212C	Qa.0~Qa.3	100kHz	100kHz
	Qa.4,Qa.5	20kHz	20kHz
CPU 1214C 和 CPU 1215C	Qa.0~Qa.3	100kHz	100kHz
	Qa.4~Qb.1	20kHz	20kHz
CPU 1217C	Qa.0~Qa.3	1MHz	1MHz
	Qa.4~Qb.1	100kHz	100kHz

信号板输出频率见表 9-3。

表 9-3　信号板输出频率

信号板	CPU 输入通道	脉冲和方向输出	A/B,正交,上/下和脉冲/方向
SB 1221,200kHz	DQe.0~DQe.3	200kHz	200kHz
SB 1223,200kHz	DQe.0,DQe.1	200kHz	200kHz
SB 1223	DQe.0,DQe.1	20kHz	20kHz

CPU 在使能 PTO 功能时，固件将通过相应的脉冲发生器和方向输出接管控制。在实现上述控制功能接管后，将断开过程映像和输出点之间的连接。即输出点被 PTO 功能独立使用，不会受扫描周期的影响，其作为普通输出点的功能将被禁止。虽然用户可通过用户程序或监控表写入脉冲发生器和方向输出的过程映像，但所写的内容不会传送到输出点。因此通过用户程序或监控表无法监视输出点，此时读取的信息仅反映过程映像中的值，与输出点的

实际状态不一致。

知识点 3：硬件输出组态

1. 启用脉冲发生器

在 TIA Portal 软件的设备视图界面，双击 CPU 模块，打开"属性设置"对话框，单击"脉冲发生器（PTO/PWM）"，选择"PTO1/PWM1"，在"常规"中勾选"启用该脉冲发生器"，其默认名称为 Pulse_1，如图 9-5 所示。

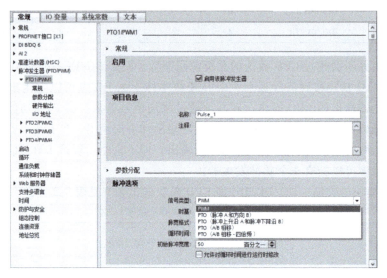

图 9-5 启用脉冲发生器

2. 选择信号类型

CPU 模块通过两个输出来控制速度和行进方向。组态与行进方向之间的关系会因所选信号类型的不同而不同。脉冲发生器有两种类型：PTO 和 PWM。

使用运动控制功能时需要选择 PTO 方式。其中，PTO 有 4 种信号类型：

1）PTO（脉冲 A 和方向 B）。

2）PTO（脉冲上升沿 A 和脉冲下降沿 B）。选择时应使用 V4 及以上版本的 CPU 模块。

3）PTO（A/B 相移）。选择时应使用 V4 及以上版本的 CPU 模块。

4）PTO（A/B 相移-四倍频）。选择时应使用 V4 及以上版本的 CPU 模块。

信号类型确定后，在"硬件输出"中会显示默认的脉冲输出和方向输出端口，此时可以进行重新配置，如图 9-6 所示。

1）PTO（脉冲 A 和方向 B）：如果选择这种信号类型，则一个输出（P0）控制脉冲，另一个输出（P1）控制方向。如果脉冲处于正向，则 P1 为高电平（激活）；如果脉冲处于负向，则 P1 为低电平（未激活），如图 9-7 所示。

方向输出为 5V/24V 时，行进方向为正向；方向输出为 0V 时，行进方向为负向。

2）PTO（脉冲上升沿 A 和脉冲下降沿

图 9-6 脉冲输出和方向输出端口

B）：如果选择这种信号类型，则分别使用一个正向运动和负向运动的脉冲输出控制步进电动机，即一个输出（P0）脉冲控制正方向，另一个输出（P1）脉冲控制负方向，如图9-8所示。

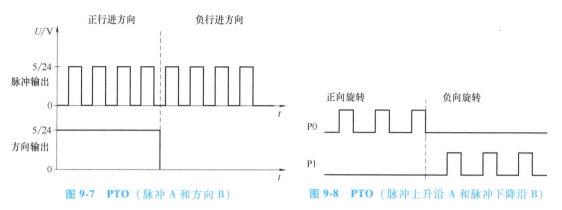

图9-7　PTO（脉冲A和方向B）　　　　图9-8　PTO（脉冲上升沿A和脉冲下降沿B）

P0信号有脉冲输出、P1信号为0时，行进方向为正向；P0信号为0、P1信号有脉冲输出时，行进方向为负向。

3）PTO（A/B相移）：如果选择这种信号类型，则两个输出均以指定速度产生脉冲，但相位相差90°。在这种情况下，方向由先变为高电平的输出转换决定。P0领先P1表示正向，P1领先P0表示负向，如图9-9所示。

4）PTO（A/B相移-四倍频）：如果选择这种信号类型，则两个输出均以指定速度产生脉冲，但相位相差

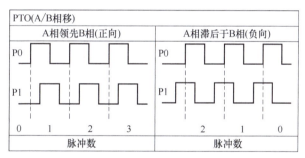

图9-9　PTO（A/B相移）

90°。四倍频是一种4X组态，表示一个脉冲是每个输出（正向和负向）的转换。这种情况下，方向由先变为高电平的输出转换决定。P0领先P1表示正向，P1领先P0表示负向，如图9-10所示。

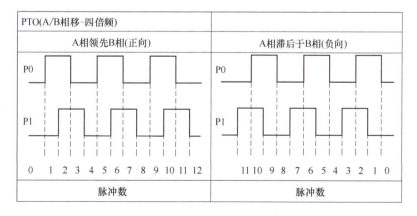

图9-10　PTO（A/B相移-四倍频）

知识点 4：工艺对象"轴"

S7-1200 PLC 的运动控制在组态上引入了工艺对象的概念。工艺对象是用户程序与驱动器之间的接口，它从用户程序中收到运动控制命令，在运行时执行并监视执行状态。工艺对象包含了轴的单位的组态、软硬件限位、斜坡参数、回原点数据等。

进行参数组态前，需要添加工艺对象，具体步骤如下：

双击项目树中"PLC_1"下"工艺对象"文件夹中的"新增对象"项，在打开的"运动控制"对话框中选择"轴"（TO_PositioningAxis），输入 DB 编号，单击"确定"按钮后，将添加一个新的定位轴工艺对象 DB，并保存在项目树中的"工艺对象"文件夹中。

定位轴工艺对象的组态保存在该 DB 中。该 DB 也将作为用户程序和 CPU 固件间的接口，在用户程序运行期间，当前的轴数据也保存在工艺对象 DB 中，如图 9-11 所示。

图 9-11　工艺对象 DB

1. 基本参数组态

（1）常规参数

常规参数包括"工艺对象-轴""驱动器"和"测量单位"，如图 9-12 所示。

1）轴名称：用于定义该轴的名称，用户可以采用系统默认名称，也可以进行自定义。

2）驱动器：可在此处选择驱动方式，S7-1200 PLC 的运动控制根据驱动方式不同，分为 PTO 驱动、模拟量驱动和 PROFIdrive 驱动 3 种方式。

① PTO 驱动。S7-1200 PLC 可通过发送 PTO 的方式控制驱动器。S7-1200 PLC 提供一个脉冲输出和一个方向输出，通过脉冲接口为驱动器提供运动所需要的脉冲，方向输出则用于控制驱动器的运动方向，脉冲输出和方向输出相互分配的关系保持不变。

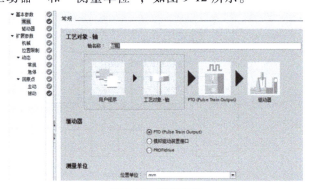

图 9-12　常规参数

② 模拟量驱动。S7-1200 PLC 可通过输出模拟量来控制驱动器，主要用于速度和转矩的控制。

③ PROFIdrive 驱动。PROFIdrive 是 PI 推出的一种标准驱动控制协议，用于控制器与驱动器之间的数据交换，其底层可以使用 PROFIBUS 总线或者 PROFINET 网络。S7-1200 PLC 通过基于 PROFIBUS/PROFINET 的 PROFIdrive 方式与支持 PROFIdrive 的驱动器连接，控制器和驱动器/编码器之间通过各种 PROFIdrive 报文进行通信。通过 PROFIdrive 报文，可传输控制字、状态字、设定值和实际值，实现速度、转矩和位置的控制。这种控制方式属于开环控制，但是用户可以选择增加编码器，利用 S7-1200 PLC 的高速计数功能采集编码器信号，得到轴的实际速度或位置，以实现闭环控制。

3）测量单位：可提供几种轴的测量单位，包括脉冲、距离和角度。距离单位有 mm（毫米）、m（米）、in（英寸）、ft（英尺）；角度单位有°（度）。选择的测量单位将用于工艺对象"轴"的进一步组态以及当前值的显示中。运动控制指令的输入参数（Position、Distance、Velocity 等）值也会使用该测量单位。

（2）驱动器参数

驱动器参数可选择 PTO 的信号类型，配置脉冲输出点等，如图 9-13 所示。

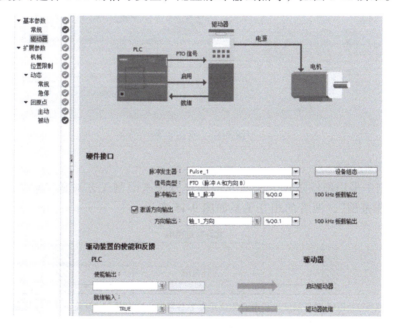

图 9-13　驱动器参数

1）硬件接口。

脉冲发生器：可在下拉列表中选择 PTO 输出，Pulse_1～Pulse_4 为脉冲发生器，脉冲通过固定分配的"脉冲输出"输出到驱动器的动力装置。

设备组态：单击该按钮可以跳转到"设备视图"，方便用户回到 CPU 设备属性修改组态。

信号类型：可在下拉列表中选择信号类型，应根据驱动器信号类型进行选择。

2）驱动装置的使能和反馈。在此项中组态驱动器的使能信号的输出以及驱动器的"驱动器就绪"负反馈信号的输入。在"使能输出"中为驱动器使能信号选择使能输出。在"就绪输入"中为驱动器的"驱动器就绪"负反馈信号选择就绪输入。

驱动器使能信号由运动控制指令"MC_Power"控制，可以启用对驱动器的供电。如果驱动器在接收到驱动器使能信号之后准备好开始执行运动，则驱动器会向 PLC 发送"驱动器就绪"信号。如果驱动器不包含此类型的任何接口，则无需这些参数，为"就绪输入"选择值 TRUE。

2. 扩展参数组态

在扩展参数中可设置机械、位置限制、动态及回原点等参数。

（1）机械参数

机械参数如图 9-14 所示，"电机每转的脉冲数"项用于输入电动机旋转一周所需脉冲个数；"电机每转的负载位移"项可设置电动机旋转一周后生产机械所产生的位移。这里的单位与测量单位对应，勾选"反向信号"可颠倒整个驱动系统的运行方向。

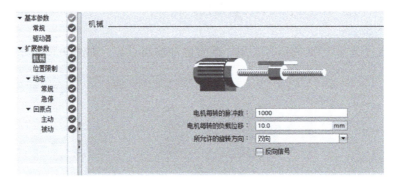

图 9-14　机械参数

（2）位置限制参数

在运动控制中采用硬件限位开关和软件限位开关来限制工艺对象"轴"的"允许行进范围"和"工作范围"，两者的相互关系如图 9-15 所示。

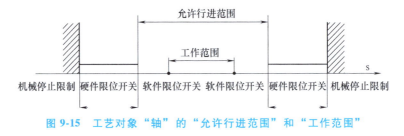

图 9-15　工艺对象"轴"的"允许行进范围"和"工作范围"

硬件限位开关是限制最大"允许行进范围"的限位开关。硬件限位开关是物理开关元件，必须与 PLC 中具有中断功能的输入相连接。软件限位开关用于限制"工作范围"，位于硬件限位开关的内侧。软件限位开关的位置可以灵活设置，并根据当前的运行轨迹和具体要求调整"工作范围"。与硬件限位开关不同，软件限位开关只通过软件来实现，无需借助自身的开关元件。

在组态或用户程序中使用硬件和软件限位开关之前，必须先将其激活。只有在轴回原点之后，才可以激活软件限位开关。

位置限制参数如图 9-16 所示，勾选"启用硬限位开关"项可使能机械系统的硬件限位功能，在下拉列表中可选择硬件限位开关的下限或上限数字量输入，在轴到达硬件限位开关时，将使用急停减速斜坡停车。

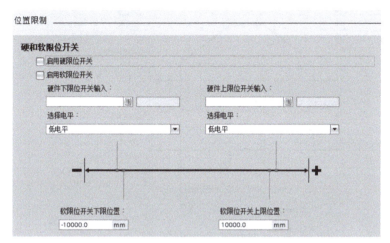

图 9-16　位置限制参数

"选择电平"中可选择逼近硬件限位开关时 PLC 输入端的信号电平，包括"低电平"和"高电平"。选择"低电平"时，PLC 输入端电平为 0V 表示轴已逼近硬件限位开关。选择"高电平"时，PLC 输入端电平为 5/24V 表示轴已逼近硬件限位开关。

可以勾选"启用软限位开关"使能机械系统的软件限位功能，通过程序或组态定义系统的软件限位位置，在轴到达软件限位位置时，激活的运动停止。软件限位开关的上限值必须大于或等于软件限位开关的下限值。

（3）动态参数

1）常规参数：常规参数如图 9-17 所示。

速度限值的单位——用于选择速度限值单位，包括"转/分钟""脉冲/s"和"mm/s"3 种。

最大转速——用于定义系统的最大运行速度，系统自动计算以 mm/s 为单位的最大速度。最大速度由 PTO 输出最大频率和电动机允许的最大速度共同限定。PTO 输出支持的最大速度可根据机械参数中定义的"电机每转的脉冲数"和"电机每转的负载位移"进行计算，即

$$最大速度 = \frac{PTO 输出最大频率}{电机每转的脉冲数} \times 电机每转的负载位移$$

默认的最大转速不是 PLC 脉冲输出支持的最大转速，可以进行修改，但如果修改的值超出 PLC 脉冲输出支持的最大转速就会提示错误。

启动/停止速度——定义系统的启动/停止速度，考虑到电动机的转矩等机械特性，其启动/停止速度不能为 0，系统自动运算以 mm/s 为单位的启动/停止速度。

加速度/减速度——根据电动机和实际控制要求设置加速度/减速度，通过修改加速度/减速度的值可以改变启动/停止的时间，加速度/减速度与时间成反比，加速度/减速度值越大，加速/减速的时间越短，加速度/减速度值越小，则加速/减速的时间越长。

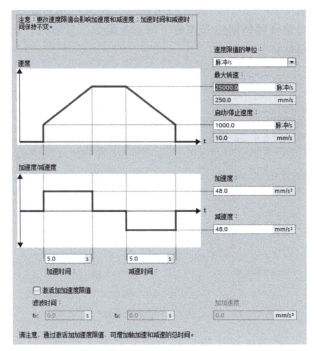

图 9-17　常规参数

加速度、减速度、加速时间和减速时间之间的关系为

$$加速时间 = \frac{最大速度 - 启动/停止速度}{加速度}$$

$$减速时间 = \frac{最大速度 - 启动/停止速度}{减速度}$$

如果选中"激活加加速度限值",即激活了冲击限制器,利用冲击限制器,可以降低在加速和减速斜坡运行期间施加到机械上的应力,加速度和减速度的值不会突然改变,而是逐渐增大和减小的。图 9-18 显示了未使用和使用冲击限制器时的速度和加速度曲线。使用冲击限制器可以产生平滑的轴运动速度轨迹,可以确保带式输送机的软起动和软制动。

在"加加速度"文本框中,可以为加速和减速斜坡设置所需要的加加速度。

在"滤波时间"文本框中,可设置斜坡加速所需要的滤波时间。需要注意的是,在组态中,设置的滤波时间仅适用于斜坡加速。

当加速度>减速度时,斜坡减速所用的滤波时间<斜坡加速所用的滤波时间。

当加速度<减速度时,斜坡减速所用的滤波时间>斜坡加速所用的滤波时间。

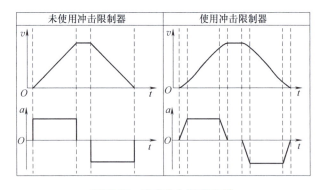

图 9-18　速度和加速度曲线

当加速度=减速度时,斜坡减速和斜坡加速所用的滤波时间相等。

2)急停参数:急停参数如图9-19所示。其中,"紧急减速度"定义了从最大速度急停减速到启动/停止速度的减速度;"急停减速时间"定义了从最大速度急停减速到启动/停止速度的减速时间。

(4)回原点参数

回原点是指使工艺对象的轴坐标与驱动器的实际物理位置相匹配。对于位置控制的轴,位置的输入与显示完全参考轴的坐标。因此,轴坐标必须与实际情形相一致。在 S7-1200 PLC 中,使用运动控制指令 MC_Home 执行轴回原点。"已回原点"(Homed)状态将显示在工艺对象<轴名称>.StatusBits.HomingDone 的变量中。

回原点模式有主动回原点和被动回原点两种。

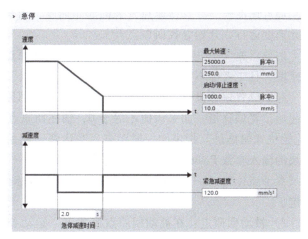

图9-19 急停参数

1)主动回原点:在主动回原点模式下,运动控制指令 MC_Home 将执行所需要的参考点逼近。检测到回原点开关时,将根据组态使轴回原点,同时终止当前的行进运动。主动回原点模式如图9-20所示。

输入原点开关——定义原点,一般使用数字量输入作为回原点开关,通过 PTO 的驱动器连接,该输入必须具有中断功能。板载 CPU 输入和所插入信号板输入都可以选作回原点开关的输入。

选择电平——在下拉列表中选择回原点时使用的回原点开关电平。

允许硬限位开关处自动反转——勾选该功能,在寻找原点过程中碰到硬件限位开关会自动反向。在激活回原点功能后,如果轴在碰到原点之前碰到了硬件限位开关,此时系统即认为原点在反方向,会按组态好的斜坡减速曲线停车并反转。若未勾选该功能并且轴碰到硬件限位开关,则回原点过程会因为错误被取消,并以紧急减速度对轴进行制动。

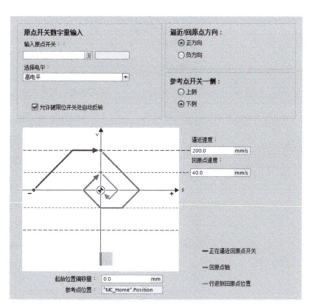

图9-20 主动回原点模式

逼近/回原点方向——定义主动回原点过程中搜索回原点开关的逼近方向以及回原点的方向。即激活了回原点功能后,轴会向"正方向"还是"负方向"移动来寻找原点。回原点方向指定执行回原点操作时轴用于逼近组态的回原点开关端的行进方向。

参考点开关一侧——选择轴在回原点开关的上侧还是下侧进行回原点。

"上侧"指的是轴完成回原点指令后，轴的左边沿停在参考点开关的右边沿。

"下侧"指的是轴完成回原点指令后，轴的右边沿停在参考点开关的左边沿。

逼近速度——寻找回原点开关的起始速度，当程序中触发了 MC_Home 指令后，轴立即以此速度运行，开始寻找回原点开关。

回原点速度——定义进入原点区域后，到达原点位置时的速度。回原点速度应该小于逼近速度，且二者都不宜设置得较快。

起始位置偏移量——如果指定的原点位置与回原点开关的位置存在偏差，则可在此处指定起始位置偏移量。如果该值不等于 0，轴在回原点开关处回原点后，会以回原点速度移动"起始位置偏移量"指定的一段距离，在达到"起始位置偏移量"时，轴处于 MC_Home 指令块的输入参数 Position 中指定的起始位置处。

参考点位置——定义参考点坐标，参考点坐标由 MC_Home 指令块的输入参数 Position 确定。

2）被动回原点：在被动回原点模式下，运动控制指令 MC_Home 不会执行任何回原点运动。用户需通过其他运动控制指令来执行所需的行进运动。检测到回原点开关时，将根据组态使轴回原点。被动回原点启动时，不会终止当前的行进运动。

被动回原点模式如图 9-21 所示，被动回原点的移动必须由用户触发，运动控制指令 MC_Home 的输入参数 Mode 为时，会启动被动回原点。需要设置输入原点开关、选择电平和参考点开关（即回原点开关）一侧，其功能和设置方法与主动回原点相同。

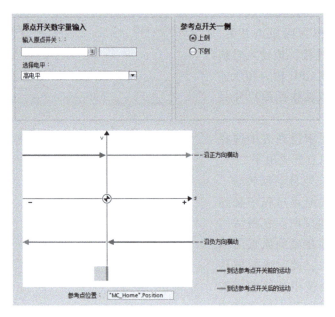

图 9-21 被动回原点模式

如果未使用运动控制指令进行被动回原点（即轴处于停止状态），则将在下一个归位开关的上升沿或下降沿执行回原点操作。

知识点 5：运动控制指令

用户组态轴的参数，并通过控制面板调试成功后，就可以使用运动控制指令根据工艺要求编写控制程序，运动控制指令会启动执行所需功能的运动控制作业。

S7-1200 PLC 的运动控制指令见表 9-4。

表 9-4　运动控制指令

序号	指令	功能
1	MC_Power	启用、禁用轴
2	MC_Reset	确认故障，重新启动工艺对象
3	MC_Home	使轴回原点，设置参考点
4	MC_Halt	停止轴
5	MC_MoveAbsolute	轴的绝对定位
6	MC_MoveRelative	轴的相对定位
7	MC_MoveVelocity	以设定速度移动轴
8	MC_MoveJog	在点动模式下移动轴
9	MC_CommandTable	按照运动顺序运行轴指令
10	MC_ChangeDynamic	更改轴的动态设置
11	MC_ReadParam	连续读取定位轴的运动数据
12	MC_WriteParam	写入定位轴的变量

港珠澳大桥总工程师林鸣，带领团队攻克了一个又一个难关，成就了港珠澳大桥这项世纪工程。自港珠澳大桥项目建设以来，林鸣每年都会带领团队召开上千次讨论会议。在林鸣的带领下，大桥建设过程中面对的世界级难题的解答思路逐步成熟，日益优化，一部代表世界工程顶级技术的《外海沉管隧道施工成套技术》记录了项目自建设至今进行的百余项试验研究和实战演练、自主研发的十几项国内首创且世界领先的专用设备和系统、获得的数百项专利以及成功攻克的十余项外海沉管安装世界级工程难题。

在学习运动控制的过程中，需要掌握各种指令的功能，对于初学者来说学习指令有一定的困难，就比如翻越一座大山，但我们要树立克服困难的勇气与决心。

1. MC_Power 指令

MC_Power 为启用、禁用轴指令，如图 9-22 所示。

指令功能：启用、禁用轴。

指令使用要点：在程序中一直调用，并且在其他运动控制指令之前调用并使能。

其引脚含义如下。

（1）输入端

1) EN：MC_Power 指令的使能端，值为 0 时不执行指令，值为 1 时执行该指令。

2) Axis：轴名称，通过名称指定要控制

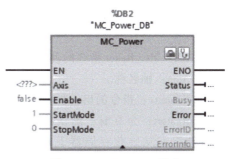

图 9-22　MC_Power 指令

的轴。

3）Enable：轴的使能端，其值为 1 时将接通驱动器的电源，表示轴已启用。值为 0 时根据"StopMode"设置的模式来中断当前轴的运行。

4）StartMode：轴的启用模式，为 0 时启用位置不受控的定位轴；为 1 时启用位置受控的定位轴，默认值为 1。

5）StopMode：轴的停止模式。

为 0 时表示紧急停止，如果禁用轴的请求处于待决状态，则轴将以组态的紧急减速度进行制动。轴在变为静止状态后被禁用。

为 1 时表示立即停止。如果禁用轴的请求处于待决状态，则会输出该设定值 0，并禁用轴。轴将根据驱动器中的组态进行制动，并转入停止状态。在通过 PTO 的驱动器连接、禁用轴时，将根据基于频率的减速度，停止脉冲输出。

为 2 时表示带有加速度变化率控制的紧急停止。如果禁用轴的请求处于待决状态，则轴将以组态的紧急减速度进行制动。如果激活了加速度变化率控制，会将已组态的加速度变化率考虑在内。轴在变为静止状态后被禁用。

（2）输出端

1）ENO：使能输出。

2）Status：轴的使能状态。

为 0 时表示禁用轴。此时轴不会执行运动控制指令，也不会接受任何新指令。在禁用轴时，只有在轴停止之后，才会将状态更改为 0。

为 1 时表示轴已启用。此时轴已就绪，可以执行运动控制指令。在启用轴时，直到信号"驱动器就绪"处于待决状态之后，才会将状态更改为 1。在轴组态中，如果未组态"驱动器就绪"接口，那么状态将会立即更改为 1。

3）Busy：指令的活动状态，值为 1 时，表示 MC_Power 指令处于活动状态。

4）Error：值为 1 时，表示 MC_Power 指令或相关工艺对象发生错误。

5）ErrorID：指令的错误号。

6）ErrorInfo：错误信息。

2. MC_Reset 指令

MC_Reset 为确认故障，重新启动工艺对象指令，如图 9-23 所示。

指令功能：确认"伴随轴停止出现的运行错误"和"组态错误"。

使用要点：需要指定背景 DB。如果存在一个需要确认的错误，可通过上升沿激活 MC_Reset 指令的 Execute 端，进行错误复位。

其参数含义如下。

（1）输入端

1）EN：MC_Reset 指令的使能端。

2）Axis：轴名称。

3）Execute：指令的启动位，用上升沿触发。

4）Restart：为 0 时，确认待决的错误。为 1 时，将轴组态从装载存储器下载到工作存储器。仅可在禁用轴后执行该指令。

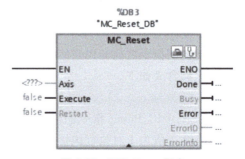

图 9-23 MC_Reset 指令

（2）输出端

1) Done：表示轴的错误已确认。

2) Busy：表示指令的状态，值为 1 时，表示指令正在执行。

3. MC_Home 指令

MC_Home 为使轴回原点，设置参考点指令，如图 9-24 所示。

指令功能：定义原点位置，上升沿使能 Execute 端，指令按照模式中定义好的值执行定义原点的功能。回原点过程中，轴在运动时 Busy 位始终输出高电平，一旦整个回原点过程执行完毕，工艺对象 DB 中的 HomingDone 位被置 1。

使用要点：在轴做绝对位置定位前一定要先触发 MC_Home 指令。

这里只介绍 Position、Mode、CommandAborted 和 ReferenceMark Position 引脚的使用，其余输入/输出引脚请参考 MC_Reset 指令中的说明。

1) Position：位置值。

Mode＝0、2 和 3 时，为完成回原点操作之后，轴的绝对位置。

Mode＝1 时，为对当前轴位置的修正值。

2) Mode：回原点的模式。

Mode＝0 表示绝对式直接回原点，新的轴位置为引脚 Position 的值。该模式可以让用户在没有原点开关的情况下，进行绝对运行操作。指令执行

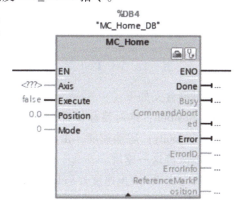

图 9-24　MC_Home 指令

后的结果是轴的坐标值直接更新成新的坐标，新的坐标值就是引脚 Position 的值。

Mode＝1 表示相对式直接回原点，新的轴位置等于当前轴位置+引脚 Position 的值。

Mode＝2 表示被动回原点，此时将根据轴组态进行回原点操作。回原点后，将新的轴位置设置为引脚 Position 的值。

Mode＝3 表示主动回原点，此时按照轴组态进行回原点操作。回原点后，将新的轴位置设置为引脚 Position 的值。

3) CommandAborted：指令取消，数据类型为 BOOL，该引脚为 1 表示指令在执行过程中被另一指令终止。

4) ReferenceMark Position：归位位置，数据类型为 REAL，用于显示工艺对象的归位位置（Done 为 TRUE 时有效）。

4. MC_Halt 指令

MC_Halt 为停止轴指令，如图 9-25 所示。该指令用于停止轴的运动，每个被激活的运动控制指令，都可由此指令停止，在上升沿使能 Execute 后，轴会立即按组态好的减速曲线停车。

5. MC_MoveAbsolute 指令

MC_MoveAbsolute 为轴的绝对定位指令，如图 9-26 所示。

指令功能：使轴以某一速度进行绝对位置定位。MC_MoveAbsolute 指令需要在定义好参考原点并建立起坐标系统后才能使用，通过指定参数可到达机械限位内的任意一点。当上升沿使能调用选项后，系统会自动计算当前位置与目标位置之间的脉冲数，并加速到指定速

度，在达到目标位置时减速到启动/停止速度。

使用要点：在使能该指令之前，轴必须回原点。因此在 MC_MoveAbsolute 指令之前必须有 MC_Home 指令。

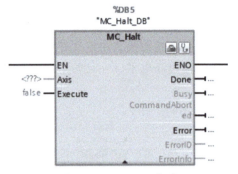

图 9-25 MC_Halt 指令

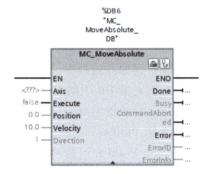

图 9-26 MC_MoveAbsolute 指令

其引脚含义如下。

1) Position：绝对目标位置，数据类型为 REAL。

2) Velocity：运动速度，由于所组态的加速度、减速度以及待接近的目标位置等原因，不会始终保持这一速度。

限值为启动/停止速度≤Velocity≤最大速度。

3) Direction：轴的运动方向。

Direction=0，速度的符号（Velocity 引脚），用于确定运动的方向。

Direction=1，正方向（从正方向逼近目标位置）。

Direction=2，负方向（从负方向逼近目标位置）。

Direction=3，最短距离（工艺将选择从当前位置开始到目标位置的最短距离）。

6. MC_MoveRelative 指令

MC_MoveRelative 为轴的相对定位指令，如图 9-27 所示。

指令功能：启动相对于起始位置的定位运动。

使用要点：该指令的执行不需要建立参考原点，即不需要轴执行回原点指令。只需要定义运行距离、方向及速度即可。当上升沿使能 Execute 引脚后，轴按照设置好的距离与速度运行，其方向根据距离值的符号（+/-）决定。

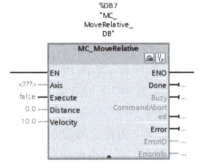

图 9-27 MC_MoveRelative 指令

其引脚含义如下。

1) Distance：定位操作的移动距离，即轴相对于当前位置的移动距离，数据类型为 REAL，该值通过+/-表示运动的方向。

2) Velocity：运动速度，由于所组态的加速度、减速度以及待接近的目标位置等原因，不会始终保持这一速度。

限值为启动/停止速度≤Velocity≤最大速度。

轴的绝对定位指令与轴的相对定位指令的主要区别在于是否需要建立坐标系统，即是否需要原点（参考点）。轴的绝对定位指令需要知道目标位置在坐标系统中的坐标，并根据坐标自动决定运动方向，此时需要定义原点；轴的相对定位指令只需要知道当前点与目标位置的距离，由用户给定方向，不需要建立坐标系统，也不需要定义原点。

7. MC_MoveVelocity 指令

MC_MoveVelocity 为以设定速度移动轴指令，如图 9-28 所示。

指令功能：使轴按预设速度运动。

使用要点：需要在 Velocity 引脚设定轴的运动速度，并用上升沿使能 Execute 引脚，激活此指令。

共引脚含义如下。

1）Velocity：轴的运动速度，其限值为启动/停止速度 ≤ Velocity ≤ 最大速度，可以设定 Velocity = 0.0，此时轴会以组态的减速度停止运行。

2）Direction：轴的运动方向。

Direction = 0 表示运动方向取决于 Velocity 引脚的值的符号。

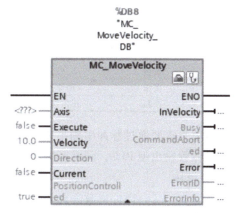

图 9-28 MC_MoveVelocity 指令

Direction = 1 表示正运动方向（将忽略 Velocity 引脚的值的符号）。

Direction = 2 表示负运动方向（将忽略 Velocity 引脚的值的符号）。

3）Current：启用/禁用"保持当前速度"。

Current = 0 表示"保持当前速度"已禁用，将使用 Velocity 和 Direction 引脚的值。

Current = 1 表示"保持当前速度"已启用，不考虑 Velocity 和 Direction 引脚的值，轴继续以当前速度运动，InVelocity 引脚返回值 TRUE。

8. MC_MoveJog 指令

MC_MoveJog 为在点动模式下移动轴指令，如图 9-29 所示。

指令功能：使轴以点动模式运行。

使用要点：首先要在 Velocity 引脚设置好点动速度，然后置位正向点动或反向点动，当 JogForward 或 JogBackward 引脚复位时，点动停止。正向点动和反向点动不能同时触发，Velocity 引脚的值可以实时修改，实时生效。

其引脚含义如下。

1）JogForward：正向点动，如果参数值为 1，则轴将按 Velocity 引脚中指定的速度正向移动。参数值为 0 时轴停止。

2）JogBackward：反向点动，如果参数值为 1，则轴将按 Velocity 引脚中指定的速度反向移动。参数值为 0 时轴停止。

3）Velocity：点动模式的预设速度。

限值为启动/停止速度 ≤ Velocity ≤ 最大速度。

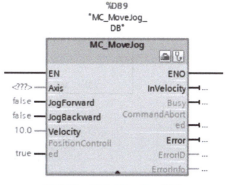

图 9-29 MC_MoveJog 指令

五、项目实施

任务1：确定电气元件

分析工业机器人第七轴运动控制系统，确定系统中所需的电气元件及其功能，见表9-5。

表9-5 项目九的电气元件明细表

序号	名称	备注	序号	名称	备注
1	CPU 模块		7	按钮	负向移动按钮
2	旋转开关	手动/自动模式切换	8	按钮	轴重启
3	按钮	轴使能	9	按钮	轴停止
4	按钮	轴启动	10	接近开关	负向限位
5	按钮	回原点按钮	11	接近开关	正向限位
6	按钮	正向移动按钮	12	接近开关	原点开关

本项目需要通过脉冲串输出来驱动工业机器人第七轴的电动机实现定位控制，所以需要选用晶体管输出型PLC，同时考虑到输入输出元件的数量，因此选择CPU 1214C DC/DC/DC型CPU模块。

任务2：PLC硬件系统设计

1. 分配I/O地址

根据控制要求分析输入输出元件，明确其型号和数量，完成I/O地址分配，见表9-6。

表9-6 项目九的I/O地址分配表

序号	地址	符号	设备名称	设备功能	序号	地址	符号	设备名称	设备功能
1	I0.0	SA1	旋转开关	手动(0)自动(1)	8	I0.7	SQ2	接近开关	正向限位
2	I0.1	SB1	按钮	轴使能	9	I1.0	SQ3	接近开关	原点开关
3	I0.2	SB2	按钮	轴启动	10	I1.1	SB6	按钮	轴重启
4	I0.3	SB3	按钮	回原点按钮	11	I1.2	SB7	按钮	轴停止
5	I0.4	SB4	按钮	正向移动按钮	12	Q0.0			脉冲信号
6	I0.5	SB5	按钮	负向移动按钮	13	Q0.1			方向信号
7	I0.6	SQ1	接近开关	负向限位					

2. 控制系统的I/O接线图设计

依据I/O地址分配表，完成控制系统的I/O接线图设计，如图9-30所示。

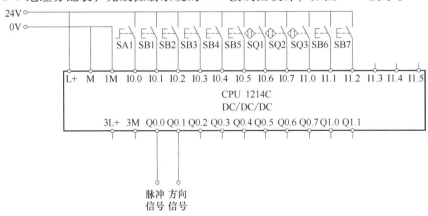

图9-30 控制系统的I/O接线图

任务 3：创建项目并完成工艺对象"轴"的组态

1. 新建工程项目

双击打开 TIA Portal 软件，新建一个名为"工业机器人第七轴运动控制"的工程项目。

2. 硬件组态

在项目中添加 CPU 1214C DC/DC/DC 型 CPU 模块，在设备视图中单击 CPU 模块，打开巡视窗口，依次单击"属性"→"常规"→"脉冲发生器"，选择 PTO1/PWM1 并启用该脉冲发生器，名称默认为 Pulse_1，信号类型选择"PTO（脉冲 A 和方向 B）"，则默认的脉冲输出为 Q0.0，方向输出为 Q0.1，其中脉冲输出频率为 100kHz，如图 9-31 所示。

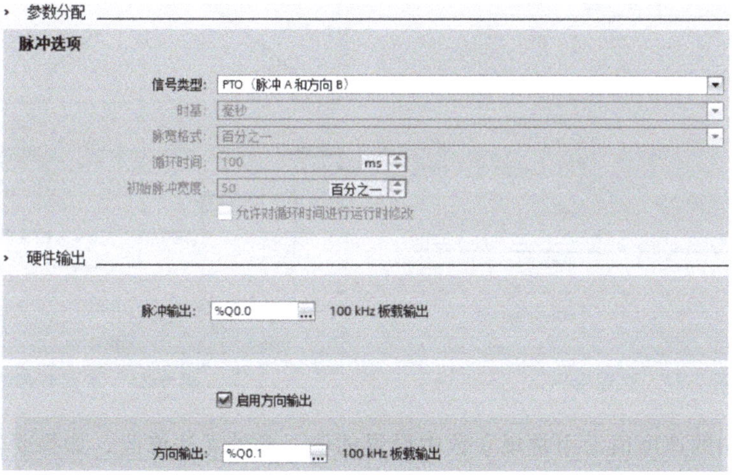

图 9-31 硬件组态

3. 组态工艺对象"轴"

双击项目树中"PLC_1"下"工艺对象"文件夹中的"新增对象"项，在打开的"运动控制"对话框中选择"轴"（TO_PositioningAxis），轴名称修改为"工业机器人第七轴"，DB 编号为 1，单击"确定"按钮后，将添加一个新的定位轴工艺对象 DB，并保存在项目树中的"工艺对象"文件夹中。

（1）基本参数设置

驱动器选择 PTO 驱动，测量单位选择 mm。在硬件接口中选择 Pulse_1 脉冲发生器，则信号类型、脉冲输出和方向输出与设备组态保持一致，不需要修改。

（2）扩展参数设置

"电机每转的脉冲数"设置为 1200，"电机每转的负载位移"设置为 6mm，如图 9-32 所示。

在位置限制中勾选"启用硬限位开关"和"启用软限位开关"复选框，依据 I/O 地址分配表，"硬件下限位开关输入"为 I0.6，"硬件上限位开关输入"为 I0.7，"选择电平"为高电平。依据工业机器人运动范围，"软限位开关下限位置"设置

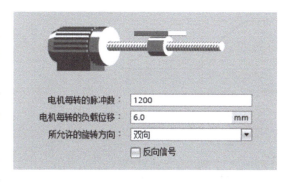

图 9-32 扩展参数设置

为-16000.0mm,"软限位开关上限位置"设置为800.0mm,如图9-33所示。

（3）动态参数设置

常规参数设置如图9-34所示。"速度限值的单位"选择mm/s,则"最大转速"默认为125.0mm/s,该值可以修改,但不得超过CPU模块脉冲输出支持的最大转速。"启动/停止速度"不能为0,此处设置为5.0mm/s,"加速时间"和"减速时间"设置为3.0s,则"加速度"和"减速度"为40.0mm/s²。

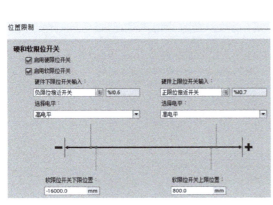

图9-33　位置限制

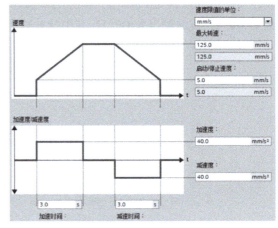

图9-34　常规参数设置

急停参数中的速度值沿用常规参数中设置的值,此处无法修改,如果要修改,则应返回到常规参数中进行修改。此处可以修改"急停减速时间"或者"紧急减速度",修改其中一个值,另一个值就会跟着改变,如图9-35所示,"急停减速时间"设置为2.0s,则"紧急减速度"为60.0mm/s²。

（4）回原点参数设置

选择主动回原点模式,参数设置如图9-36所示。"输入原点开关"选择I1.0,"选择电平"为高电平,勾选"允许硬限位开关处自动反转"。"逼近/回原点方向"选择正方向,因为原点更靠近正极限位置,选择正方向可以缩短回原点的时间。"逼近速度"设置为80.0mm/s,"回原点速度"设置为20.0mm/s,"起始位置偏移量"设置为0.0mm。

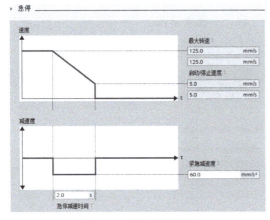

图9-35　急停参数设置

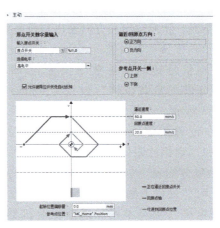

图9-36　回原点参数设置

任务 4：编写梯形图程序
1. 定义变量表

定义两个新的变量表，名称分别为"输入输出变量"和"中间变量"，按照 I/O 地址分配表在输入输出变量表中添加 I/O 变量，如图 9-37 所示。

	名称	数据类型	地址	保持	可从…	从 H…	在 H…
1	模式切换	Bool	%I0.0		✓	✓	✓
2	轴使能	Bool	%I0.1		✓	✓	✓
3	自动模式下启动轴	Bool	%I0.2		✓	✓	✓
4	回原点按钮	Bool	%I0.3		✓	✓	✓
5	正向移动按钮	Bool	%I0.4		✓	✓	✓
6	负向移动按钮	Bool	%I0.5		✓	✓	✓
7	负限位接近开关	Bool	%I0.6		✓	✓	✓
8	正限位接近开关	Bool	%I0.7		✓	✓	✓
9	原点开关	Bool	%I1.0		✓	✓	✓
10	轴重启	Bool	%I1.1		✓	✓	✓
11	轴停止	Bool	%I1.2		✓	✓	✓

图 9-37 输入输出变量

在程序中添加的中间变量都保存在默认变量表中，为了便于调试程序，可将其粘贴到中间变量表中，或者编程之前在中间变量表中对需要用到的变量进行定义，如图 9-38 所示。

	名称	数据类型	地址	保持	可从…	从 H…	在 H…
1	Tag_2	Bool	%M3.0		✓	✓	✓
2	Tag_3	Bool	%M3.1		✓	✓	✓
3	Tag_4	Word	%MW4		✓	✓	✓
4	Tag_5	Bool	%M6.0		✓	✓	✓
5	Tag_6	Bool	%M6.1		✓	✓	✓
6	Tag_7	Word	%MW7		✓	✓	✓
7	Tag_8	Bool	%M8.0		✓	✓	✓
8	Tag_9	Bool	%M8.1		✓	✓	✓
9	Tag_10	Word	%MW9		✓	✓	✓
10	回原点完成	Bool	%M11.0		✓	✓	✓
11	Tag_12	Bool	%M11.1		✓	✓	✓
12	Tag_13	Word	%MW12		✓	✓	✓
13	Tag_14	Bool	%M14.0		✓	✓	✓
14	Tag_15	Bool	%M14.1		✓	✓	✓
15	Tag_16	Word	%MW15		✓	✓	✓
16	在原点	Bool	%M20.0		✓	✓	✓
17	启动回原点	Bool	%M20.1		✓	✓	✓
18	自动启动信号	Bool	%M20.2		✓	✓	✓
19	Tag_11	Bool	%M30.0		✓	✓	✓
20	触发移位信号1	Bool	%M30.1		✓	✓	✓
21	Tag_17	Bool	%M30.2		✓	✓	✓
22	Tag_18	Bool	%M18.0		✓	✓	✓

图 9-38 中间变量

2. 编写梯形图程序

图 9-39 所示为工业机器人第七轴运动控制程序，共包含了 15 个程序段，可以实现点动和自动控制，在手动模式下可以通过正向移动按钮和负向移动按钮控制工业机器人移动。当切换到自动模式时，系统先判断工业机器人是否在原点，如果不在原点则启动回原点指令，使工业机器人回到原点位置。当工业机器人处于原点时，触发绝对移动指令，使工业机器人移动到立体仓库的位置取毛坯，延时 5s 后移动到数控车床的位置将毛坯放入车床，并等待车床加工，加工完成后将半成品工件送入加工中心，等待 180s 后取出加工好的工件，移动到立体仓库位置，将工件放入仓位并返回原点，完成一个工作循环。

说明：在实际工作中，工业机器人的移动由机床的加工完成信号或机器人夹爪的信号触发，在此项目中为了便于理解，对控制过程及程序进行了简化，采用延时的方法触发工业机器人移动。

程序段1：使能轴

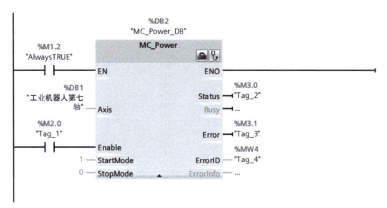

程序段2：回原点指令

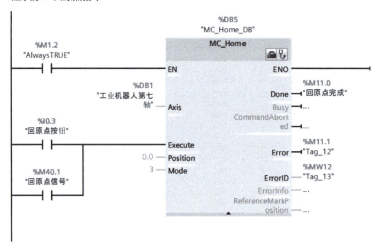

程序段3：点动运行

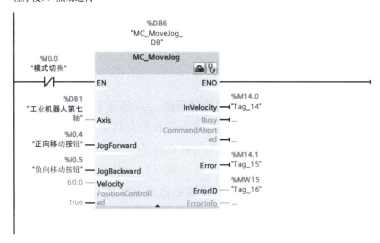

图 9-39　工业机器人第七轴运动控制程序

程序段4：自动模式下启动

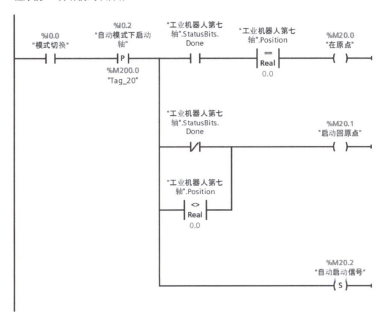

程序段5：工业机器人移动到立体仓库位置

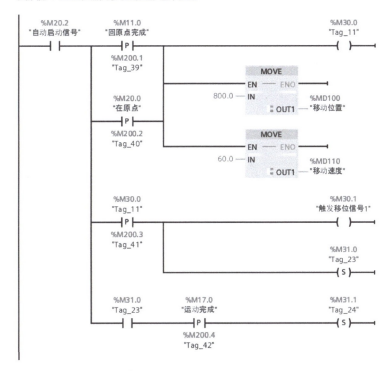

图 9-39　工业机器人第七轴运动控制程序（续）

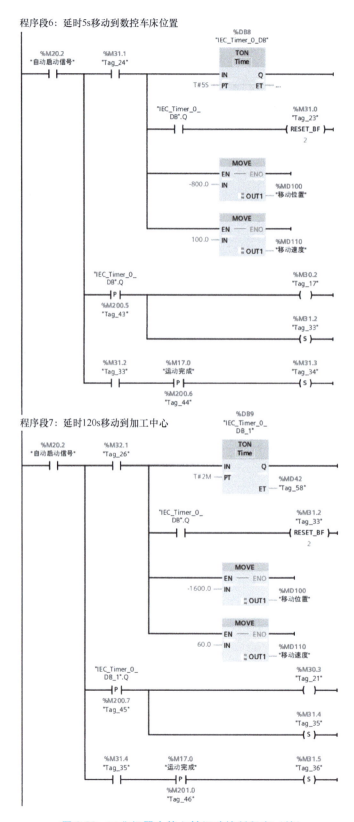

图 9-39 工业机器人第七轴运动控制程序（续）

程序段8：延时180s移动到立体仓库位置

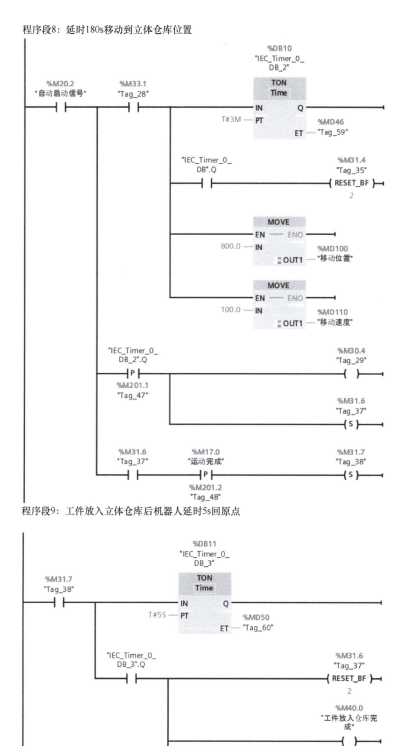

程序段9：工件放入立体仓库后机器人延时5s回原点

图 9-39　工业机器人第七轴运动控制程序（续）

程序段10：自动回原点

程序段11：手动、自动切换及轴停止时复位M点

程序段12：触发移动命令

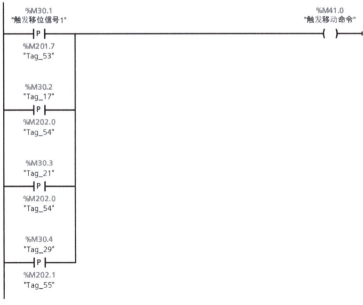

图 9-39　工业机器人第七轴运动控制程序（续）

程序段13：绝对移动指令

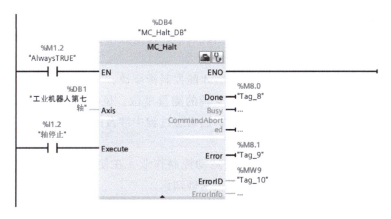

程序段14：轴停止

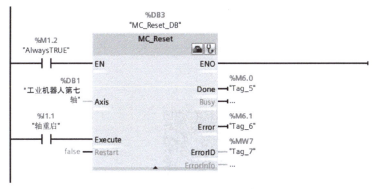

程序段15：确认错误，轴重启

图 9-39　工业机器人第七轴运动控制程序（续）

任务 5：技术文档整理

按照项目需求，整理出项目技术文档，主要包括控制工艺要求、I/O 地址分配表、电气原理图和梯形图程序等。

六、项目复盘

本项目以智能制造单元中工业机器人第七轴运动控制程序为载体,系统学习并实践了西门子 S7-1200 PLC 运动控制功能的应用。首先通过信息获取掌握了运动控制的基础知识,包括运动控制功能、控制的轴资源、硬件输出的组态、工艺对象"轴"的组态和运动控制指令等。然后完成了工业机器人第七轴运动控制的硬件和程序设计。

1. 运动控制功能及轴资源

S7-1200 PLC 所有型号的 CPU 模块都具有运动控制功能,可通过 PTO 驱动、模拟量驱动和 PROFIdrive 驱动 3 种方式驱动步进/伺服电动机,其中 PTO 驱动方式应用较广泛。

晶体管输出型 CPU 模块可以直接控制驱动器,对于继电器输出型的 CPU 模块,由于继电器不支持所需的频率,因此需要通过_____的方法实现运动控制。V4 版本以上的 CPU 模块拥有_____个脉冲发生器。

2. 硬件输出的组态

使能 PTO 功能时,需要先在 CPU 属性中_____,并选择信号类型,选择不同的信号类型,硬件输出也会发生相应的变化。本项目中选择脉冲+方向的类型,则硬件输出为脉冲输出和方向输出。其组态过程比较简单,应重点掌握 4 种信号类型的特点。

3. 工艺对象"轴"的组态

运动控制中必须要对工艺对象进行组态才能控制指令块,工艺对象的组态包含_____参数和_____参数的组态。组态主要定义轴的测量单位、位置限制、启动/停止速度及原点等,其组态过程同样比较简单,重点是掌握组态过程中涉及的理论基础。

4. 运动控制指令

运动控制指令会启动执行所需功能的运动控制作业,在使用时要掌握其功能、使用要点、指令输入输出端的功能与特点以及相关基础知识。

5. 总结归纳

通过工业机器人第七轴运动控制程序设计,总结完成运动控制项目的步骤。

七、知识拓展

知识点 1:PWM 控制

知识点 2:高速计数器

八、思考与练习

1) S7-1200 PLC 的 CPU 模块兼具可编程序控制器的功能和通过_____控制步进电动机和伺服电动机运行的运动控制功能。

2) S7-1200 PLC 的 CPU 模块通过 PTO 控制步进电动机或伺服电动机时，可通过改变_____来调节步进电动机或伺服电动机的旋转速度。

3) 对于晶体管输出型 CPU 模块，添加信号板并不会超出 CPU 模块的总资源限制数，请简述原因。

4) CPU 模块的脉冲输出点既有普通输出点的功能，又有输出 PTO 的功能，在使能 PTO 功能时，如果同时在程序中使用该输出点作为普通输出点，则普通输出和 PTO 是否会相互影响？请说明情况。

5) S7-1200 PLC 的运动控制根据驱动方式不同，分为 PTO 驱动、模拟量驱动和 PROFIdrive 驱动 3 种方式，简述三种驱动方式的特点。

6) "电机每转的脉冲数" 和 "电机每转的负载位移" 参数的设置需要重点考虑细分和减速机构。假设细分为 1 时，电动机每转的脉冲数为 1000，如果细分为 8，则电动机每转的脉冲数为_____。假设丝杠、传动带和齿轮等传动机构和电动机之间通过联轴器直接连接，"电机每转的负载位移" 参数为 10mm，如果电动机和传动机构之间增加了减速机，且减速比为 A/B，则此时 "电机每转的负载位移" 参数为_____。请写出推算过程。

7) "选择电平" 中可选择逼近硬件限位开关时 PLC 输入端的信号电平，包括 "低电平" 和 "高电平"，请简述两种信号电平的区别。

参 考 文 献

[1] 王浩. 机床电气控制与PLC [M]. 2版. 北京：机械工业出版社，2019.

[2] 白春涛，贾玉峰. 电气控制线路安装与调试 [M]. 北京：电子工业出版社，2017.

[3] 夏燕兰. 数控机床电气控制 [M]. 3版. 北京：机械工业出版社，2017.

[4] 胡冠山，潘为刚，韩耀振. 电气控制与PLC程序设计 [M]. 北京：中国水利水电出版社，2019.

[5] 段礼才，黄文钰，王广辉. 西门子S7-1200 PLC编程及使用指南 [M]. 2版. 北京：机械工业出版社，2020.

[6] 向晓汉，李润海. 西门子S7-1200/1500 PLC学习手册：基于LAD和SCL编程 [M]. 北京：化学工业出版社，2018.

[7] 刘华波，马艳，何文雪，等. 西门子S7-1200 PLC编程与应用 [M]. 2版. 北京：机械工业出版社，2020.

[8] 廖常初. S7-1200 PLC编程及应用 [M]. 4版. 北京：机械工业出版社，2021.

[9] 吴繁红. 西门子S7-1200 PLC应用技术项目教程 [M]. 北京：电子工业出版社，2017.

[10] 刘保朝，董青青. 机床电气控制与PLC技术项目教程：S7-1200 [M]. 北京：机械工业出版社，2021.